"十四五"职业教育国家规划教材

微课版

建筑施工组织

新世纪高等职业教育教材编审委员会 组编

主　编　钱大行

副主编　张秀燕　李鸿芳

第五版

U0245071

大连理工大学出版社

图书在版编目(CIP)数据

建筑施工组织 / 钱大行主编. -- 5 版. -- 大连 ：
大连理工大学出版社，2022.1(2025.1重印)
ISBN 978-7-5685-3710-0

Ⅰ．①建… Ⅱ．①钱… Ⅲ．①建筑工程－施工组织
Ⅳ．①TU721

中国版本图书馆 CIP 数据核字(2022)第 021599 号

大连理工大学出版社出版
地址:大连市软件园路 80 号　邮政编码:116023
发行:0411-84708842　邮购:0411-84708943　传真:0411-84701466
E-mail:dutp@dutp.cn　URL:https://www.dutp.cn
大连市东晟印刷有限公司印刷　　大连理工大学出版社发行

幅面尺寸:185mm×260mm　　印张:13.5　　字数:337 千字
2009 年 4 月第 1 版　　　　　　　2022 年 1 月第 5 版
2025 年 1 月第 9 次印刷

责任编辑:康云霞　　　　　　　　　责任校对:吴媛媛
封面设计:张　莹

ISBN 978-7-5685-3710-0　　　　　　定　价:45.00 元

前　言

　　《建筑施工组织》(第五版)是"十四五"职业教育国家规划教材及"十三五"职业教育国家规划教材。

　　建筑施工组织涉及面广,实践性和综合性强,影响因素多,本教材基于这种特点,在编写时注重结合高等职业教育的特点,强调理论与实践相结合,注重学生工程意识和应用能力的培养。在内容上,以培养综合素质为基础,以提高职业技能为本位,重点突出综合性和实践性。

　　本次修订体现了现行的建设法规、规范与技术要求,有关模块增加了相应的案例,既便于课内讲授,又为学生提供了课后阅读的素材。

　　本次修订力求突出以下特色:

　　1. 以满足职业岗位要求为原则确定教材内容

　　教材内容体现了近年我国对施工组织设计编制做出的新要求,以及对建筑安全、环境保护和绿色施工等方面的重视。教材内容对接职业标准,体现建筑工程最新标准和要求。

　　2. 立足行业要求,体现高职教育教学改革

　　编写组在总结多年工程实践经验和现行工程管理规定的基础上,征求和吸收各施工企业的建议和经验,结合实际需要和规范要求对教材进行了修订,并收集各实际工程成功的施工组织设计和施工方案,作为参考资料。

　　例如,在建筑工程安全文明施工模块,根据目前对安全文明施工的重视程度,及《建筑施工安全技术统一规范》(GB 50870—2013)、《建设工程施工现场环境与卫生标准》(JGJ 146—2013)、《建筑工程绿色施工规范》(GB/T 50905—2014)等,完善了施工组织对安全文明施工方面的要求等相关内容,特别增加了安全检查方法、内容,事故隐患处理、施工环境治理和绿色施工等方面要求的内容。根据《建筑施工组织设计规范》(GB/T 50502—2009),结合现行施工组织设计编写要求,参考了多个典型工程的施工组织设计方案,进一步明确了各类组织设计的构成内容,便于在今后的工程中实际运用。

在流水施工和网络计划模块,保证理论与实际相结合,通过例题深化理论知识的理解。又根据施工组织设计编写要求涉及面广、编写内容繁杂的特点,增加了编写纲要的内容,简明扼要地列出了目前建筑施工中编写施工组织设计方案的主要基本内容,可作为实际编写时的参照资料。

3. 数字资源丰富

丰富了微课,完善了课件、在线自测、教学设计等教学资源,以方便教师教学和读者自学。

4. 贯彻"立德树人"的育人要求

本教材以立德树人为根本任务,将"工程思维和工匠精神"所必备的"匠心、专注、标准、精准、创新、完美"的品质融合到知识传授中。本教材紧密结合党的二十大报告精神,进一步深入实施人才强国战略,让学生在掌握知识、实践技能的过程中潜移默化地践行社会主义核心价值观,实现"德+技"并修双育人。

本教材共包括8个模块,分别为概述、建筑工程流水施工、网络计划技术、施工准备工作、建筑工程安全文明施工、单位工程施工组织设计、施工组织总设计、建筑工程施工进度控制。

本教材由洛阳理工学院钱大行担任主编;滨州职业学院张秀燕、洛阳理工学院李鸿芳担任副主编;河南六建建筑集团有限公司郑功名、河南山城建设集团有限公司时昭舟、洛阳市丰李建筑工程有限公司于建林任参编。具体编写分工如下:模块1由张秀燕编写;模块2由李鸿芳编写;模块3由郑功名编写;模块4由时昭舟和于建林共同编写;模块5~模块8及附录由钱大行编写。全书由钱大行负责统稿。

在编写本教材的过程中,我们参考、引用和改编了国内外出版物中的相关资料以及网络资源,在此对这些资料的作者表示深深的谢意。请相关著作权人看到本教材后与出版社联系,出版社将按照相关法律的规定支付稿酬。

在本教材的出版过程中,我们得到了洛阳理工学院和施工企业有关领导的大力支持,在此对相关人员表示衷心感谢!

尽管我们在教材特色的建设方面做出了许多努力,但由于编者水平有限,教材中仍可能存在一些疏漏和不妥之处,恳请各教学单位和读者在使用本教材时批评指正,以便下次修订时改进。

编 者
2022 年 1 月

所有意见和建议请发往:dutpgz@163.com
欢迎访问职教数字化服务平台:https://www.dutp.cn/sve/
联系电话:0411-84708979　84707424

目　录

本书数字资源列表

序号	二维码	资源名称	页码
1		什么是施工组织	1
2		不同项目的施工组织有什么区别	11
3		什么是横道图	17
4		全等节奏流水快速绘制	27
5		异步距异节奏流水快速绘制	31
6		无节奏流水快速绘制	38
7		什么是网络图	49
8		双代号与单代号网络图的对比绘制	53
9		双代号网络图时间参数快速计算	61

序号	二维码	资源名称	页码
10		单代号网络图时间参数的快速计算	78
11		双代号时标网络图的快速绘制	83
12		施工准备和施工部署	107
13		怎样学习标准	110
14		施工平面怎么布置	162
15		移动在线自测 1	10
16		移动在线自测 2	48
17		移动在线自测 3	104
18		移动在线自测 4	115

模块 1 概 述

施工组织主要是针对施工活动进行有目的的计划、组织、协调和控制。它包括施工过程中采用的各种施工方法，运用各种施工手段和管理手段，按照施工规律合理组织生产力，充分发挥人力、物力、财力的作用，在时间、空间上得到最好的组合；努力协调内外各方面的生产关系。施工组织是正确处理工程建设中质量、工期和造价三者之间存在既相互矛盾，又对立统一的关系，涉及运用唯物辩证法解决工程建设的具体问题。

对于建筑产品的生产过程来说，如果是一个单项工程，时间可达数月，如果是一个建设项目，则可达一年甚至几年。从资源消耗上来看，建筑产品的生产涉及人员、材料、设备、资金、能源、工具等各个方面。例如，施工方案能否正确选择；施工进度能否有效控制；施工作业人员能否科学安排；施工作业现场临时设施的搭设、材料的堆放、设备的布置能否合理；施工的各项准备工作、人员、材料、设备计划能否正确制订等。这些工作是否能做到统筹兼顾、科学合理地组织，关系到能否如期完成建筑施工任务，能否达到设计要求和质量标准，这就是建筑施工组织要解决的实际问题。建筑施工过程是一个复杂的系统工程，必须运用科学的管理方法和手段来组织施工。

1.1 建筑施工组织概述

1.1.1 建筑施工组织的基本概念

建筑施工组织是研究在建筑产品的生产过程中各生产要素的统筹安排与系统管理的客观规律的一门学科。建筑施工组织的研究对象就是整个建筑产品，既可以是单体的单位工程，又可以是总体的建筑项目。

微视频

什么是施工组织

1.1.2 建筑施工组织的基本任务

建筑施工组织的基本任务是对投入的劳动力、资金、建筑材料、机械设备等各项资源，采用先进的技术方法，经统筹安排、科学的组织与管理，最终生产出达到质量标准要求的建筑产品。

建筑施工组织的基本任务有两个方面：

第一，根据建筑产品及其生产的技术经济特点，遵照国家基本建设方针和各项具体的技术规范、规程、标准，确定工程的建设方针；根据建设地区的自然和经济技术条件，统筹规划，合理安排，协调控制，从而高速度、高质量、高效率地完成建筑施工任务。

第二，施工单位必须结合本企业的技术能力和管理水平以及工程特点，确定最合理的施工方案和施工方法，根据施工合同，精打细算，精心施工，加强管理，以达到少投入、多产出、高效益的目标，使企业获得最大的经济效益。为此，施工单位必须做好各项施工准备工作，并在建筑施工过程中，积极协调各专业部门之间的关系，对工程的工期、质量、成本进行有效的控制，从而达到工期短、质量好、成本低的目标。

1.1.3 组织建筑施工的原则

根据我国建筑行业不断积累的经验和建筑施工的特点，在组织建筑施工的过程中，一般应遵循以下几项基本原则：

1. 认真贯彻执行党和国家的建设方针、法律、法规，坚持基本建设程序

在项目建设过程中，要加强法制建设，走法制化道路。我国制定了一系列的基本建设制度，如严格的审批制度、施工许可制度、从业资格管理制度、招标投标制度、总承包制度、发承包合同制度、工程监理制度、建筑安全生产管理制度、工程质量责任制度、竣工验收制度等。这些制度为建立和完善建筑市场的运行机制、加强建筑活动的管理，提供了重要的法律依据。

2. 搞好项目排队，保证重点，统筹安排

建筑企业生产经营活动的根本目的在于把建设项目迅速建成，使之尽早投产或使用。因此，应根据拟建项目的轻重缓急和施工条件的落实情况，对工程项目进行排队，把有限的资源优先用于国家或业主的重点工程，使其早日投产。同时照顾一般工程项目，使二者有机地结合起来，避免过多资源的集中投入，以免造成人力、物力的浪费。应保证重点，统筹安排，在时间上分期，在项目上分批。此外，还需注意辅助项目与主要项目的有机联系，主体工程与附属工程的相互关系，重视准备项目、施工项目、收尾项目、竣工投产项目之间的关系，做到协调一致，配套建设。

3. 遵循建筑施工规律，合理安排施工程序和顺序

建筑产品的特点之一是产品的固定性，这使得建筑施工各阶段的工作始终在同一场地上进行。没有前一阶段的工作，后一阶段就不可能进行，即使它们之间交叉搭接地进行，也必须严格遵循一定的程序和顺序。施工程序和顺序反映了客观规律的要求，其安排应符合施工工艺，满足技术要求，以利于组织立体交叉、流水作业，充分利用空间、争取时间。为后续工程的施工创造良好的条件。

尽管施工顺序随工程性质、施工条件的不同而变化，但经过调整还是可以找到可供遵循的规律。科学的施工顺序能够使施工过程在时间上、空间上得到合理安排。

（1）先准备，后施工

只有当施工准备工作达到一定的施工要求时，工程方可开工，一旦开工，应能够连续施工，以免造成混乱和浪费。整个建设项目开工前，应完成全场性的准备工作，如平整场地、路通、水通、电通等。同样各单位工程（或单项工程）和各分部、分项工程，开工前必须完成其相应的准备工作。施工准备工作要贯穿整个施工过程。

（2）先下后上，先外后内

在处理地下工程与地上工程的关系时，应遵循先地下后地上和先深后浅的原则。在修筑铁路、公路及架（敷）设电线、水管线时，应先场外后场内，场外由远而近，先主干后分支。排（引）水工程施工要先下游后上游。

（3）先土建，后安装

工程建设一般要求土建先行，土建要为设备的安装和试运行创造条件，并应考虑投料试车要求。

（4）工种与空间的平行交叉

在考虑施工工艺要求的各专业工种施工顺序的同时，又要考虑施工组织要求的空间顺序；既要解决各工种在时间上的搭接问题，同时又要解决施工流向的问题。这样做是为了保证各专业工作队能够有次序地在不同施工段（区）上不间断地完成其工作任务，从而充分利用时间和空间。这样的施工方式具有工程质量好、劳动效率高、资源利用均衡、工期短等特点。

4. 采用流水施工方法和网络计划技术安排施工进度计划

在编制施工进度计划时，应从实际出发，采用流水施工方法组织均衡施工，以达到合理使用资源、充分利用空间、争取时间的目的。

网络计划技术是当代计划管理的有效方法，采用网络计划技术编制施工进度计划可使计划逻辑严密、层次清晰、关键问题明确，并且便于对计划方案进行优化、控制和调整，有利于电子计算机在计划管理中的应用。

5. 强化季节性施工措施，确保全年连续施工

为了确保全年连续施工，减少季节性施工的管理费用，在组织施工时，应充分了解当地的气象条件和水文地质条件。尽量避免把土方工程、地下工程、水下工程安排在雨季和洪水期；避免把混凝土现浇结构安排在冬季；避免把高空作业、结构吊装安排在风季。对那些必须在冬雨季施工的项目，则应采取相应的技术措施，既要确保连续、均衡施工，更要确保工程质量和施工安全。

6. 贯彻工厂预制和现场预制相结合的方针，提高建筑工业化程度

建筑施工技术进步的重要标志之一是建筑工业化。在制订施工方案时，必须注意根据地区条件和构件性质，通过技术经济比较，恰当地选择预制或现场浇筑方案。确定预制方案时，应贯彻工厂预制与现场预制相结合的方针，努力提高建筑工业化程度。

7. 充分发挥机械效能，提高机械化程度

机械化施工可加快工程进度，减轻劳动强度，提高劳动生产率。在选择施工机械时，应充分发挥机械的效能，并使主导工程的大型机械如土方机械、吊装机械能连续作业，以减少机械台班费用；同时，还应使大型机械与中小型机械相结合，机械化与半机械化相结合，扩大机械化施工范围，实现施工综合机械化，以提高机械化程度。

8. 尽量采用国内外先进施工技术，科学地确定施工方案

先进的施工技术是提高劳动生产率、改善工程质量、加快施工进度、降低工程成本的主要途径。在选择施工方案时，要积极采用新材料、新设备、新工艺和新技术，努力为新结构的推行创造条件。不但要注意结合工程特点和现场条件，使技术的先进适用性和经济合理性相结合，还要符合施工验收规范、操作规程的要求，遵守防火、安保及环卫等相关规定，确保工程质量和施工安全。

9. 合理部署施工现场,尽可能减少暂设工程

在编制施工组织设计及现场组织施工时,应精心进行施工总平面图的规划,合理地部署施工现场,节约施工用地;尽量利用正式工程、原有建筑及已有设施,以减少各种临时设施的搭设;尽量利用当地资源,合理安排运输、装卸与储存作业,减少物资运输量,避免二次搬运。

1.2 建筑施工组织设计概述

1.2.1 建筑施工组织设计的概念

建筑施工组织设计是用来规划和指导拟建工程从投标、签订施工合同、施工准备到施工全过程的综合性技术经济文件。建筑施工组织设计是施工前编制的,是对整个施工活动实行科学管理的有力手段,它是标书的重要组成部分。

建筑施工组织设计的基本任务是根据业主对建设项目的各项要求,选择经济、合理、有效的施工方案;确定紧凑、均衡、可行的施工进度;拟订有效的技术组织措施;优化配置劳动力、材料、机械设备、资金等计划生产要素(资源);合理利用施工现场的空间,等等。

1.2.2 建筑施工组织设计的作用

建筑施工组织设计的作用主要有以下几个方面:

(1)建筑施工组织设计用以指导工程投标与签订施工合同,作为标书的内容和合同文件的一部分。

(2)建筑施工组织设计是施工准备工作的重要组成部分,同时又是做好各项施工准备工作的依据。

(3)建筑施工组织设计是根据工程设计及施工条件拟订的施工方案、施工顺序、劳动组织和技术组织措施等进行编制,是指导开展紧凑、有序施工活动的技术依据,明确施工重点和影响工期进度的关键施工过程,并提出相应的技术、质量、安全、文明施工等各项目标及技术组织措施,提高综合效益。

(4)建筑施工组织设计所列出的各项资源需要量计划直接为组织材料、机具、设备、劳动力提供依据。

(5)通过编制建筑施工组织设计,可以合理地部署施工现场,高效地利用为施工服务的各项临时设施,确保文明施工和安全施工。

(6)通过编制建筑施工组织设计,可以将工程的设计与施工、技术与经济、土建施工与设备安装、各部门各专业之间有机地结合起来,做到统筹兼顾,协调统一。

(7)通过编制建筑施工组织设计,能够事先发现施工中的风险和矛盾,及时研究解决问题的对策及措施,从而提高了对施工问题的预见性,降低了盲目性。

1.2.3 建筑施工组织设计的分类

1. 按编制对象的不同分类

建筑施工组织设计根据编制对象的不同可分成四类:施工组织总设计,单位工程施工组织设计,分部、分项工程施工组织设计和专项施工组织设计。

（1）施工组织总设计

施工组织总设计是以一个建设项目或建筑群为对象编制的，是规划和控制其施工全过程的技术、经济活动的纲领性文件。它是关于整个建设项目施工的战略部署，涉及范围广，内容具有概括性。是在初步设计或扩大初步设计被批准后，由总承包单位的总工程师负责，与建设、设计、分包单位协商研究后，组织有关工程技术人员编写的。

（2）单位工程施工组织设计

单位工程施工组织设计是以一个单位工程为对象编制的，是控制其施工全过程各项技术、经济活动的指导性文件，是对拟建工程在施工方面的战术安排。施工图会审后，由主管工程师负责编制。

（3）分部、分项工程施工组织设计

分部、分项工程施工组织设计是以施工难度大或技术复杂的分部、分项工程为对象编制的，如复杂的基础施工、大型构件的吊装等。在单位工程施工组织设计确定的施工方案的基础上，由单位工程技术负责人编制，用以指导其施工。

（4）专项施工组织设计

专项施工组织设计是以某一种特殊施工专项技术为编制对象，用以指导施工的综合性文件。由项目负责人主持编制，由总承包单位技术负责人审批。

2. 按中标前后分类

建筑施工组织设计按中标前后的不同可分为投标前的施工组织设计（简称标前设计）和中标后的施工组织设计（简称标后设计）两种。

标前设计是在投标前编制的施工组织设计，是对实现项目各目标的施工组织与技术保证，以此向建设单位展示本施工企业的技术能力和管理水平，标前设计的目的是通过投标承揽工程任务。签订工程承包合同后，应依据标前设计、施工合同、企业施工计划，在开工前由中标后成立的项目经理部负责编制详细的具有指导性、实施性的标后设计。

对于大型项目、总承包的"交钥匙"工程项目，施工组织设计的编制往往是随着项目设计的深入而展开的。当项目按三阶段设计时，在初步设计完成后，可编制施工组织设计大纲（施工组织条件设计）；在技术设计完成后，可编制施工组织总设计；在施工图设计完成后，可编制单位工程施工组织设计。当项目按两阶段设计时，对应于初步设计和施工图设计，分别编制施工组织总设计和单位工程施工组织设计。

1.2.4　建筑施工组织设计的主要内容

1. 施工组织总设计

施工组织总设计主要包括：工程概况，施工部署与施工方案，施工总进度计划，施工准备工作，各项资源需要量计划，施工总平面图，主要技术组织措施和主要技术经济指标等方面。

2. 单位工程施工组织设计

单位工程施工组织设计主要包括：工程概况，施工方案与施工方法，施工进度计划，施工准备工作，各项资源需要量计划，施工平面图，主要技术组织措施和主要技术经济指标等方面。

3. 分部、分项工程施工组织设计

分部、分项工程施工组织设计主要包括：工程概况，施工方案，施工进度表，施工平面图和主要技术组织措施等方面。

1.2.5 建筑施工组织设计的编制原则

1. 认真贯彻党和国家关于基本建设的方针政策

严格控制固定资产投资规模,集中投资保重点;基本建设项目实行严格的审批制度;严格按基本建设程序办事,严格执行建筑施工程序;改革建筑业的管理体制,推行"投资包干制"和"招投标制";对建设项目的管理,严格实行责任制度,做到"五定",即定建设规模、定投资总额、定建设工期、定投资效果和定外部协作条件。

2. 严格履行合同条款

建筑施工组织设计的编制应以工程合同为依据,采取有利的技术组织措施,使工期、质量、进度严格控制在合同条款约定的范围内。

3. 合理安排施工顺序

对一个建设项目中的各单项、单位工程,本着先建成先投产先受益和可为后续施工服务的原则合理安排施工顺序。

4. 科学地确定施工方案

为提高劳动生产率,改善工程质量,加快施工进度,降低工程成本,在确定施工方案时,要积极采用新技术、新工艺、新设备和新材料,结合工程特点和施工条件,使技术的先进性和经济的合理性相协调,防止盲目追求技术的先进性而忽视了经济的合理性。

5. 采用先进技术安排进度计划

采用流水施工组织方式和网络计划技术编制进度计划,以保证连续、均衡地施工,合理地使用人力、物力和财力。

6. 合理布置施工场地

尽量利用原有建筑,减少临时设施的搭设。做到设备、材料堆场、临时设施的合理布置,减少施工用地。

7. 提高建筑施工的工业化程度

采用工厂预制与现场预制相结合的方案,提高建筑施工的工业化程度。

8. 扩大机械化施工范围

确定施工方案时,尽可能选择机械化施工方案,充分利用现有的机械设备,扩大机械化施工范围。

9. 降低施工成本

贯彻勤俭、节约的方针,因地制宜,就地取材,减少运输费用;充分利用原有建筑设施,减少临时设施的搭设和暂设工程的修建;节约能源和材料。

10. 坚持质量第一

贯彻"百年大计,质量为本"的方针,严格执行施工验收规范、操作规程和质量检验标准。

11. 保证安全施工

贯彻"安全为了生产,生产必须安全"的方针,建立健全各项安全规章制度,采取安全施工保障措施,确保施工安全。

12. 倡导文明施工

施工人员的一切生产和生活活动必须符合社会秩序和行为规范的要求,不得破坏自然环境和社会环境,杜绝野蛮施工。

1.3 建设程序

1.3.1 建设项目的组成

基本建设是指为了发展国民经济,满足人民群众日益增长的物质文化生活的需要,或者为了扩大再生产而增加固定资产投资的各项建设工作,它在国民经济中占有重要地位。它由一个个的建设项目组成,包括新建、扩建、改建、恢复工程及相关的工作。如项目投资咨询、论证,勘察设计,征地拆迁,场地平整,人员培训,材料、设备的购置,等等。

为了便于科学合理地组织施工,对工程实施控制、监督与协调,对施工对象进行科学的分析和分解是十分必要的。

1. 建设项目

建设项目是指按一个总体设计进行施工的若干个单项工程的总和,建成后具有设计所规定的生产能力或效益,并在行政上有独立组织,在经济上能进行独立核算。如工业建设项目中的炼钢厂、纺织厂等,民用建设项目中的住宅小区、学校、医院等。

2. 单项工程

单项工程又称工程项目,是指在一个建设项目中具有独立而完整的设计文件,建成后可以独立发挥作用的工程,它是建设项目的组成部分。如一幢公寓楼。

3. 单位工程

单位工程是指具有独立设计,可以单独施工,但是完工后一般不能独立发挥作用的工程,它是单项工程的组成部分。如公寓楼的土建、给排水、电气照明工程等。

4. 分部工程

分部工程一般是按建筑结构部位,所需专业工种、设备种类和型号,以及使用材料的不同而划分的,它是单位工程的组成部分。如一幢房屋的土建单位工程,按其结构部位划分为地基与基础、主体结构、屋面防水、房屋装饰等分部工程;按工种可划分为土石方、钢筋混凝土、防水、装饰等分部工程。

5. 分项工程

分项工程是简单的施工活动,是建筑施工生产活动的基础,一般是按分部工程不同的施工方法、材料品种及规格等划分的,它是分部工程的组成部分。如砖混结构建筑的地基基础分部工程可划分为挖土、做垫层、砌基础和回填土等分项工程。

1.3.2 建设程序的概念

建设程序是指在建设工作中必须遵循的先后次序,即建设项目从决策、设计、施工到验收的各个阶段的工作顺序。建设工作内容涉及面广,协作配合的环节多,有些是前后衔接的,有些需要横向配合,有些则相互交叉。现行的建设程序客观地总结了建设的实践经验,正确地反映了建设全过程所固有的一般规律。

1.3.3　建设程序的五个阶段

建设程序包括五个阶段,分别是决策阶段、设计阶段、建设准备阶段、项目施工管理阶段、竣工验收阶段。

1.3.4　建设程序的内容

1.项目建议书

项目建议书是投资者为了说明建设该项目的目的、要求、计划,并论证建设该项目的必要性和可行性,用以建议主管部门批准该项目而编制的书面报告。

2.可行性研究

根据主管部门批准的项目建议书,进行可行性研究论证。可行性研究论证基于两个方面,即技术上是否先进,经济上是否合理。进一步来说,就是是否具备投资价值,资金能否到位,各项资源(人力、设备、材料、能源)能否满足施工需要,现场施工条件("三通一平"、水文地质)是否具备,上述条件缺一不可。

3.编制计划任务书

计划任务书(设计任务书)是工程建设的大纲,是确定建设项目和方案的基本文件,是编制设计文件的主要依据,由建设单位编制。

4.选择建设地点

选择建设地点应考虑以下问题:水文地质和工程地质条件是否可靠;水、电、运输条件能否落实;项目投产后的原材料、燃料能否满足供应;生产人员的生活环境如何。建设单位应在综合调查研究、多方案比较的基础上提出选址报告,报主管部门批准。

5.编制设计文件

设计文件是安排建设项目和组织施工的重要依据,涉及科学、技术、经济及方针政策等方面。拟建项目的设计任务书和选址报告经主管部门批准后,即可委托设计单位按照设计任务书各项条款的要求编制设计文件。

大中型项目采用初步设计和施工图设计两个阶段;重大项目或特殊项目按三阶段进行,即增加技术设计阶段;而小型项目则直接进行施工图设计。

6.建设准备

建设项目计划任务书经批准后,建设单位可指定有关人员组成基建班子,负责建设准备工作,内容包括:工程地质勘察,收集设计基础资料,组织设计文件的编审,提出资源申请计划,大型专用设备的预安排和特殊材料的预订货,并根据批准的设计文件和基建计划办理征地拆迁手续,落实水、电、气源、交通运输及施工力量。

7.安排建设计划

建设项目在初步设计和总概算经过批准后,才能列入年度计划。批准的年度计划是进行投资贷款、签订工程承包合同和组织施工的主要依据。

8.项目施工管理

项目施工管理是建设程序中的重要环节,依法进行工程项目的发包,通过招标择优选取承包企业,双方签订工程承包合同,明确双方的权利和义务。所有建设项目必须在列入年度计划、做好施工准备、签订施工合同、具备开工条件的前提下,并经有关部门审核批准后方能开始施工。要做到计划、设计、施工三个环节相互衔接,投资、材料、设备、图纸、施工力量五落实,认真做好施工图的会审工作。

9. 生产准备

建设单位要一面抓好工程建设,一面有计划地做好生产准备工作,包括招收和培训员工,组织人员进行设备的安装和调试,收集生产技术资料和产品样本,落实生产所需的原材料、能源等各项条件。

10. 项目验收

项目验收是考核设计和施工质量的阶段。按批准的设计文件和合同规定的内容建成的项目,生产性项目经试生产成功的,非生产性项目符合设计和使用要求的,可组织验收。建设单位组织设计和施工单位进行初验,向主管部门提交竣工验收报告,报上级主管部门审查。

1.4　建筑施工程序

建筑施工程序是指工程项目整个施工阶段所必须遵循的顺序,它是经多年施工实践总结的客观规律。依据先后顺序它通常可划分为五个阶段:确定施工任务阶段、施工规划阶段、施工准备阶段、组织施工阶段和竣工验收阶段。各阶段的内容如下:

1. 投标与签订施工合同,落实施工任务

建筑施工企业承接施工任务的方式主要有三种:一是国家或上级主管部门直接下达任务;二是建设单位委托的任务;三是通过投标中标而得到的任务。在市场经济条件下,建筑施工企业自行承接和建设单位委托的方式较多,实行招标的方式承包建筑施工任务是建筑业和基本建设管理体制改革的一项重要举措。

无论以哪种方式承接施工任务,施工单位均必须同建设单位签订施工合同。签订合同的施工项目必须是经建设单位主管部门正式批准的,有计划任务书、初步设计和总概算,已列入了年度基本建设计划,且落实了投资的建设项目。

施工合同是建设单位与施工单位根据《民法典》《建筑安装工程承包合同条例》,以及有关规定而签订的具有法律效力的文件。双方必须严格履行合同,任何一方因不履行合同,而给对方造成了经济损失,都要负法律责任并进行赔偿。

2. 统筹安排,做好施工规划

施工企业与建设单位签订施工合同后,施工总承包单位应在调查研究和分析资料的基础上,编制施工组织总设计,部署施工力量,安排施工总进度,确定主要工程施工方案,规划整个施工现场,统筹安排,做好全面施工规划。经批准后,组织施工先遣人员进入现场,与建设单位密切配合,做好施工规划中确定的各项全局性施工准备工作,为建筑项目的正式开工创造条件。

3. 做好施工准备工作,提交开工报告

施工准备工作是建筑施工顺利进行的根本保证。施工准备工作主要包括:技术资料准备、施工机具准备、物资准备、劳动力准备、施工现场准备和施工场外准备。当一个施工项目进行了图纸会审,编制了单位工程的施工组织设计、施工图预算和施工预算,组织好了材料、半成品

和构配件的生产和运输,组织好了施工机具进场,搭设了临时设施,建立了现场管理机构,组织了施工队伍,拆迁了原有建筑,做到了"三通一平",进行了场区测量和建筑定位放线等准备工作后,施工单位即可向主管部门提交开工报告。

4. 组织施工

组织施工是建筑施工程序全过程中最重要的阶段,必须在开工报告被批准后才能开始。它是把设计者的意图、建设单位的期望变成现实的建筑产品的加工制作过程,应严格按照设计图样的要求,采用施工组织规定的方法和措施,完成全部分部、分项工程的施工任务。这个过程决定了施工工期、产品的质量和成本,以及建筑施工企业的经济效益。因此,在施工中必须跟踪检查,进行进度、质量、成本和安全控制,保证达到预期的管理目标。在施工过程中,往往需要多家单位、多个专业分工协作,故要加强现场指挥、调度,进行各方面的平衡和协调工作。由于在有限的场地上投入大量的材料、构配件、机具和人力,所以只有进行全面统筹安排,才能组织均衡连续地施工。

5. 竣工验收,交付使用

竣工验收是工程施工管理的最后一个环节,是一个法定程序。验收通过后,甲乙双方办理工程价款结算手续,从而结束合同关系。对施工企业来说,竣工验收意味着完成了一件建筑产品。

1.5 本课程的研究对象和基本任务

本课程的研究对象:如何编制对应于一个单位工程的单位工程施工组织设计和对应于一个建设项目的施工组织总设计。

本课程的基本任务:通过本课程的学习,要求学生了解建筑施工组织的基本知识,掌握流水施工组织方式和网络计划技术。具有编制单位工程施工组织设计的能力,为今后从事施工管理工作打下坚实基础。

内容广泛与实践性强是本课程的显著特点。本课程与房屋建筑学、建筑施工技术、建筑工程定额与预算、建筑结构、建筑施工机械等专业课有密切联系,在学习中应予以注意。

复习思考题

1-1　什么是建筑施工组织?

1-2　建筑施工组织的基本任务有哪些?

1-3　建筑施工组织的原则有哪些?

1-4　什么是建筑施工组织设计?

1-5　建筑施工组织设计的作用有哪些?

1-6　建筑施工组织设计是如何分类的?

1-7　建筑施工组织设计的主要内容有哪些?

1-8　建筑施工组织设计的编制原则有哪些?

移动在线自测1

概述

模块 2 建筑工程流水施工

流水施工是通过工程实践总结出的科学的施工方法,也是在长期工程实践中被证明了的方法。在工程实践基础上,流水施工得到不断完善。由此证明了,实践是认识的基础和来源,是认识发展的动力,实践也是检验认识的唯一标准。通过实践、认识、再实践、再认识,才能不断总结经验,提高施工管理水平。

流水施工源于工业生产中的"流水线",但两者又有所区别。在工业生产中,原料、配件或工业品在生产线上流动,工人和生产设备的位置保持相对固定;而在建筑产品生产过程中,工人和生产机具在建筑的空间上进行移动,建筑产品的位置是固定不动的。

2.1 流水施工的基本概念

2.1.1 建筑施工的组织方式

建筑工程施工中常用的组织方式有三种:顺序施工、平行施工和流水施工。通过对这三种施工组织方式进行比较,可以清楚地看到流水施工的科学性。例如,现有三幢同类型建筑的基础工程施工,每一幢的基础工程施工过程主要包括开挖基槽、混凝土垫层、砌砖基础、回填土四个施工过程,每个施工过程的工作时间和劳动力安排见表2-1,其施工顺序为开挖基槽→混凝土垫层→砌砖基础→回填土。试组织此基础施工。

微视频

不同项目的施工组织有什么区别

表 2-1　　　　　　　　　　　　某基础工程施工资料

序　号	施工过程	工作时间/天	施工人数/人
1	开挖基槽	3	10
2	混凝土垫层	2	12
3	砌砖基础	3	15
4	回填土	2	8

1.顺序施工

顺序施工也称依次施工,是按照建筑工程内部各分部、分项工程内在的联系和必须遵循的施工顺序,不考虑后续施工过程在时间上和空间上的相互搭接,而依照顺序组织施工的方式。顺序施工必须是前一个施工过程完成后,下一个施工过程才开始,或一个工程全部完成后,另一个工程的施工才开始。其施工进度安排、工期及劳动力状态如图2-1、图2-2所示。

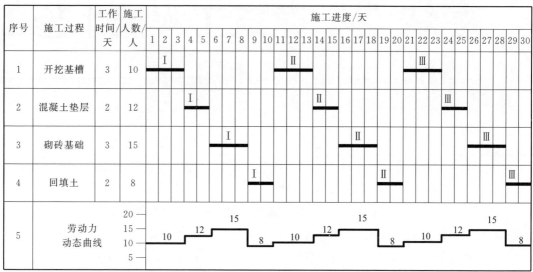

注:Ⅰ、Ⅱ、Ⅲ为三幢楼的标号。

图2-1 按幢(或施工段)顺序施工进度安排

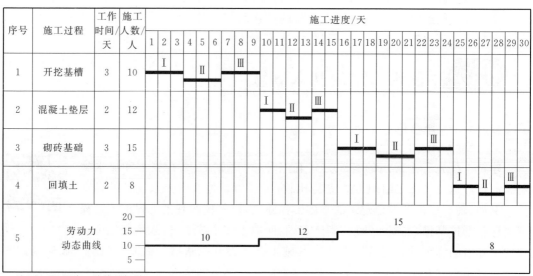

注:Ⅰ、Ⅱ、Ⅲ为三幢楼的标号。

图2-2 按施工过程顺序施工进度安排

由图2-1和图2-2可以看出,顺序施工的特点是同时投入的劳动资源较少,机具使用不集中,材料供应单一,但施工现场管理简单,便于组织和安排。

顺序施工组织方式存在不少缺点,主要缺点如下:

(1)没有充分利用工作面去争取时间,因此工期长。

(2)按幢组织顺序施工时,如果按专业成立施工队,各专业施工队的工作是不连续的,存在

"窝工"现象,材料供应也无法保持连续性和均衡性;如果由一个施工队完成全部施工任务,则不能实现专业化施工,劳动生产率低,不利于改进工人的操作方法和提高施工机具的利用率,不利于提高工程质量。

(3)按施工过程组织顺序施工时,各专业施工队虽能连续施工,但不能充分利用工作面,工期长,且不能及时为下一个施工过程提供工作面。

由上可见,顺序施工不但工期拖得较长,而且在组织安排上也不合理。顺序施工适用于工程规模较小、施工工作面有限的工程。

2. 平行施工

平行施工是将一个工作范围内的相同施工过程同时组织施工,完成以后再同时进行下一个施工过程的施工方式。在本例中就是各幢楼的基础工程同时开工,齐头并进,同时结束。完成全部楼盘基础施工所用总工期等于顺序施工一幢楼的基础施工所用时间。其施工进度安排、工期及劳动力状态如图 2-3 所示(图中,Ⅰ、Ⅱ、Ⅲ为三幢楼的标号)。

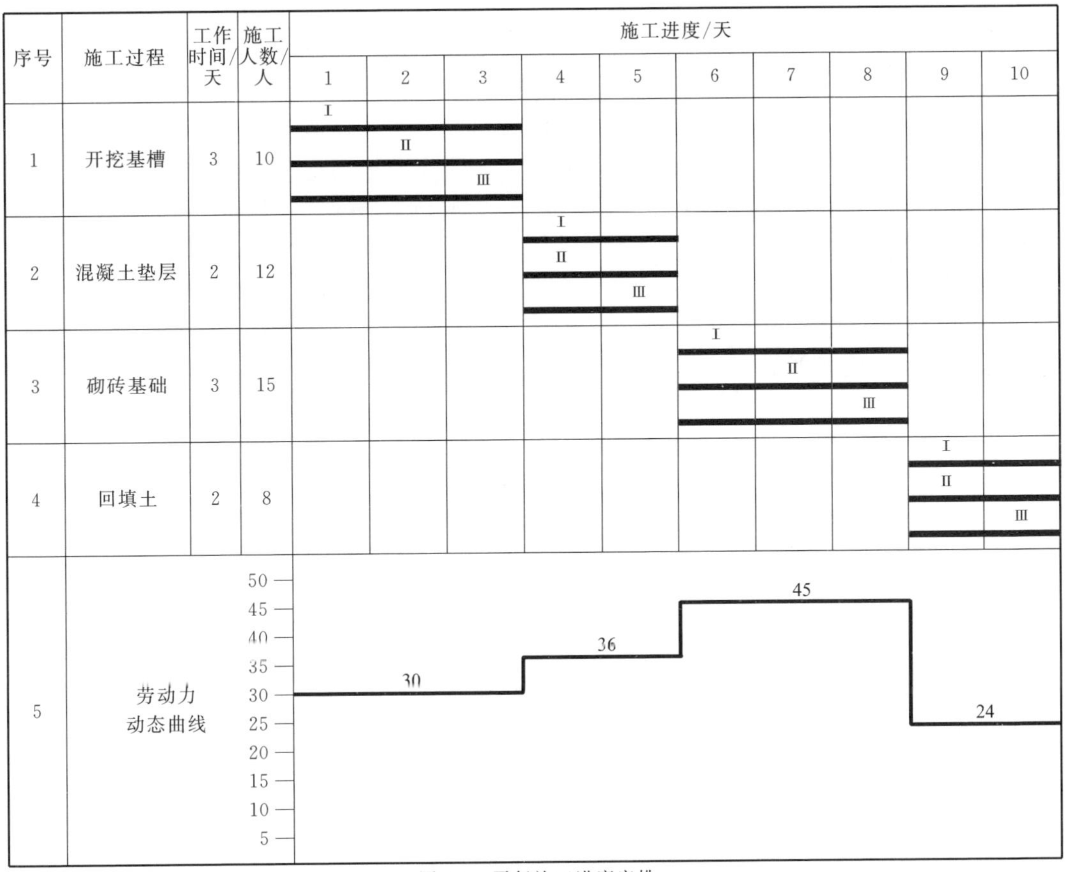

序号	施工过程	工作时间/天	施工人数/人	施工进度/天									
				1	2	3	4	5	6	7	8	9	10
1	开挖基槽	3	10	Ⅰ／Ⅱ／Ⅲ									
2	混凝土垫层	2	12				Ⅰ／Ⅱ／Ⅲ						
3	砌砖基础	3	15						Ⅰ／Ⅱ／Ⅲ				
4	回填土	2	8									Ⅰ／Ⅱ／Ⅲ	
5	劳动力动态曲线			30			36		45				24	

图 2-3　平行施工进度安排

平行施工的优点是充分利用了工作面,大大缩短了工期,由 30 天缩短为 10 天,但也存在很多弊端,如:

(1)单位时间内需提供的相同劳动资源成倍增加,机具设备也相应增加,材料供应集中;临时设施、仓库和堆场面积也要增加;

(2)如果由一个施工队完成全部施工任务,施工队不能实现专业化施工,不利于改进工人

的操作方法和提高施工机具的利用率,不利于提高工程质量和劳动生产率;

(3)如果按专业成立施工队,各施工队不能连续施工;

(4)施工组织安排和施工管理困难,增加了施工管理费用。

平行施工一般适用于工期要求紧、规模大的建筑群及分批、分期组织施工的工程任务。该施工组织方式只有在各方面的资源供应均有保障的前提下,才是合理的。

3.流水施工

流水施工是指所有的施工过程按一定的时间间隔依次投入施工,各个施工过程陆续开工,陆续竣工,使同一施工过程的专业施工队保持连续、均衡施工,相邻专业施工队最大限度地平行搭接施工的组织方式。流水施工既在建筑的水平方向流动(平面流水),又沿建筑的垂直方向流动(层间流水),其施工进度安排、工期及劳动力状态如图2-4所示。

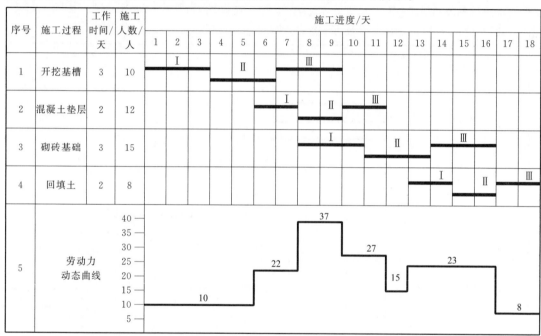

注:Ⅰ、Ⅱ、Ⅲ为三幢楼的标号。

图2-4 流水施工进度安排(连续施工)

由图2-4可见,与顺序施工、平行施工相比较,流水施工具有以下特点:

(1)各施工队实现了专业化施工,有利于提高专业技术水平和劳动生产率,有利于提高工程质量;

(2)各专业施工队能够连续施工,同时各相邻专业施工队的开工时间能够最大限度地搭接,使工期较顺序施工大为缩短,由30天缩短为18天;

(3)单位时间内投入的劳动力、施工机具、材料等资源较为均衡,有利于资源供应的组织工作;

(4)为文明施工和现场的科学管理创造了有利条件。

图2-4所示的流水施工组织方式还没有充分利用工作面。例如,第一幢楼开挖基槽后,没有马上进行混凝土垫层施工,直到第二幢楼挖基槽两天后,才开始第一幢楼的垫层施工,浪费了第一幢楼挖土完成后创造的工作面。

为了充分利用工作面,可按图 2-5 所示组织方式进行施工,工期比图 2-4 所示流水施工减少了两天。其中,混凝土垫层施工队和回填土施工队虽然有间歇施工,但在一个分部工程若干个施工过程的流水施工组织中,只要安排好主要的施工过程,即工程量大、施工持续时间较长者(本例为开挖基槽和砌砖基础),组织它们连续、均衡地流水施工,而非主要的施工过程,在有利于缩短工期的情况下,可安排其间歇施工,这种组织方式仍认为是流水施工的组织方式。

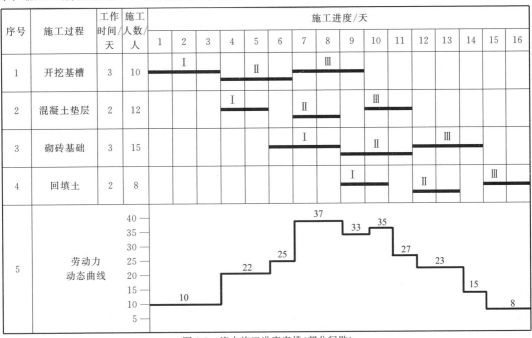

图 2-5 流水施工进度安排(部分间歇)

综上所述,流水施工的实质是:由专业施工队伍并配备一定的机具设备,沿着建筑的水平方向或垂直方向,用一定数量的材料在各施工段上进行生产,完成的产品为建筑的一部分,然后再转移到另一个施工段上去进行同样的工作,所创造的工作面,由下一个施工过程的生产作业队伍采用相同形式继续进行生产。确保了各施工过程生产的连续性、均衡性。

4. 三种施工组织方式的比较

由上面分析知,顺序施工、平行施工和流水施工是组织施工的三种基本方式,其特点及适用的范围不尽相同,三者的比较见表 2-2。

表 2-2　　　　　　　　　三种组织施工方式比较

方　式	工　期	资源投入	评　价	适用范围
顺序施工	最长	投入强度最低	劳动力投入少,资源投入不集中,有利于组织工作,现场管理工作相对简单,可能会产生窝工现象	规模较小、工作面有限的工程适用
平行施工	最短	投入强度最大	资源投入集中,现场组织管理复杂,很难实现专业化生产	工程工期紧迫、资源有充分保证及工作面允许情况下可采用
流水施工	较短,介于顺序施工与平行施工之间	投入连续均衡	结合了顺序施工与平行施工的优点,施工队连续施工,充分利用工作面,是较理想的施工组织方式	一般项目均可适用

2.1.2 流水施工的经济技术评析

流水施工的连续性和均衡性有利于各种生产资源的组织,使施工企业的生产能力可以得到充分的发挥;使劳动力、机具设备得到合理的安排和使用;提高了生产的经济性,具体归纳为以下几点:

(1)便于施工中的组织与管理。由于流水施工的均衡性,因而避免了施工期间劳动力和其他资源投入过分集中,有利于资源的组织。

(2)施工工期比较短。由于流水施工的连续性,因而各专业队伍能连续施工,减少了间歇,充分利用了工作面,在一定程度上缩短了工期。

(3)有利于提高劳动生产率。由于流水施工实现了专业化生产,为工人提高技术水平、改进操作方法以及革新生产工具创造了有利条件,因而改善了工作的劳动条件,促进了劳动生产率的不断提高。

(4)有利于提高工程质量。专业化的施工提高了工人的专业技术水平和熟练程度,为推行全面质量管理创造了条件,有利于保证和提高工程质量。

(5)能有效降低工程成本。由于工期缩短、劳动生产率提高、资源供应均衡,各专业施工队连续均衡作业,减少了临时设施数量,从而可以节约人工费、机械使用费、材料费和施工管理费等相关费用,有效地降低了工程成本。

2.1.3 组织流水施工的条件

流水施工的实质是分工协作与批量生产。在社会化大生产的条件下,分工已经形成。由于建筑产品体型庞大,通过划分施工段可将单件产品变成假想的多件产品。组织流水施工的条件主要有以下几点:

(1)划分施工段

根据组织流水施工的需要,将拟建工程在平面或空间上,划分为工程量大致相等的若干个施工段,也称为流水段。

(2)划分施工过程

根据工程特点、施工要求及施工工艺,将拟建的整个建造过程分解为若干个施工过程。建筑工程的施工过程一般为分部工程或分项工程,有时也可以是单位工程。

(3)组织独立的施工专业队(施工班组)

每个施工过程尽可能组织独立的施工专业队或施工班组,配备必要的施工机具,按施工工艺的先后顺序,依次、连续、均衡地从一个施工段转移到下一个施工段,完成与本施工过程相同的施工操作任务。

(4)主要施工过程连续、均衡施工

主要施工过程是指工程量较大、施工持续时间较长的施工过程。对主要施工过程,必须组织连续、均衡施工;对其他次要的施工过程,可考虑与相邻的施工过程合并,如不能合并,为缩短工期,可安排合理间歇施工,图2-5所示为这种安排方式。

(5)相邻的施工过程尽可能组织平行搭接施工

相邻的施工过程之间除了必要的技术间歇和组织间歇时间之外,应最大限度地安排在不同的施工段上平行搭接施工,以缩短工期。

 2.1.4　流水施工的表示方法

微视频

什么是横道图

流水施工的表示方法有三种:水平图(横道图)、垂直图(斜线图)和网络图。

1. 水平图

水平图(横道图)由横、纵两个方向的内容组成,横向用以表示施工进度,纵向用以表示施工过程。施工进度的单位可根据施工项目的具体情况和图表的应用范围来决定,可以是天、周、旬、月、季或年等,日期可以按自然数的顺序排列,也可以采用奇数或偶数的顺序排列,也可以采用扩大的单位数来表示,比如以 5 天或 10 天为基数进行编排,以简洁、清晰为目的。用标明施工段的横线段来表示具体的施工进度。水平图具有绘制简单、形象直观的特点。水平图实例如图 2-6 所示。

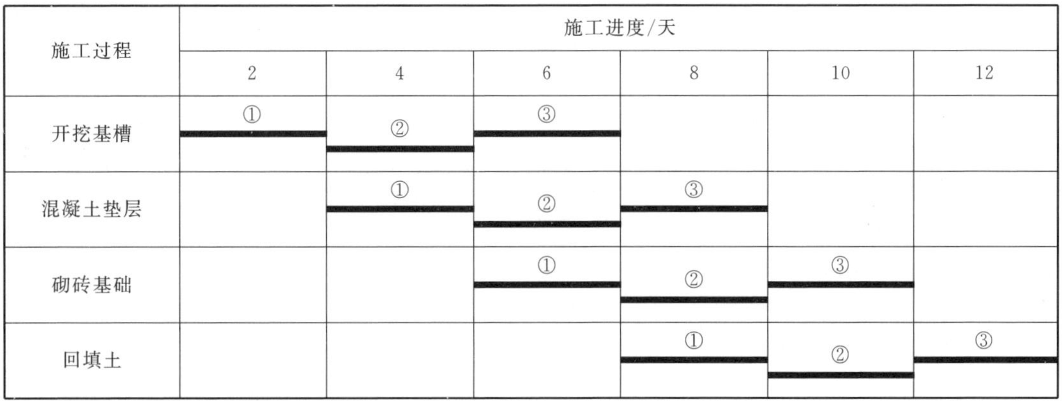

施工过程	施工进度/天					
	2	4	6	8	10	12
开挖基槽	①	②	③			
混凝土垫层		①	②	③		
砌砖基础			①	②	③	
回填土				①	②	③

注:①、②、③为施工段编号。

图 2-6　流水施工水平图(横道图)

2. 垂直图

垂直图(斜线图)中纵向由下往上表示施工段编号,横向表示各施工过程在各施工段上的持续施工时间,若干条斜线段表示施工过程。垂直图可以直观地从施工段的角度反映出各施工过程的先后顺序及时空状况。通过比较各条斜线的斜率可以看出各施工过程的施工速度,斜率越大,表示施工速度越快。如图 2-7 所示,4 条斜线分别表示 4 个施工过程,各条斜线斜率相等,说明 4 个施工过程的施工速度相等,每个施工过程在各施工段上的施工持续时间均为 2 天。垂直图表的实际应用不如水平图表广泛。

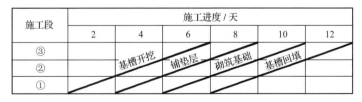

图 2-7　流水施工垂直图(斜线图)

3. 网络图

网络图是用来表达各项工作先后顺序和逻辑关系的网状图形,由箭线和节点组成,分为双代号网络图和单代号网络图两种。流水施工网络图的表达方式详见第 3 章。

2.2 流水施工的基本参数

在组织工程流水施工时,用以表达流水施工在工艺流程、空间布置和时间安排等方面的状态参数,称为流水施工参数。流水施工参数主要包括工艺参数、时间参数和空间参数三类。

2.2.1 工艺参数

在组织流水施工时,用来表达流水施工在施工工艺上的开展顺序及其特征的参数均称为工艺参数,它包括施工过程和流水强度。工艺参数分类如图 2-8 所示。

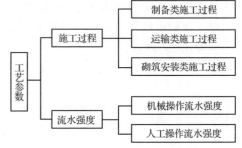

图 2-8 工艺参数分类

1. 施工过程

(1)施工过程分类

根据工艺性质不同,施工过程可以分为制备类、运输类和砌筑安装类三类施工过程。

①制备类施工过程

制备类施工过程即制造建筑制品和半成品而进行的施工过程,如砂浆制备、混凝土制备、钢筋成型等。它一般不占用施工对象空间,也不影响总工期,通常不列入施工进度计划。只有在它占有施工对象空间并影响总工期时,才被列入施工进度计划。

②运输类施工过程

运输类施工过程即把建筑材料、构配件、设备和制品等运送到工地仓库或施工现场等使用地点而形成的施工过程。它一般不占用施工对象空间,也不影响总工期,通常不列入施工进度计划。只有在它占有施工对象空间并影响总工期时,才被列入施工进度计划。如结构安装工程中的构件运输等。

③砌筑安装类施工过程

砌筑安装类施工过程指在施工对象空间中直接进行加工而形成建筑产品的施工过程,如基础工程、主体工程、屋面工程、装饰工程等。它占有施工对象空间,并影响工期。因此,必须列入施工进度计划。

根据砌筑安装类施工过程在工程项目生产中的作用、工艺性质和复杂程度的不同,可对其进行如下分类:

Ⅰ.按在工程项目生产中的作用划分,有主导施工过程和穿插施工过程两类。主导施工过程是指对整个工程项目起决定作用的施工过程,在编制施工进度计划时,必须优先考虑,如砖混结构建筑的主体砌筑工程。穿插施工过程是与主导施工过程搭接或平行穿插并受主导施工过程制约的施工过程,如门窗框安装、脚手架搭设等施工过程。

Ⅱ.按工艺性质划分,有连续施工过程和间断施工过程两类。连续施工过程是指工序间不需要技术间歇的施工过程,在前一道工序完成后,后一道工序紧随其后进行,如砖基础砌筑与土方回填等施工过程。间断施工过程是指有技术间歇的施工过程,如混凝土工程(浇筑后需要养护)等施工过程。

Ⅲ.按施工复杂程度划分,有简单施工过程和复杂施工过程两类。简单施工过程是指工艺上由一道工序组成的施工过程,如基础工程中的基槽开挖、土方回填等施工过程。复杂施工过程是指由几个工艺紧密联系的工序组合而形成的施工过程,如混凝土工程由混凝土制备、运输、浇筑、振捣等工序组成。

按照上述的分类方法,同一施工过程从不同角度分类有不同的名称,但这并不影响该施工过程在流水施工中的地位。事实上,有的施工过程既是主导的、连续的,又是复杂的,如砖混结构的主体砌筑工程;有的施工过程既是穿插的、间断的,又是简单的,如装饰工程中的油漆工程。

(2)施工过程数(n)

施工过程数是指一组流水的施工过程个数,以符号 n 表示。在建筑工程施工中,施工过程的内容和范围可大可小,既可以是分部工程、分项工程,又可以是单位工程或单项工程。施工过程划分的数目多少、精细程度一般与下列因素有关。

①与施工进度计划的性质和作用有关

施工组织总设计中,控制性的施工总进度计划,其施工过程应划分得粗些、综合性大些,一般只列出分部工程名称,如基础工程、主体结构工程、吊装工程、装饰工程、屋面工程等。单位工程施工组织设计及分部、分项工程施工组织设计中,实施性的施工进度计划,其施工过程应划分得细些、具体些。将分部工程再分解为若干个分项工程,如将基础工程分解为挖土、浇筑混凝土基础、回填土等,但其中某些分项工程仍由多工种来实现。对于其中起主导作用的分项工程,往往需要考虑按专业工种组织专业施工队进行施工,为了便于掌握施工进度和指导施工,可以将分项工程再进一步分解成若干个由专业工种施工的工序作为施工过程。一幢建筑的施工过程数一般可为 20～30 个,工业建筑往往划分得更多一些。

②与建筑的复杂程度、施工方案有关

不同的施工方案,其施工顺序和方法也不相同,如框架主体结构采用的模板不同,其施工过程划分的数目就不相同。

③与劳动组织及劳动量大小有关

施工过程的划分与施工班组及施工习惯有关。如安装玻璃、油漆施工可合也可分,因为有的是混合工种的班组,有的是单一工种的班组。施工班组的划分还与劳动量有关。劳动量小的施工过程,当组织流水施工有困难时,可与其他施工过程合并。如垫层施工劳动量较小时可与挖土合并为一个施工过程,这样可以使各个施工过程的劳动量大致相等,便于组织流水施工。

2.流水强度(V)

流水强度是指组织流水施工时,每一个施工过程在单位时间内完成的工程量,也称为流水能力或生产能力,一般用 V 表示。它一般是指每一个工作班内完成的工程量,分为如下两种流水强度。

(1)机械操作流水强度

$$V = \sum_{i=1}^{x} R_i S_i \tag{2-1}$$

其中　V——机械操作流水强度;

　　　R_i——第 i 种施工机械的台数;

　　　S_i——第 i 种施工机械的定额台班生产率,即机械产量定额;

　　　x——用于同一施工过程的主导施工机械种数。

（2）人工操作流水强度

$$V_i = R_i S_i \qquad (2\text{-}2)$$

其中　V_i——某施工过程 i 的人工操作流水强度；

　　　R_i——投入施工过程 i 的专业施工队工人数；

　　　S_i——投入施工过程 i 的专业施工队平均产量定额。

2.2.2　时间参数

时间参数是指在组织流水施工时，用以表达流水施工在时间排列上所处状态的参数。它主要包括流水节奏、流水步距、间歇时间、搭接时间和流水工期。

1. 流水节奏 (t)

在组织流水施工时，每个专业施工队在各施工段上完成相应施工任务所需要的工作持续时间，称为流水节奏，一般用符号 t 表示。

流水节奏的大小反映出流水施工速度的快慢、节奏感的强弱和资源消耗量的多少，流水节奏也是区分流水施工组织方式的特征参数。影响流水节奏数值大小的主要因素有：每个施工段上工程量的多少，流水施工采用的施工方案，每个施工段上投入的工人数、机械台数、材料数量以及每天的工作班数和各种机械台班或产量的大小。

确定各施工过程的流水节奏时，应先确定主要的、工程量大的施工过程的流水节奏，再确定其他施工过程的流水节奏。通常有三种方法确定流水节奏。

（1）定额计算法

计算公式如下

$$t_{ij} = \frac{Q_{ij}}{S_i R_{ij} N_{ij}} = \frac{P_{ij}}{R_{ij} N_{ij}} \qquad (2\text{-}3)$$

$$t_{ij} = \frac{Q_{ij} H_i}{R_{ij} N_{ij}} = \frac{P_{ij}}{R_{ij} N_{ij}} \qquad (2\text{-}4)$$

式中　t_{ij}——i 施工过程在 j 施工段上的流水节奏；

　　　Q_{ij}——i 施工过程在 j 施工段上的工程量；

　　　S_i——i 施工过程的人工或机械产量定额；

　　　R_{ij}——i 施工过程在 j 施工段上投入的工人数或机械台数；

　　　N_{ij}——i 施工过程在 j 施工段上的作业班制；

　　　P_{ij}——i 施工过程在 j 施工段上的劳动量或机械台班数量；

$$P_{ij} = Q_{ij}/S_i \text{ 或 } P_{ij} = Q_{ij} H_i \qquad (2\text{-}5)$$

　　　H_i——i 施工过程的人工或机械时间定额。

流水节奏应取半天的整数倍，这样便于施工队伍安排工作，工作队在转换工作地点时，正好是上、下班时间，不必占用生产操作时间。

【例 2-1】　某土方工程施工，工程量为 352 m³，划分为 3 个施工段，采用人工开挖，每段的工程量相等，每班工人数为 15 人，工作班制为一班制，已知时间定额为 0.5 工日/m³。试求该土方施工的流水节奏。

解：由 $t_{ij} = \dfrac{Q_{ij} H_i}{R_{ij} N_{ij}}$ 得

$$t=\frac{(352\div3)\times0.5}{15\times1}=3.9\ \text{天}$$

所以,该土方施工的流水节奏为 4 天。

(2)经验估算法

经验估算法也称为三时估算法,是根据过去的施工经验对流水节奏进行的估算。此法适用于无定额依据的采用新工艺、新材料、新结构的工程。

计算公式如下

$$t=\frac{a+4c+b}{6} \tag{2-6}$$

式中　t——某施工过程在某施工段上的流水节奏;

　　　a——某施工过程在某施工段上的估算最短施工持续时间;

　　　b——某施工过程在某施工段上的估算最长施工持续时间;

　　　c——某施工过程在某施工段上的估算正常施工持续时间。

(3)工期估算法

工期估算法也称为倒排进度法,此法是按已定工期要求,决定流水节奏的大小,再相应求出所需的资源量。具体步骤如下:

首先,根据工期按经验估算出各分部工程的施工时间。

其次,根据各分部工程估算出的时间确定各施工过程所需的时间。

最后,按式(2-3)或式(2-4)求出各施工过程所需的人数或机械台数。

需要注意的是,确定的施工队(班组)工人数或机械台数,既要满足最小劳动组合人数的要求(这是人数的最低限度),又要满足最小工作面的要求(它决定了可以安排工人数的最高限度),不能为了缩短工期而无限制地增加人数,否则由于工作面不足会降低生产率,且容易发生安全事故。在工期紧、流水节奏小、工作面不够时,可增加工作班次,采用两班或三班工作制。

2. 流水步距(K)

流水步距是指相邻两个施工过程或专业施工队(班组)在同一施工段相继开始施工的间隔时间,流水步距不含技术间歇、组织间歇、搭接时间,一般用符号 K 表示。例如,第 i 个施工过程和第 $(i+1)$ 个施工过程之间的流水步距用 $K_{i,i+1}$ 表示。流水步距的数目应比施工过程数少 1,施工过程数为 n 个,则流水步距数应为 $(n-1)$ 个。

流水步距的大小对工期的影响很大。在施工段不变的情况下,流水步距小即平行搭接多,则工期短;反之,则工期长。流水步距应与流水节奏保持一定的关系,一般至少应为一个工作班或半个工作班的时间。

流水步距应根据施工工艺、流水形式和施工条件来确定,在确定流水步距时应尽量满足以下要求:

(1)始终保持两施工过程间的顺序施工,即在一个施工段上,前一施工过程完成后,下一施工过程方能开始。

(2)所有作业班组在各施工段上尽量保持连续施工。

(3)前、后两个施工过程的施工作业应能最大限度地组织平行施工。

流水步距的计算详见 2.3 节。

3. 间歇时间(t_{j})

在组织流水施工中,相邻施工过程之间除了要考虑流水步距外,有时还需要考虑合理的间歇时间,一般用 t_j 表示,如混凝土的养护时间、钢筋隐蔽验收所需的时间等。间歇时间的存在会使工期延长,但又是不可避免的。

(1)技术间歇时间(t_{j1}^j)

技术间歇时间(t_{j1}^j)是指在流水施工中,除了考虑两相邻施工过程间的正常流水步距外,有时应根据施工工艺的要求考虑工艺间合理的间歇时间。例如,在柱混凝土浇筑结束后,必须进行一定时间的养护,才能进行梁、板混凝土工程的施工;水磨石地面必须在石碴灰达到一定强度后才能开磨。

(2)组织间歇时间(t_{j1}^z)

组织间歇时间(t_{j1}^z)是指在流水施工中,由于考虑施工组织的要求,两相邻的施工过程在规定的流水步距以外增加必要的时间间隔,以便施工人员对前一施工过程进行检查验收,并为后续施工过程做必要的技术准备工作。例如,基槽挖好后,必须由建设单位、监理人员、质量监督部门和施工单位等共同进行基槽验收,只有验收合格后才能进行下一道工序,这种工程验收或安全检查是由于施工组织因素所发生的不可避免的施工等待时间。

在组织流水施工时,技术间歇和组织间歇可以统一考虑,但是二者的概念、作用和内涵是不同的,施工组织者必须清楚。

(3)层间间歇时间(t_{j2})

当施工对象在垂直方向划分施工层时,同一施工段上前一层的最后一个施工过程和后一层的第一个施工过程之间的间歇时间,称为层间间歇时间。

4. 搭接时间(t_d)

搭接时间是指在工艺允许的情况下,后续施工过程在规定的流水步距内提前进入某施工段进行施工的时间。搭接时间一般用 t_d 表示。一般情况下,相邻两个施工过程的专业施工队在同一施工段上的关系是前后衔接关系,即前者全部结束之后,后者才能开始。但有时为了缩短工期,在工作面和工艺允许的前提下,当前一施工过程在某一施工段上已经完成一部分,并为后续施工过程创造了必要的工作面时,后续施工过程可以提前进入同一施工段,两者在同一施工段上平行搭接施工,其平行搭接的持续时间就是两个专业施工队之间的搭接时间。

5. 流水工期(T)

流水工期(T)是指在流水施工中,从第一个施工过程(或作业班组)在第一个施工段开始施工到最后一个施工过程(或作业班组)在最后一个施工段上结束施工所需的全部时间。流水工期的计算详见 2.3 节。

2.2.3 空间参数

在组织流水施工时,用来表达流水施工在空间布置上所处状态的参数,称为空间参数。它包括工作面、施工段和施工层。

1. 工作面

工作面是指施工对象上满足工人或施工机械进行正常施工操作的空间的大小。工作面是随着施工的进展而产生的,既有横向的工作面,也有纵向的工作面,通常前一个施工过程会为下一个施工过程创造工作面。

工作面大小根据专业工种的计划产量定额和安全施工技术规程确定,反映了工人操作、机械运转在空间布置上的具体要求。根据施工过程的不同,工作面可以用不同的计量单位:在基槽挖土施工中,可按延长米计量工作面;在墙面抹灰施工中,可按平方米计量工作面。

在施工作业时,无论是人工还是机械都需有一个最佳的工作面,才能发挥其最佳效率。所以工作面确定得是否合理将直接影响施工工人的生产率和施工安全,施工段上的工作面必须大于施工队伍的最小工作面(施工队或班组为保证安全生产和充分发挥劳动效率所必需的工作面)。主要工种最小工作面的参考数据见表 2-3。

表 2-3   主要工种最小工作面参考数据表

工作项目	工作面	说　明
砖基础	7.6 m/人	以 1.5 砖厚计,2 砖厚乘以 0.80,3 砖厚乘以 0.55
砌砖墙	8.5 m/人	以 1.5 砖厚计,2 砖厚乘以 0.71,3 砖厚乘以 0.57
砌毛石墙基	3.0 m/人	以 600 mm 厚计
砌毛石墙	3.3 m/人	以 400 mm 厚计
浇筑混凝土柱、墙基础	8.0 m³/人	机拌、机捣
浇筑混凝土设备基础	7.0 m³/人	机拌、机捣
现浇钢筋混凝土柱	2.5 m³/人	机拌、机捣
现浇钢筋混凝土梁	3.2 m³/人	机拌、机捣
现浇钢筋混凝土墙	5 m³/人	机拌、机捣
现浇钢筋混凝土楼板	5.3 m³/人	机拌、机捣
预制钢筋混凝土柱	3.6 m³/人	机拌、机捣
预制钢筋混凝土梁	3.6 m³/人	机拌、机捣
预制钢筋混凝土屋架	2.7 m³/人	机拌、机捣
预制钢筋混凝土平板、空心板	1.9 m³/人	机拌、机捣
预制钢筋混凝土大型屋面板	2.6 m³/人	机拌、机捣
浇筑混凝土地坪及面层	40.0 m²/人	机拌、机捣
外墙抹灰	16.0 m²/人	
内墙抹灰	18.5 m²/人	
做卷材屋面	18.5 m²/人	
做防水水泥砂浆屋面	16.0 m²/人	
门窗安装	11.0 m²/人	

2. 施工段

施工段是指将施工对象人为地在平面上划分为若干个工程量大致相等的施工区段,以使不同专业队在不同的施工段上流水施工,互不干扰。在流水施工中,用 m 来表示施工段数,施工段也称流水段。

划分施工段是为组织流水施工提供必要的空间条件,其作用在于某一施工过程能集中施工力量,迅速完成一个施工段上的工作内容,及早空出工作面为下一施工过程提前施工创造条件,从而保证不同的施工过程能同时在不同的工作面上进行施工。

若施工段的划分数目过多,则工作面不能得到充分利用,每一操作工人的有效工作范围缩小,使生产率降低;若施工段的划分数目过少,则会延长工期,无法有效保证各专业施工队连续地进行施工。因此,施工段数量的多少将直接影响流水施工的效果。

合理划分施工段一般应遵循以下原则:

(1)各施工段的劳动量基本相等,以保证流水施工的连续性、均衡性和节奏性,各施工段劳动量相差不宜超过 10%。

（2）施工段的分界线应尽可能与结构界限（伸缩缝、沉降缝和建筑单元等）相吻合，或者设在对结构整体性影响较小的部位，以保证拟建工程结构的整体性。

（3）划分施工段时应主要以主导施工过程的需要来划分。

（4）保证施工队有足够的工作面，且施工队应符合最小劳动组合的要求。

施工段划分得多，在不减少施工队工人数的情况下可以缩短工期，但必须保证每个施工段上的工作面不小于施工队所需的最小工作面。否则，一旦达不到最小工作面的要求，容易发生安全事故，降低生产率，反而不能缩短工期。

同时，施工队要满足最小劳动组合的要求。所谓最小劳动组合，是指某一施工过程进行正常施工所必需的最低限度的工人数及其合理组合。如砖墙砌筑施工，包括砂浆搅拌、材料运输、砌砖等多项工作，一般人数不宜少于18人。如果人数太少，则无法组织正常的施工。技工、壮工的比例也以2：1为宜，这就是砌筑砖墙施工队（班组）的最小劳动组合。

（5）当分层组织流水施工时，一定要注意施工段数与施工过程数（或专业施工队数）的关系对流水施工的影响。一般要求，每一层的施工段数 m 必须大于或等于其施工过程数 n 或专业施工队总数 $\sum b$，即

$$m \geqslant n \text{ 或 } m \geqslant \sum b$$

下面结合实例分三种情况进行分析讨论。

【例 2-2】 某 2 层的钢筋混凝土框架结构建筑工程，其钢筋混凝土工程由支设模板、绑扎钢筋和浇筑混凝土 3 个施工过程组成，分别由 3 个专业施工队进行施工，流水节奏均为 1 天。

（1）施工段数小于施工过程数，各施工过程划分为两个施工段，即 $m=2$，$n=3$，$m<n$。

其流水施工进度安排如图 2-9 所示。

由图 2-9 可以看出，支设模板的专业施工队不能在第一层模板施工结束后，即第三天立刻进入第二层的第一施工段进行施工，必须要间歇一天，以等待第一层第一施工段的混凝土浇筑，从而造成窝工现象。同样，另外两个专业施工队也都要窝工。但各施工段上都连续地有工作队在施工，工作面没有出现空闲，工作面利用比较充分。

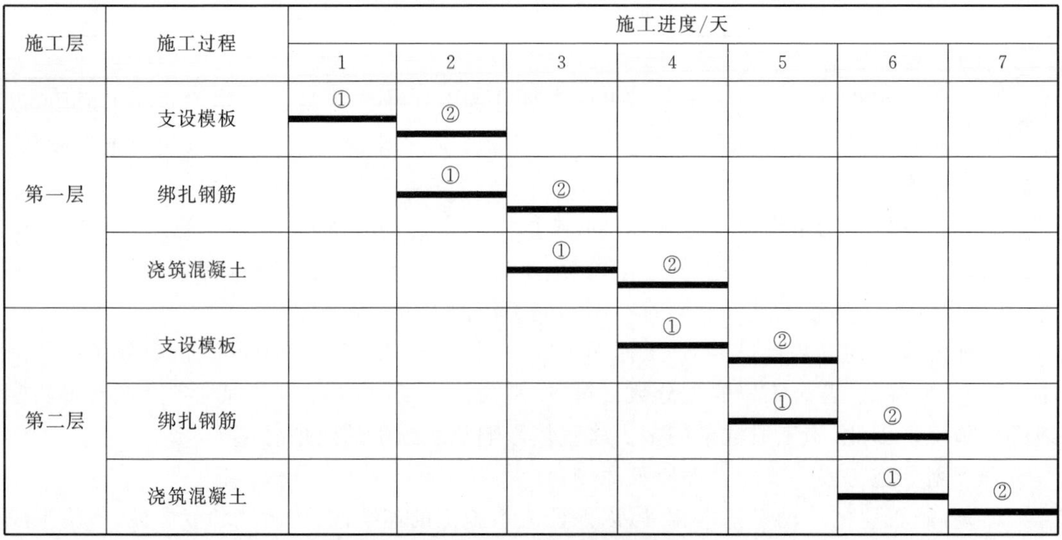

施工层	施工过程	施工进度/天						
		1	2	3	4	5	6	7
第一层	支设模板	①	②					
	绑扎钢筋		①	②				
	浇筑混凝土			①	②			
第二层	支设模板				①	②		
	绑扎钢筋					①	②	
	浇筑混凝土						①	②

图 2-9 $m<n$ 的流水施工进度安排

（2）施工段数等于施工过程数。各施工过程划分为 3 个施工段，即 $m=3$，$n=3$，$m=n$。

其流水施工进度安排如图 2-10 所示。

从图 2-10 可以看出，各专业施工队在第一层施工结束后，都能立刻进入下一施工层进行施工，不会出现窝工现象。同时，各施工段上都连续地有工作队在施工，工作面没有出现空闲，工作面利用比较充分。

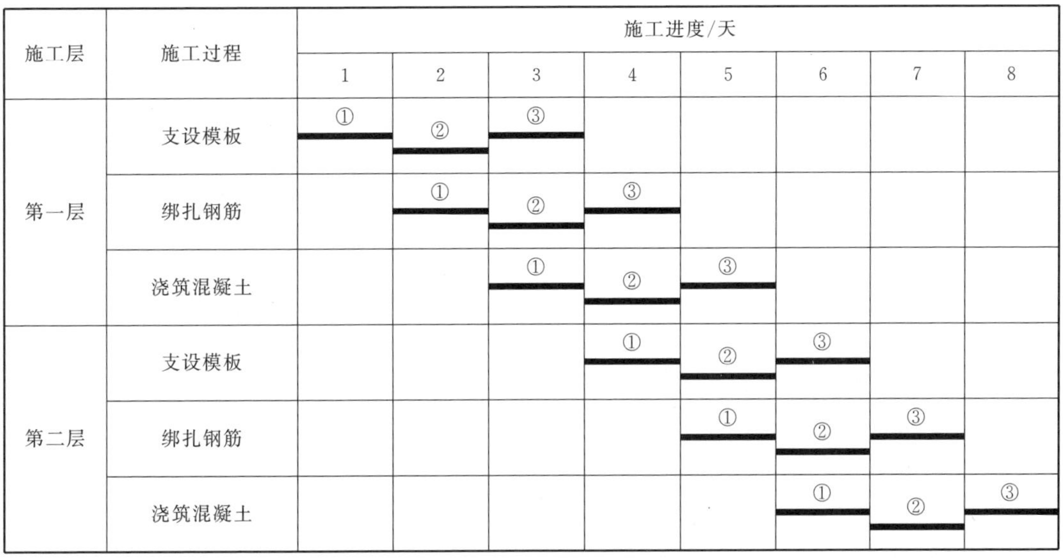

施工层	施工过程	施工进度/天							
		1	2	3	4	5	6	7	8
第一层	支设模板	①	②	③					
	绑扎钢筋		①	②	③				
	浇筑混凝土			①	②	③			
第二层	支设模板				①	②	③		
	绑扎钢筋					①	②	③	
	浇筑混凝土						①	②	③

图 2-10　$m=n$ 的流水施工进度安排

（3）施工段数大于施工过程数。各施工过程划分为 4 个施工段，即 $m=4$，$n=3$，$m>n$。

其流水施工进度安排如图 2-11 所示。

从图 2-11 可以看出，当第一层的第一施工段上的混凝土浇筑结束后，第二层的第一施工段并没有立刻投入支设模板的专业施工队，在第 4 天出现了第一施工段工作面的空闲，这是由于支设模板专业施工队在第一层的施工必须要到第 4 天才能结束，只能在第 5 天才可以投入第二层的第一施工段进行施工。其他施工段也都由于同样原因出现了工作面的空闲。

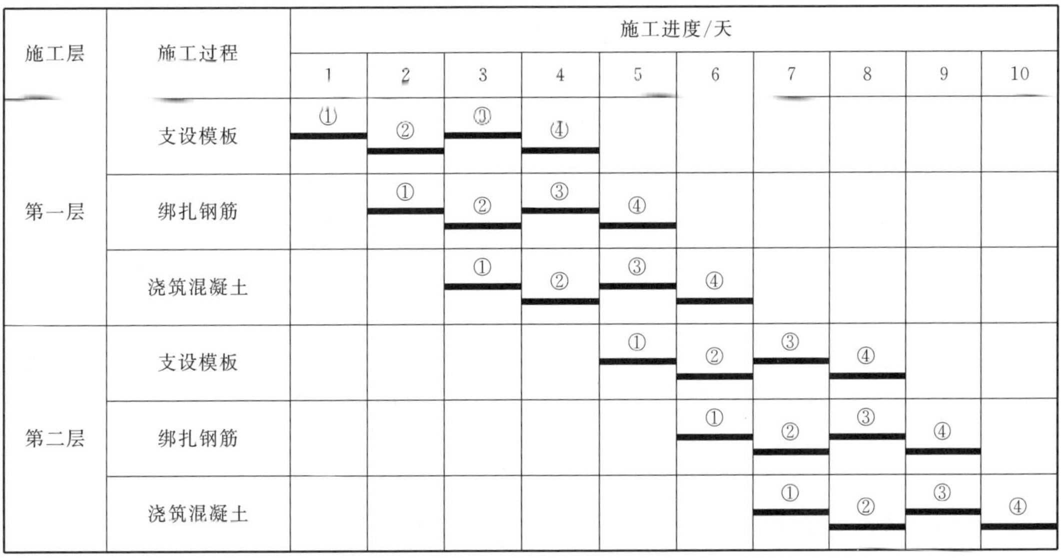

施工层	施工过程	施工进度/天									
		1	2	3	4	5	6	7	8	9	10
第一层	支设模板	①	②	③	④						
	绑扎钢筋		①	②	③	④					
	浇筑混凝土			①	②	③	④				
第二层	支设模板					①	②	③	④		
	绑扎钢筋						①	②	③	④	
	浇筑混凝土							①	②	③	④

图 2-11　$m>n$ 的流水施工进度安排

从以上三种情况的比较中,可得出以下结论:

①当 $m<n$ 时,各专业施工队不能连续施工,有窝工现象,工作面利用比较充分,工期最短。

②当 $m=n$ 时,各专业施工队均能连续施工,工作面利用比较充分,工期比较短,是最理想的一种安排。

③当 $m>n$ 时,各专业施工队均能连续施工,工作面利用不够充分,各施工段工作面都出现了空闲,工期最长。施工组织中往往利用工作面出现空闲的这段时间,把它与必要的技术间歇时间结合在一起,从而使流水施工组织更加合理。

综上所述,在有层间关系的工程中组织流水施工时,必须使施工段数大于或等于施工过程数(或专业施工队数),即 $m \geqslant n$ 或 $m \geqslant \sum b$。

3. 施工层

施工层是指为组织多层建筑在竖向的流水施工,将建筑在垂直方向上划分的若干区段,一般用 j 来表示施工层的数目。施工层的划分视工程对象的具体情况而定,一般以建筑的结构层作为施工层。例如,一幢18层的现浇剪力墙结构的建筑,其结构层数就是施工层数。有时为方便施工,也可以按一定高度划分施工层。例如,单层工业厂房砌筑工程,一般每 $1.2\sim1.4$ m(即一步脚手架的高度)划分为一个施工层。

2.3 流水施工的组织方式

建筑产品之间的差异性,使得不同建筑结构的复杂程度、平面位置及工程性质都有区别,进行工程施工时就有不同的流水施工组织方式。为了适应不同施工项目施工组织的特点和进度计划安排的要求,根据流水施工的特点可以将流水施工分成不同的类型进行分析和研究。

2.3.1 流水施工分类

1. 按流水施工的组织范围划分

(1)分项工程流水施工

分项工程流水施工又称为细部流水施工,是指在分项工程内部组织的流水施工,即由一个专业施工队,依次连续地在各个施工段上完成同一施工过程。分项工程流水施工是范围最小的流水施工。

(2)分部工程流水施工

分部工程流水施工又称为专业流水施工,是指在分部工程内各分项工程之间组织的流水施工。例如,由开挖基槽、混凝土垫层、砌筑基础、回填土四个分项工程流水就可以组成此基础工程的分部工程流水施工。

(3)单位工程流水施工

单位工程流水施工又称为综合流水施工,是指在单位工程内部各分部工程之间组织的流水施工。例如,由基础工程、主体工程、屋面工程三个分部工程流水就可以组成土建工程这个单位工程的流水施工。

（4）群体工程流水施工

群体工程流水施工又称为大流水施工，是指在群体工程中各单项工程或单位工程之间组织的流水施工。

2. 按照流水施工的节奏特征划分

根据流水施工的节奏特征，流水施工可划分为有节奏流水施工和无节奏流水施工，有节奏流水施工又可分为等节奏流水施工和异节奏流水施工，其分类关系及组织流水方式如图 2-12 所示。

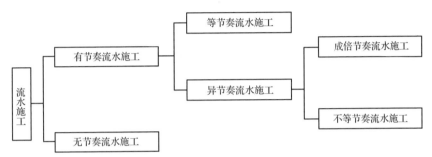

图 2-12　流水施工按节奏特征分类

2.3.2　有节奏流水施工

微视频

全等节奏流水快速绘制

有节奏流水施工是指在组织流水施工时，同一施工过程在各施工段上的流水节奏都相等的一种流水施工方式。根据不同施工过程之间的流水节奏是否相等，有节奏流水施工又分为等节奏和异节奏流水施工。

1. 等节奏流水施工

等节奏流水施工是指每一个施工过程在各个施工段上的流水节奏都相等，并且各施工过程之间的流水节奏也相等的施工组织方式，也称为固定节奏流水施工或全等节奏流水施工。

等节奏流水施工要求各施工过程的劳动量相差不大，并根据主要施工过程专业施工队的人数计算流水节奏，再根据此流水节奏确定其他施工过程专业施工队的人数，并考虑施工段的工作面等因素进行适当调整。

等节奏流水施工的特点是：①各施工过程在各个施工段上流水节奏彼此相等；②各施工过程之间的流水步距彼此相等，并且等于流水节奏；③每个施工过程在每个施工段上均由一个专业施工队独立完成作业，即专业施工队数目等于施工过程数；④各专业施工队均能连续施工，工作面也能得到充分利用；⑤各施工过程的施工速度相同，在施工进度垂直图表中，表现为一系列斜率相等的斜线。

等节奏流水施工的工期可以按下式计算

$$T = \sum K_{i,i+1} + T_n + \sum t_{j1} - \sum t_{d} = (mj + n - 1)K + \sum t_{j1} - \sum t_{d} \qquad (2\text{-}7)$$

式中　　T——工期；

　　　　K——流水步距；

　　　　$\sum K_{i,i+1}$——各施工过程之间的流水步距之和；

　　　　T_n——最后一个施工过程的施工持续时间（$T_n = jmt$，其中 $t = K$）；

j——施工层数；

m——施工段数；

n——施工过程数；

$\sum t_{j1}$——一个施工层内的各个施工过程间的间歇时间之和（包括组织间歇时间和技术间歇时间）；

$\sum t_{d}$——各施工过程间的搭接时间之和。

当施工层数多于一层时，施工段数要满足合理组织流水施工的要求，即为了使各施工队（班组）能连续施工，每层的施工段数应满足下列要求

$$m \geqslant n + \frac{\sum t_{j1} + \sum t_{j2} - \sum t_{d}}{K} \qquad (2\text{-}8)$$

式中 $\sum t_{j2}$——相邻两个施工层间的层间间歇时间之和。

【例 2-3】 某基础工程划分为开挖基槽 A、混凝土垫层 B、砌筑基础 C、回填土 D 共 4 个施工过程，分 3 个施工段组织施工，流水节奏均为 3 天，且混凝土垫层完成后需要有 1 天的技术间歇时间。试组织等节奏流水施工。

解：由题意知，无施工层，即 $j = 1$，$\sum t_{d} = 0$ 天，$\sum t_{j1} = 1$ 天，$t = 3$ 天，$m = 3$，$n = 4$。

（1）根据等节奏流水施工流水步距与流水节奏相等的特点，确定流水步距 $K = t = 3$ 天。

（2）计算总工期，由式（2-7）得

$$T = (mj + n - 1)K + \sum t_{j1} - \sum t_{d} = (3 \times 1 + 4 - 1) \times 3 + 1 - 0 = 19 \text{ 天}$$

（3）绘制等节奏流水施工进度计划表，如图 2-13 所示。

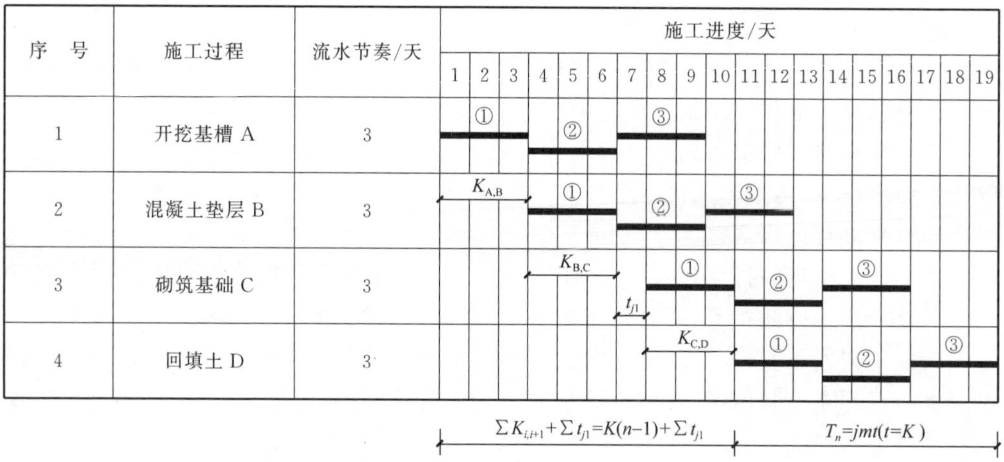

序 号	施工过程	流水节奏/天	施工进度/天																			
			1	2	3	4	5	6	7	8	9	10	11	12	13	14	15	16	17	18	19
1	开挖基槽 A	3	①			②			③												
2	混凝土垫层 B	3	$K_{A,B}$			①			②			③									
3	砌筑基础 C	3				$K_{B,C}$			t_{j1}	①			②			③					
4	回填土 D	3							$K_{C,D}$			①			②			③			

$$\sum K_{i,i+1} + \sum t_{j1} = K(n-1) + \sum t_{j1} \qquad T_n = jmt(t = K)$$

图 2-13 等节奏流水施工进度计划表

【例 2-4】 某 2 层建筑的现浇钢筋混凝土工程施工，施工过程分为支设模板、绑扎钢筋和浇筑混凝土三个施工过程，流水节奏均为 2 天，支设模板与绑扎钢筋可以搭接 1 天进行，绑扎钢筋后需要 1 天的验收和施工准备，之后才能浇筑混凝土，层间技术间歇为 2 天。试确定施工段数，计算总工期，绘制流水施工进度计划表。

解：由题意知，$j = 2$，$\sum t_{d} = 1$ 天，$\sum t_{j1} = 1$ 天，$\sum t_{j2} = 2$ 天，$t = 2$ 天，$n = 3$。

（1）根据等节奏流水施工流水步距与流水节奏相等的特点，确定流水步距 $K = t = 2$ 天。

（2）计算施工段数，由式（2-8）得

$$m \geqslant n + \frac{\sum t_{j1} + \sum t_{j2} - \sum t_d}{K} = 3 + \frac{1+2-1}{2} = 4$$

取 $m = 4$。

（3）计算总工期，由式（2-7）得

$$T = (mj + n - 1)K + \sum t_{j1} - \sum t_d = (4 \times 2 + 3 - 1) \times 2 + 1 - 1 = 20 \text{ 天}$$

（4）绘制分层表示的流水施工进度计划表，如图 2-14 所示。

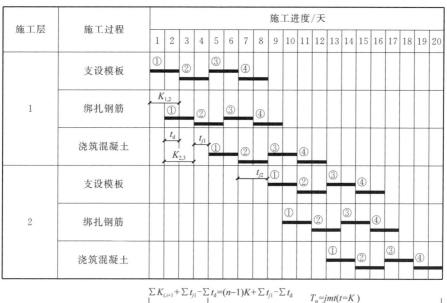

图 2-14　分层表示的流水施工进度计划表

不分层表示的流水施工进度计划表，如图 2-15 所示。

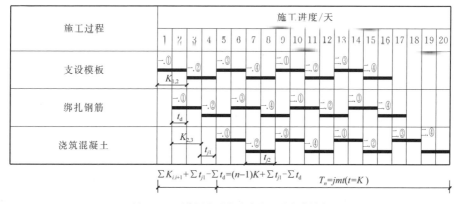

图 2-15　不分层表示的流水施工进度计划表

【例 2-5】　某一基础施工的有关参数见表 2-4，划分成 4 个施工段。试组织等节奏流水施工。

表 2-4   某一基础施工的有关参数

序　号	施工过程	总工程量	劳动定额	说　　明
1	挖土、垫层	460 m³	0.51 工日/m³	1. 基础总长度为 370 m 左右
2	绑扎钢筋	10.5 t	7.80 工日/t	2. 砌砖的技工与普工的比例为 2∶1,技工
3	浇筑基础混凝土	150 m³	0.83 工日/m³	所需的最小工作面为 7.6 m/人
4	砖基础、回填土	180 m³	1.45 工日/m³	

解:(1)计算各施工过程的劳动量。由式(2-5)$P_{ij} = Q_{ij} H_i (i,j=1,2,3,4)$得

挖土、垫层施工过程在一个施工段上的劳动量为

$$P_{1j} = Q_{1j} H_1 = \frac{460}{4} \times 0.51 = 59 \text{ 工日}$$

绑扎钢筋施工过程在一个施工段上的劳动量为

$$P_{2j} = Q_{2j} H_2 = \frac{10.5}{4} \times 7.80 = 20 \text{ 工日}$$

浇筑基础混凝土施工过程在一个施工段上的劳动量为

$$P_{3j} = Q_{3j} H_3 = \frac{150}{4} \times 0.83 = 31 \text{ 工日}$$

砖基础、回填土施工过程在一个施工段上的劳动量为

$$P_{4j} = Q_{4j} H_4 = \frac{180}{4} \times 1.45 = 65 \text{ 工日}$$

(2)确定主要施工过程的工人数和流水节奏。从计算可知,砖基础、回填土这一施工过程的劳动量最大,应按该施工过程确定流水节奏。由于基础的总长度决定了所能安排技术工人的最多人数,根据已知条件可求出该施工过程可安排的最多工人数。

由表 2-3 知,砖基础技工所需的工作面为 7.6 m/人,每个施工段上可安排的技工人数

$$R_技 = \frac{370}{4 \times 7.6} = 12 \text{ 人}$$

每个施工段上可安排的普工人数

$$R_普 = 12 \div 2 = 6 \text{ 人}$$

该施工过程在每个施工段上可安排的工人总数

$$R_{4j} = R_技 + R_普 = 12 + 6 = 18 \text{ 人}$$

由此即可求得该施工过程的流水节奏

$$t_{4j} = P_{4j}/R_{4j} = \frac{65}{18} = 3.6 \text{ 天} \approx 4 \text{ 天}$$

流水节奏应尽量取整数,为使实际安排的劳动量与计算所得出劳动量误差最小,最后应根据实际安排的流水节奏 4 天来求得相应的工人数,同时应检查最小工作面与最小劳动组合的要求。如砖基础、回填土施工过程按实际流水节奏 4 天重新求得工人数为 $P_{4j}/4 = 16$ 人,但这一施工过程所需的最小劳动组合为 18 人,因此,该施工过程实际安排的工人数应为 18 人。

(3)确定其他施工过程的工人数。根据等节奏流水施工的特点可知,其他施工过程的流水节奏也应等于 4 天,由此可得其他施工过程所需的工人数。

挖土、垫层的工人数为

$$R_{1j}=\frac{59}{4}=15\ 人$$

绑扎钢筋的工人数为

$$R_{2j}=\frac{20}{4}=5\ 人$$

浇筑基础混凝土的工人数为

$$R_{3j}=\frac{31}{4}=8\ 人$$

（4）求工期。由 $j=1$，$m=4$，$n=4$，$\sum t_{j1}=0$ 天，$\sum t_d=0$ 天，$K=t=4$ 天，得

$$T=(mj+n-1)K=(4\times1+4-1)\times4=28\ 天$$

（5）检查各施工过程的最小劳动组合或最小工作面要求，并绘制等节奏流水施工进度计划表，如图 2-16 所示。

序 号	施工过程	劳动量/工日	工人数/人	流水节奏/天	施工进度/天
					4　8　12　16　20　24　28
1	挖土、垫层	59	15	4	① ② ③ ④
2	绑扎钢筋	20	5	4	① ② ③ ④
3	浇筑基础混凝土	31	8	4	① ② ③ ④
4	砖基础、回填土	65	18	4	① ② ③ ④

图 2-16　等节奏流水施工进度计划表

2. 异节奏流水施工

异节奏流水施工是指同一施工过程在各施工段上的流水节奏都相等，但不同施工过程之间的流水节奏不完全相等的一种流水施工组织方式。异节奏流水施工又可分为成倍节奏流水施工和不等节奏流水施工。

微视频

异步距并节奏
流水施工铺制

（1）成倍节奏流水施工

成倍节奏流水施工是指同一施工过程在各个施工段上的流水节奏相等，不同施工过程之间的流水节奏不完全相等，但各施工过程的流水节奏均为其中最小流水节奏的整数倍的流水施工组织方式。

虽然工作面是一定的，但不同的施工过程的工艺复杂程度却不同，影响流水节奏的因素也较多，施工过程具有较强的不确定性，要做到不同的施工过程具有相同的流水节奏是非常困难的。因此，等节奏流水施工的组织形式是一种理想状态，在实际施工中很难做到，但通过合理安排，使同一施工过程的各施工段的流水节奏都相等，这是可以做到的。

成倍节奏流水施工的特点是：①同一施工过程在其各个施工段上的流水节奏相等；②不同施工过程的流水节奏不完全相等，但均为最小流水节奏的整数倍；③各施工过程之间的流水步距彼此相等；④专业施工队总数大于施工过程数；⑤各专业施工队均能连续施工，工作面也能

得到充分利用;各施工段的同一施工过程施工速度相等,不同施工过程的施工速度不完全相等。

组织成倍节奏流水施工时,为充分利用工作面,加快施工速度,流水节奏大的施工过程应相应增加施工队数。因此,专业施工队总数大于施工过程数。

成倍节奏流水施工的流水步距是指所有各个施工队(或施工班组)之间的流水步距,而不是各个施工过程之间的流水步距。成倍节奏流水施工的流水步距全部相等,即

$$K = \min\{t_1, t_2, \cdots, t_i, \cdots, t_n\} \tag{2-9}$$

式中 $t_1, t_2, \cdots, t_i, \cdots, t_n$——第 $1, 2, \cdots, i, \cdots, n$ 个施工过程的流水节奏。

每个施工过程所需的施工班组数可由下式确定

$$D_i = \frac{t_i}{K} \tag{2-10}$$

式中 D_i——某施工过程所需的施工队数;

t_i——某施工过程的流水节奏;

K——流水步距。

成倍节奏流水施工的工期可按下式计算

$$T = \sum K_{i,i+1} + T_n + \sum t_{j1} - \sum t_d = (mj + \sum D_i - 1)K + \sum t_{j1} - \sum t_d \tag{2-11}$$

式中 T——工期;

$\sum K_{i,i+1}$——各施工队之间的流水步距之和;

T_n——最后一个施工队(或施工班组)从开始施工到工程全部结束的持续时间($T_n = jmt, t = K$);

j——施工层数;

m——施工段数;

$\sum D_i$——专业施工队总数;

$\sum t_{j1}$——一个施工层内的各个施工过程间的间歇时间之和(包括组织间歇和技术间歇时间);

$\sum t_d$——搭接时间之和。

当 $j > 1$ 时,施工段数应满足下列条件

$$m \geqslant \sum D_i + \frac{\sum t_{j1} + \sum t_{j2} - \sum t_d}{K} \tag{2-12}$$

式中 $\sum t_{j2}$——相邻两个施工层间的层间间歇时间之和。

组织成倍流水施工的计算步骤如下:

① 先按式(2-9)计算流水步距

$$K = \min\{t_1, t_2, \cdots, t_i, \cdots, t_n\}$$

② 按式(2-10)计算各个施工过程的施工队数,并计算 $\sum D_i$

$$D_i = t_i/K$$

③ 确定施工段数。如果没有划分施工分层,即 $j=1$,可按施工段划分原则来进行划分;若有分层,即 $j>1$ 时,施工段的划分应满足式(2-12),即

$$m \geqslant \sum D_i + \frac{\sum t_{j1} + \sum t_{j2} - \sum t_d}{K}$$

④ 按式(2-11)计算总工期

$$T = \left(mj + \sum D_i - 1\right)K + \sum t_{j1} - \sum t_d$$

⑤绘制流水施工进度计划表。

【例 2-6】 某钢筋混凝土工程施工,划分为三个施工段,有支设模板 A、绑扎钢筋 B、浇筑混凝土 C 三个施工过程,施工顺序为 A→B→C,每个工序的流水节奏为 $t_A=2$ 天,$t_B=4$ 天,$t_C=2$ 天。试组织该工程流水施工。

解: 由题意知,$j=1$,$m=3$。

(1)确定流水步距

$$K = \min\{t_A, t_B, t_C\} = \{2,4,2\} = 2 \text{ 天}$$

(2)计算各个施工过程的施工队数,并计算 $\sum D_i$

$$D_A = t_A/K = 2/2 = 1$$
$$D_B = t_B/K = 4/2 = 2$$
$$D_C = t_C/K = 2/2 = 1$$
$$\sum D_i = 1 + 2 + 1 = 4$$

(3)计算工期

$$T = \left(mj + \sum D_i - 1\right)K + \sum t_{j1} - \sum t_d = (3 \times 1 + 4 - 1) \times 2 = 12 \text{ 天}$$

(4)绘制施工进度计划表

成倍节奏流水施工进度计划表如图 2-17 所示。

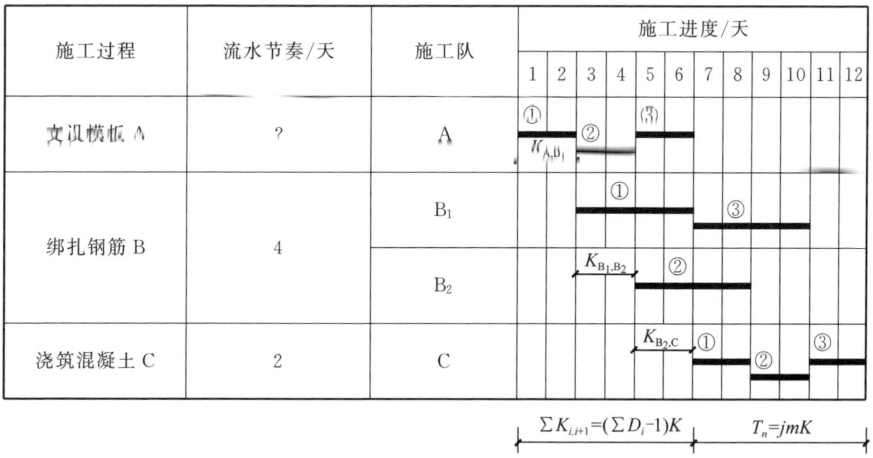

图 2-17　成倍节奏流水施工进度计划表

【例 2-7】 某基础工程划分为开挖基槽 A、混凝土垫层 B、砌筑基础 C、回填土 D 共四个施工过程,分三个施工段组织施工,各施工过程的流水节奏为 $t_A=2$ 天,$t_B=4$ 天,$t_C=2$ 天,$t_D=4$ 天,且施工过程 B 完成后需要有 1 天的技术间歇时间。试组织成倍节奏流水施工。

解：由题意知，$j=1$，$\sum t_{j1}=1$ 天，$\sum t_{d}=0$ 天。

(1) 确定流水步距

$$K=\min\{t_A, t_B, t_C, t_D\}=\{2,4,2,4\}=2\text{ 天}$$

(2) 计算各个施工过程的施工队数，并计算 $\sum D_i$

$$D_A=t_A/K=2/2=1$$

$$D_B=t_B/K=4/2=2$$

$$D_C=t_C/K=2/2=1$$

$$D_D=t_D/K=4/2=2$$

$$\sum D_i=1+2+1+2=6$$

(3) 计算工期

$$T=(mj+\sum D_i-1)K+\sum t_{j1}-\sum t_d=(3\times1+6-1)\times2+1=17\text{ 天}$$

(4)绘制施工进度计划表

成倍节奏流水施工进度计划表如图 2-18 所示。

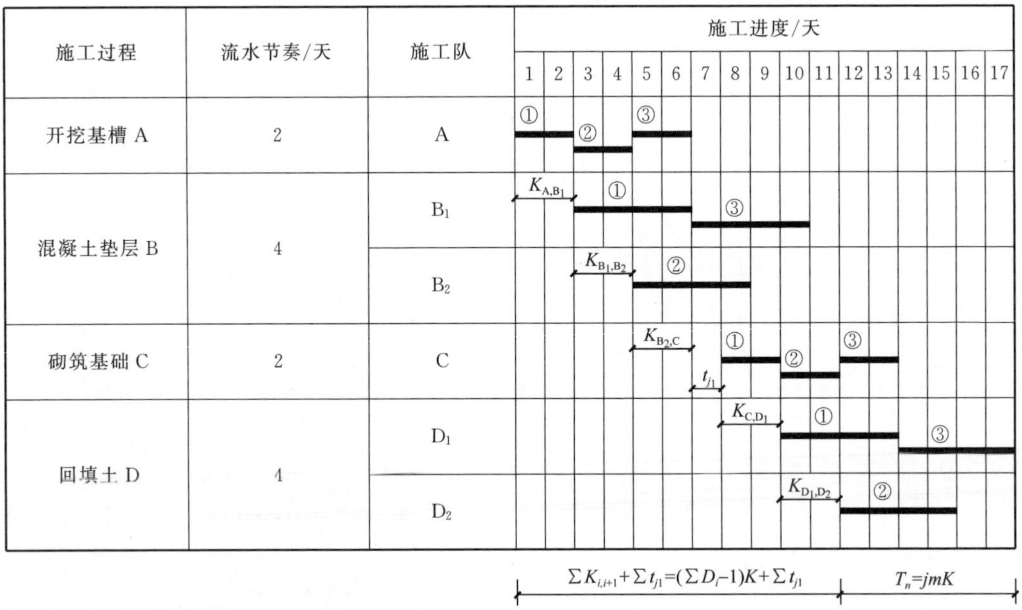

施工过程
流水节奏/天
施工队
施工进度/天
1 2 3 4 5 6 7 8 9 10 11 12 13 14 15 16 17
开挖基槽 A
2
A
混凝土垫层 B
4
B1
B2
砌筑基础 C
2
C
回填土 D
4
D1
D2
K_{A,B_1}
K_{B_1,B_2}
$K_{B_2,C}$
t_{j1}
K_{C,D_1}
K_{D_1,D_2}
①
②
③
$\Sigma K_{i,i+1}+\Sigma t_{j1}=(\Sigma D_i-1)K+\Sigma t_{j1}$
$T_n=jmK$

图 2-18　成倍节奏流水施工进度计划表

【例 2-8】 某 2 层现浇筑钢筋混凝土工程，分为支设模板 A、绑扎钢筋 B 和浇筑混凝土 C 共三个施工过程。已知每个施工过程在每层每个施工段上的流水节奏分别为 $t_A=2$ 天，$t_B=2$ 天，$t_C=1$ 天。当支设模板施工队转移到第二层的第一施工段时，需等待第一层第一施工段的混凝土养护 1 天后才能进行施工。在保证各施工队连续施工的条件下，试安排流水施工，并绘制流水施工进度计划表。

解：由题意知，$j=2$，$\sum t_{j2}=1$ 天。

（1）确定流水步距

$$K = \min\{t_A, t_B, t_C\} = \{2, 2, 1\} = 1 \text{ 天}$$

（2）计算各个施工过程的施工队数，并计算 $\sum D_i$

$$D_A = t_A/K = 2/1 = 2$$
$$D_B = t_B/K = 2/1 = 2$$
$$D_C = t_C/K = 1/1 = 1$$
$$\sum D_i = 2 + 2 + 1 = 5$$

（3）确定每层的施工段数

$$m \geqslant \sum D_i + \frac{\sum t_{j1} + \sum t_{j2} - \sum t_d}{K} = 5 + \frac{1}{1} = 6$$

取 $m = 6$。

（4）计算工期

$$T = \left(mj + \sum D_i - 1\right)K + \sum t_{j1} - \sum t_d = (6 \times 2 + 5 - 1) \times 1 = 16 \text{ 天}$$

（5）绘制施工进度计划表

分层表示的成倍节奏流水施工进度计划表，如图 2-19 所示。

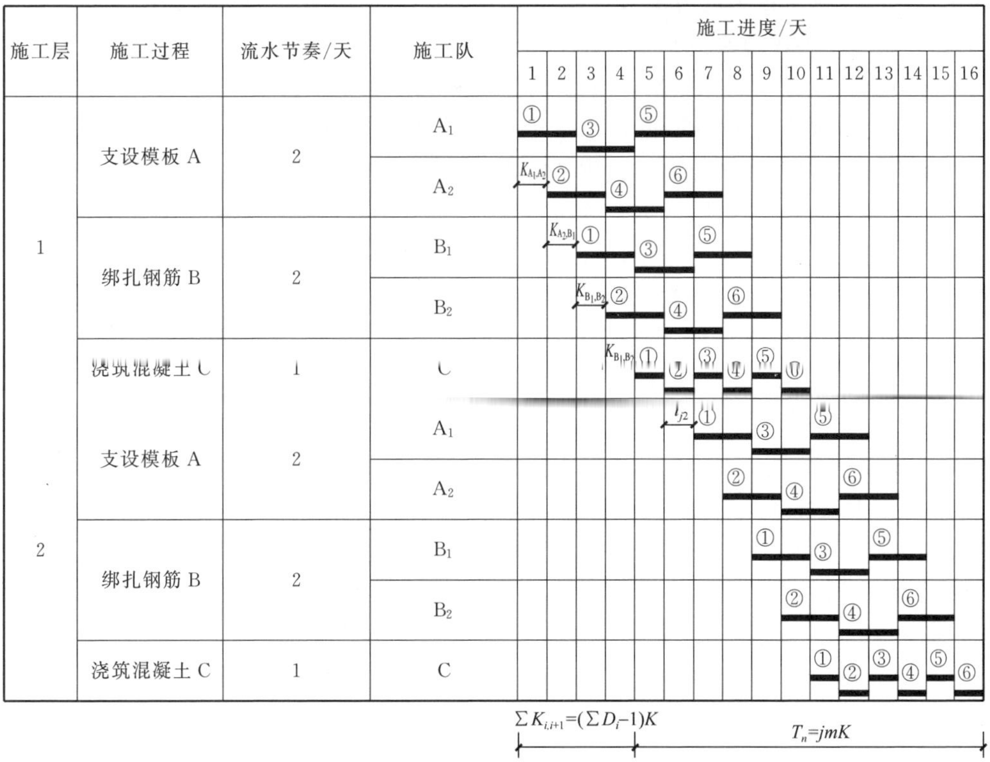

施工层	施工过程	流水节奏/天	施工队	施工进度/天
				1　2　3　4　5　6　7　8　9　10　11　12　13　14　15　16
1	支设模板 A	2	A_1	
			A_2	
	绑扎钢筋 B	2	B_1	
			B_2	
	浇筑混凝土 C	1	C	
2	支设模板 A	2	A_1	
			A_2	
	绑扎钢筋 B	2	B_1	
			B_2	
	浇筑混凝土 C	1	C	

$$\sum K_{i,i+1} = (\sum D_i - 1)K \qquad T_n = jmK$$

图 2-19　分层表示的成倍节奏流水施工进度计划表

不分层表示的成倍节奏流水施工进度计划表,如图 2-20 所示。

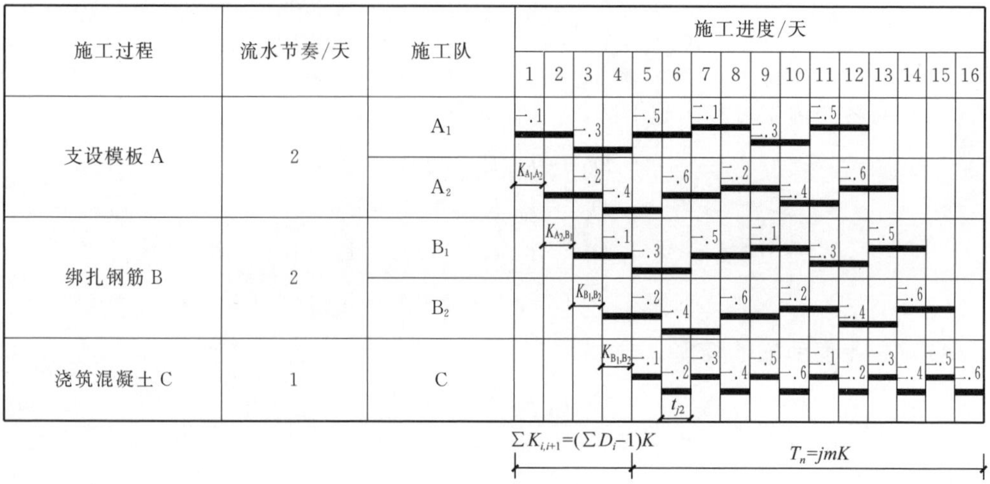

图 2-20　不分层表示的成倍节奏流水施工进度计划表

（2）不等节奏流水施工

不等节奏流水施工是指同一施工过程在各个施工段上的流水节奏相等,而不同施工过程之间的流水节奏既不完全相等又不全是最小流水节奏的整数倍的流水施工方式。

有时由于各施工过程之间的工程量相差很大,各施工班组的施工人数又有所不同,造成不同施工过程在各施工段上的流水节奏无规律性。这时,若组织等节奏或成倍节奏流水施工均有困难,则可组织不等节奏流水施工。

不等节奏流水施工的特点是:①同一施工过程在各个施工段上的流水节奏相等;②不同施工过程之间的流水节奏不完全相等,也不全是最小流水节奏的整数倍;③相邻施工过程之间的流水步距不完全相等;④主要施工过程的流水作业连续施工,允许有些施工段出现空闲;⑤专业施工队数等于施工过程数;⑥同一施工过程内,各施工段的施工速度相等,不同施工过程的施工速度不完全相等。

组织不等节奏流水施工的关键是流水步距的确定,计算流水步距时分两种情况考虑:

第一种,前一个施工过程的流水节奏小于或等于后一个施工过程的流水节奏,即 $t_i \leqslant t_{i+1}$,这种情况下,两个施工过程之间的流水步距按下式确定

$$K_{i,i+1} = t_i \tag{2-13}$$

第二种,前一个施工过程的流水节奏大于后一个施工过程的流水节奏,即 $t_i > t_{i+1}$,这种情况下,两个施工过程之间的流水步距按下式确定

$$K_{i,i+1} = mt_i - (m-1)t_{i+1} \tag{2-14}$$

可将流水步距的确定合并写成

$$K_{i,i+1} = \begin{cases} t_i & (t_i \leqslant t_{i+1}) \\ mt_i - (m-1)t_{i+1} & (t_i > t_{i+1}) \end{cases} \tag{2-15}$$

式中　$K_{i,i+1}$——第 i 个施工过程与第 $(i+1)$ 个施工过程之间的流水步距;

t_i——第 i 个施工过程的流水节奏;

t_{i+1}——第 $(i+1)$ 个施工过程的流水节奏;

m——施工段数。

不等节奏流水施工的工期可按下式计算

$$T = \sum K_{i,i+1} + T_n + \sum t_{j1} + \sum t_{j2} - \sum t_d = \sum K_{i,i+1} + mt_n + \sum t_{j1} + \sum t_{j2} - \sum t_d \tag{2-16}$$

式中　T—— 工期；

$\quad\quad T_n$—— 最后一个施工过程的施工持续时间$(T_n = mt_n)$；

$\quad\quad t_n$—— 最后一个施工过程的流水节奏；

$\quad\quad \sum t_{j1}$—— 一个施工层内的各个施工过程间的间歇时间之和(包括组织间歇和技术间歇时间)；

$\quad\quad \sum t_{j2}$—— 相邻两个施工层间的层间间歇时间之和；

$\quad\quad \sum t_d$—— 搭接时间之和。

【例2-9】　某基础工程划分为开挖基槽A、混凝土垫层B、砌筑基础C、回填土D共四个施工过程，分三个施工段组织施工，各施工过程的流水节奏为$t_A = 2$天，$t_B = 4$天，$t_C = 3$天，$t_D = 3$天，且施工过程B完成后需要有1天的技术间歇时间。试组织不等节奏流水施工。

解： 由题意知，$m = 3$，$\sum t_{j1} = 1$天，$\sum t_{j2} = 0$天。

(1)根据式(2-15)计算流水步距

由$t_A < t_B$得　　　　　　　$K_{A,B} = t_A = 2$天

由$t_B > t_C$得　　　$K_{B,C} = mt_B - (m-1)t_C = 3 \times 4 - (3-1) \times 3 = 6$天

由$t_C = t_D$得　　　　　　　$K_{C,D} = t_C = 3$天

(2)根据式(2-16)计算工期

$$T = \sum K_{i,i+1} + mt_n + \sum t_{j1} + \sum t_{j2} - \sum t_d = (2+6+3) + 3 \times 3 + 1 = 21 \text{天}$$

(3)绘制施工进度计划表

不等节奏流水施工进度计划表如图2-21所示。

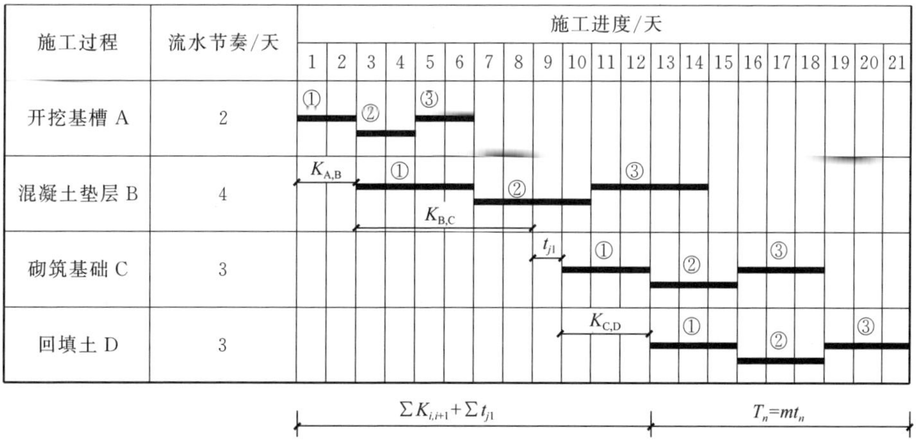

图2-21　不等节奏流水施工进度计划表

【例2-10】　某基础工程有开挖基槽A、混凝土垫层B、砌筑基础C、回填土D共四个施工过程，分四个施工段组织施工，各施工过程的流水节奏为$t_A = 4$天，$t_B = 3$天，$t_C = 3$天，$t_D = 4$天，施工过程B完成后需要有2天的技术间歇时间，施工过程C和D之间可以搭接1天。试

组织不等节奏流水施工。

解： 由题意知，$m=4$，$\sum t_{j1}=2$ 天，$\sum t_d=1$ 天，$\sum t_{j2}=0$。

（1）根据式（2-15）计算流水步距

由 $t_A > t_B$ 得

$$K_{A,B}=mt_A-(m-1)t_B=4\times4-(4-1)\times3=7 \text{ 天}$$

由 $t_B=t_C$ 得

$$K_{B,C}=t_B=3 \text{ 天}$$

由 $t_C < t_D$ 得

$$K_{C,D}=t_C=3 \text{ 天}$$

（2）根据式（2-16）计算工期

$$T=\sum K_{i,i+1}+mt_n+\sum t_{j1}+\sum t_{j2}-\sum t_d=(7+3+3)+4\times4+2-1=30 \text{ 天}$$

（3）绘制施工进度计划表

不等节奏流水施工进度计划表如图 2-22 所示。

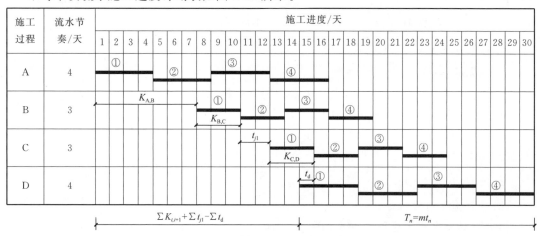

图 2-22 不等节奏流水施工进度计划表

【练一练】 某工程有 A、B、C、D 四个施工过程，划分为四个施工段，各施工过程的流水节奏为 t_A-3 天、$t_B=3$ 天、$t_C=2$ 天、$t_D=3$ 天，施工过程 B 完成后需要有 1 天技术间歇时间，试组织流水施工，计算工期，绘制施工进度计划表。

2.3.3 无节奏流水施工

微视频

无节奏流水施工是指同一施工过程在各施工段上的流水节奏不完全相等，不同施工过程之间的流水节奏也不完全相等，流水节奏无规律可循的施工组织方式。

无节奏流水
快速绘制

在实际工程中，有时有些施工过程在不同施工段上的劳动量彼此不完全相等，造成其流水节奏也不完全相等，此时可组织无节奏流水施工。这种施工组织方式，在进度安排上比较自由、灵活，是实际施工组织中最普遍、最常用的一种方法。

无节奏流水施工的特点：①各施工过程在各施工段上的流水节奏彼此不等，也无规律可循；②相邻施工过程之间的流水步距也不完全相等，流水步距与流水节奏之间存在某种函数关系;③专业施工队数等于施工过程数;④同一施工过程内,各施工段的施工速度不相等。

1. 流水步距的确定

组织无节奏流水施工,关键是确定流水步距。无节奏流水施工相邻施工过程间的流水步距不完全相等,采用"累加数列错位相减取最大正差法"计算,又称潘特考夫斯基法。利用此法求流水步距时,一般分为三个步骤:

(1)计算各施工过程流水节奏的累加数列;

(2)相邻施工过程流水节奏的累加数列错位相减,得到一个差数列;

(3)取各差数列中的最大值作为各相邻施工过程之间的流水步距。

2. 工期的计算

无节奏流水施工的工期按下式计算

$$T = \sum K_{i,i+1} + T_n + \sum t_{j1} + \sum t_{j2} - \sum t_d = \sum K_{i,i+1} + \sum t_{nj} + \sum t_{j1} + \sum t_{j2} - \sum t_d$$

$$(2\text{-}17)$$

式中　　T——工期;

$K_{i,i+1}$——第 i 个施工过程与第 $(i+1)$ 个施工过程之间的流水步距;

T_n——最后一个施工过程的施工持续时间($T_n = \sum t_{nj}$);

t_{nj}——最后一个施工过程在第 j 个施工段上的流水节奏;

$\sum t_{j1}$——一个施工层内的各个施工过程间的间歇时间之和(包括组织间歇时间和技术间歇时间);

$\sum t_{j2}$——相邻两个施工层间的层间间歇时间之和;

$\sum t_d$——搭接时间之和。

【例 2-11】　某基础工程划分为开挖基槽 A、混凝土垫层 B、砌砖基础 C、回填土 D 四个施工过程,分三个施工段组织施工,各施工过程在各施工段的流水节奏见表 2-5,且施工过程 B 完成后需要有 1 天的技术间歇时间。试组织无节奏流水施工。

表 2-5　　　　　　　　　　　　　各施工段上的流水节奏

施工过程	施工段		
	①	②	③
开挖基槽 A	2	2	3
混凝土垫层 B	3	3	4
砌砖基础 C	3	2	2
回填土 D	3	4	3

注:①②③为三个施工段编号。

解:(1)计算流水步距

①求累加数列

施工过程 A 的累加数列为:2,2+2,2+2+3,即:2,4,7。同理,求施工过程 B、C、D 的累加数列,得各施工过程流水节奏的累加数列,见表 2-6。

表 2-6   流水节奏累加数列

施工过程	施工段		
	①	②	③
开挖基槽 A	2	4	7
混凝土垫层 B	3	6	10
砌砖基础 C	3	5	7
回填土 D	3	7	10

②求 $K_{A,B}$

$$\begin{array}{r} 2\quad 4\quad 7 \\ -\quad 3\quad 6\quad 10 \\ \hline 2\quad 1\quad 1\ -10 \end{array}$$

$$K_{A,B}=\max\{2,1,1,-10\}=2\ \text{天}$$

③求 $K_{B,C}$

$$\begin{array}{r} 3\quad 6\quad 10 \\ -\quad 3\quad 5\quad 7 \\ \hline 3\quad 3\quad 5\ -7 \end{array}$$

$$K_{B,C}=\max\{3,3,5,-7\}=5\ \text{天}$$

④求 $K_{C,D}$

$$\begin{array}{r} 3\quad 5\quad 7 \\ -\quad 3\quad 7\quad 10 \\ \hline 3\quad 2\quad 0\ -10 \end{array}$$

$$K_{C,D}=\max\{3,2,0,-10\}=3\ \text{天}$$

(2)计算工期

$$T = \sum K_{i,i+1} + \sum t_{nj} + \sum t_{j1} + \sum t_{j2} - \sum t_{d} = (2+5+3)+(3+4+3)+1 = 21\ \text{天}$$

(3)绘制施工进度计划表

无节奏流水施工进度计划表如图 2-23 所示。

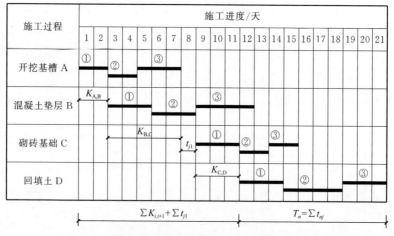

图 2-23   无节奏流水施工进度计划表

【例 2-12】   某工程有支设模板 A、绑扎钢筋 B、浇筑混凝土 C 共三个施工过程,划分为六个施工段,各施工过程在各施工段上的流水节奏见表 2-7。试组织无节奏流水施工。

表 2-7　　　　　　　　各施工过程在各施工段上的流水节奏

施工过程	施工段					
	①	②	③	④	⑤	⑥
A	3	3	2	2	2	2
B	4	2	3	2	2	3
C	2	2	3	3	3	2

解:(1)计算流水步距

①求累加数列

求得各施工过程流水节奏的累加数列,见表 2-8。

表 2-8　　　　　　　　　　流水节奏累加数列

施工过程	施工段					
	①	②	③	④	⑤	⑥
A	3	6	8	10	12	14
B	4	6	9	11	13	16
C	2	4	7	10	13	15

②求 $K_{A,B}$

$$
\begin{array}{rrrrrr}
3 & 6 & 8 & 10 & 12 & 14 \\
- & 4 & 6 & 9 & 11 & 13 & 16 \\
\hline
3 & 2 & 2 & 1 & 1 & 1 & -16
\end{array}
$$

$$K_{A,B}=\max\{3,2,2,1,1,1,-16\}=3 \text{ 天}$$

③求 $K_{B,C}$

$$
\begin{array}{rrrrrr}
4 & 6 & 9 & 11 & 13 & 16 \\
- & 2 & 4 & 7 & 10 & 13 & 15 \\
\hline
4 & 4 & 5 & 4 & 3 & 3 & -15
\end{array}
$$

$$K_{B,C}=\max\{4,4,5,4,3,3,-15\}=5 \text{ 天}$$

(2)计算工期

$$T=\sum K_{i,i+1}+\sum t_{nj}+\sum t_{j1}+\sum t_{j2}-\sum t_d=(3+5)+(2+2+3+3+3+2)=23 \text{ 天}$$

(3)绘制施工进度计划表

无节奏流水施工进度计划表如图 2-24 所示。

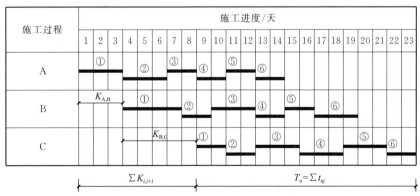

图 2-24　无节奏流水施工进度计划表

2.4 流水施工的组织及实例

2.4.1 流水施工组织程序

合理组织流水施工就是要结合各个工程的不同特点,根据实际工程的施工条件和施工内容,合理确定流水施工的各项参数。通常按照下列程序进行。

1. 确定施工顺序、划分施工过程

组织一个施工阶段的流水施工时,可按施工顺序将分部工程划分成多个分项工程。例如,基础工程施工阶段可划分成挖土、钢筋混凝土基础、砌筑砖基础、防潮层和回填土等分项工程。其中有些分项工程是由多工种组成的,如钢筋混凝土基础分项工程由支设模板、绑扎钢筋和浇筑混凝土三部分组成,这些分项工程仍有一定的综合性,由此组织的流水施工具有一定的控制作用。

组织某些多工种组成的分项工程流水施工时,往往按专业工种划分成由若干个专业工种(专业班组)进行施工的施工过程,例如支设模板、绑扎钢筋、浇筑混凝土等,然后再组织这些专业班组的流水施工。此时,施工活动的划分比较彻底,每个施工过程都具有相对独立性(各工种不同),彼此之间又具有依附和制约性(施工顺序和施工工艺),由此组织的流水施工具有较大的实用意义。

由前述可知,流水施工的施工过程的多少对组织流水施工的影响很大,但将所有的分项工程纳入流水施工是不可能的。每一个施工阶段总有几个对工程施工有直接影响的主导施工过程,首先将这些主导施工过程确定下来,组织流水施工,其他施工过程则可根据实际情况与主导施工过程合并。所谓主导施工过程,是指那些对工期有直接影响,能为后续施工过程提供工作面的施工过程,如混合结构主体施工阶段,砌墙和吊装楼板就是主导施工过程。在实际施工中,还应根据施工进度计划作用的不同及分部、分项工程施工工艺的不同来确定主导施工过程。

施工过程数目 n 的确定,主要的依据是工程的性质和复杂程度、所采用的施工方案、对建设工期的要求等因素。为了合理组织流水施工,施工过程数目 n 要确定得适当,施工过程划分得过粗或过细,都影响流水施工效果。

2. 确定施工层,划分施工段

为了合理组织流水施工,需要按建筑的空间情况和施工过程的工艺要求确定施工层数 j,以便于在平面上和空间上组织连续均衡的流水施工。划分施工层时,要求结合工程的具体情况,主要根据建筑的高度和楼层来确定。例如,砌筑工程的施工高度一般可按 1.2 m 划分;室内抹灰、木装饰、油漆和水电安装等可按结构楼层划分施工层。

合理划分施工段的原则详见本章相关内容。若组织多层等节奏或成倍节奏流水,同时考虑间歇时间时,施工段的确定应满足式(2-8)的要求。无层间关系或无施工层时可以不受此限制。

3.确定施工过程的流水节奏

施工过程的流水节奏可按式(2-3)或式(2-4)进行计算。流水节奏的大小对工期影响较大,由式(2-3)和式(2-4)可知,减小流水节奏最有效的方法是提高劳动效率(即增大产量定额或减小时间定额)。增加工人数也是一种方法,但劳动人数增加到一定程度必然会受到最小工作面的限制,当劳动人数增加到最小工作面允许人数时的流水节奏即最小的流水节奏,正常情况下不可能再缩短。同样,根据最小劳动组合可确定最大的流水节奏。据此就可确定完成该施工过程最多和至少应安排的工人数。然后根据现有条件和施工要求确定合适的人数,并求得流水节奏,该流水节奏总是在最大和最小流水节奏之间。

4.确定流水方式及专业施工队数目

根据计算出的各个施工过程的流水节奏的特征、施工工期要求和资源供应条件,确定流水施工的组织方式,即确定是等节奏流水施工或成倍节奏流水施工,还是不等节奏流水施工。根据确定的流水施工组织方式,得出各个施工过程的专业施工队数目。

5.确定流水步距

流水步距可根据流水形式来确定。流水步距的大小对工期影响也较大,在可能的情况下组织搭接施工也是缩短流水步距的一种方法。在某些流水施工(不等节奏流水施工)过程中增大那些流水节奏较小的某些施工过程的流水节奏,或将次要施工过程组织成间歇施工,反而能缩短流水步距,有时还能使施工更合理。

6.组织流水施工、计算工期

按照不同的流水施工组织方式的特点及相关时间参数计算流水施工的工期。根据流水施工原理和各施工段及施工工艺间的关系组织形成完整的流水施工,并绘制出流水施工进度计划表。

2.4.2 框架结构流水施工组织实例

1.工程概况及施工条件

某3层工业厂房,其主体结构为现浇钢筋混凝土框架结构,框架全部由6 m×6 m的单元构成。横向为3个单元,纵向为21个单元,划分为3个温度区段。施工工期:两个半月;施工时平均气温:15 ℃;劳动力:木工不得超过25人,混凝土工与钢筋工可以根据计划要求配备;机械设备:400 L混凝土搅拌机2台,混凝土振捣器、卷扬机可以根据计划要求配备。

2.施工方案

模板采用定型钢模板,常规支模方法,混凝土为半干硬性,坍落度为1~3 cm,采用400 L混凝土搅拌机搅拌,振捣器捣固,双轮车运输,垂直运输采用钢管井架。楼梯部分与框架配合,同时施工。

3.流水施工组织

(1)计算工程量与劳动量

本工程每层的模板、钢筋、混凝土的工程量根据施工图计算;时间定额根据劳动定额手册及本工地工人实际生产率确定;劳动量由确定的时间定额和计算的工程量进行计算。时间定额、工程量和劳动量汇总列表,见表2-9。

表 2-9   某现浇钢筋混凝土框架结构厂房的时间定额、工程量和劳动量

结构部位	分项工程名称		单位	采用时间定额	每层、每个温度区段的工程量与劳动量					
					工程量			劳动量/工日		
					第一层	第二层	第三层	第一层	第二层	第三层
框架	支设模板	柱	m²	0.083 3	332	311	311	27.7	25.9	25.9
		梁	m²	0.08	698	698	720	55.8	55.8	57.6
		板	m²	0.04	554	554	582.5	22.2	22.2	23.3
	绑扎钢筋	柱	t	2.38	5.45	5.15	5.15	13.0	12.3	12.3
		梁	t	2.86	9.80	9.80	10.10	28.0	28.0	28.9
		板	t	4.00	6.40	6.40	6.65	25.6	25.6	26.6
	浇筑混凝土	柱	m³	1.47	46.1	43.1	43.1	67.8	63.4	63.4
		梁、板	m³	0.78	156.9	156.9	159	122.4	122.4	124.0
楼梯			m²	0.16	31.9	31.9		5.1	5.1	
			t	5.56	0.45	0.45		2.5	2.5	
			m³	2.21	6.60	6.60		14.6	14.6	

(2)划分施工过程

本工程框架部分采用以下施工顺序:绑扎柱钢筋→支设柱模板→支设主梁模板→支设次梁模板→支设板模板→绑扎梁钢筋→绑扎板钢筋→浇筑柱混凝土→浇筑梁、板混凝土。

根据施工顺序,按专业工作队的组织进行合并,划分为以下 4 个施工过程:绑扎柱钢筋,支设模板,绑扎梁、板钢筋和浇筑混凝土。各施工过程均包括楼梯间部分。各施工过程均安排一个工作班次。

(3)划分施工段及确定流水节奏

由于本工程 3 个温度区段大小一致,各层构造基本相同,各施工过程劳动量相差均在15%以内,所以首先考虑采用等节奏或成倍节奏流水方式来组织。

①划分施工段

考虑有利于结构的整体性,利用温度缝作为分界线,最理想的情况是每层划分为3段,但是为了保证各施工队组在各层连续施工,按等节奏组织流水施工,每层最少段数应按式(2-8)

计算。将 $n=4$,$K=t$,$\sum t_{j2}=1.5$ 天(根据气温条件,混凝土强度达 12 MPa,需要 36 h),$\sum t_{j1}=0$,$\sum t_d=0$ 代入式(2-8)得

$$m \geqslant n + \frac{\sum t_{j1} + \sum t_{j2} - \sum t_d}{K} = 4 + \frac{1.5}{t}$$

则 $m>4$。

所以每层划分为 4 个施工段不能保证施工队组在层间连续施工。根据该工程的结构特征,确定每层划分为 6 个施工段,将每个温度区段分为 2 段。

②确定流水节奏

根据要求,按等节奏流水工期公式(2-7)粗略地估算流水节奏,得

$$t=K=\frac{T}{mj+n-1}=\frac{60}{6\times3+4-1}=2.9 \text{ 天} \approx 3 \text{ 天}$$

上式中取 $T=60$ 天,因为规定工期为两个半月,每月按 25 个工作日计算,工期为 62.5 个工作日,考虑留有调整余地,因此,该分部工程工期定为 60 天(工作日)。

表 2-10 中各分项工程所对应的每个温度区段的劳动量按施工过程汇总,并将每层每个施工段的劳动量列于表 2-10 中。

表 2-10　各施工过程在每层每个施工段上的劳动量

施工过程	需要劳动量/工日			附注
	第一层	第二层	第三层	
绑扎柱钢筋	6.50	6.20	6.20	
支设模板	55.4	54.5	53.4	包括楼梯
绑扎梁、板钢筋	28.1	28.1	27.8	包括楼梯
浇筑混凝土	102.4	100.2	93.7	包括楼梯

从表 2-10 看出,浇筑混凝土和支设模板两个施工过程的劳动量最大,应着重考虑。

(4)资源供应校核

①浇筑混凝土的校核

根据表 2-9 中工程量的数据,浇筑混凝土量最多的施工段的工程量为:$(46.1+156.9+6.6) \div 2 = 104.8$ m³,而每台 400 L 混凝土搅拌机搅拌半干硬性混凝土的生产率为 $S_{搅}=36$ m³/台班,根据式(2-3)计算得搅拌机台数为

$$R_{搅} = \frac{Q_{混凝土}}{t_{混凝土} S_{搅} N} = \frac{104.8}{3\times36\times1} = 0.97 \text{ 台}$$

实际混凝土搅拌机为 2 台,满足要求。

需要工人数：表 2-10 中浇筑混凝土需要劳动量最大的施工段的劳动量为 102.4 工日，根据式(2-3)计算得每天需要的工人数为

$$R_{混凝土}=\frac{P_{混凝土}}{t_{混凝土}N}=\frac{102.4}{3\times1}=34.13\ 人$$

根据劳动定额知现浇混凝土采用机械搅拌、机械捣固的方式，混凝土工作中包括原材料及混凝土运输工人在内，小组人数至少 20 人。本方案取浇筑混凝土的人数为 40 人，分 2 个小组，可以满足要求。

②支设模板的校核

由表 2-10 中支设模板的劳动量计算木工人数，流水节奏仍取 3 天(框架结构支设模板包括柱、梁、板模板，根据经验一般需要 2～3 天)，据式(2-3)得支设模板的人数为

$$R_{模}=\frac{P_{模}}{t_{模}N}=\frac{55.4}{3\times1}=18.47\ 人$$

由劳动定额知，支设模板工作要求工人小组一般为 5～6 人。本方案木工工作队取 24 人，分 4 个小组进行施工，满足规定的木工人数条件。

③绑扎钢筋校核

绑扎梁、板钢筋的钢筋工人数由表 2-10 中劳动量计算，流水节奏也取 3 天，则人数为

$$R_{筋}=\frac{P_{筋}}{t_{筋}N}=\frac{28.1}{3\times1}=9.37\ 人$$

由劳动定额知，绑扎梁、板钢筋工作要求工人小组一般为 3～4 人。本方案取绑扎梁、板钢筋工作队 12 人，分 3 个小组进行施工。

由表 2-10 知，绑扎柱钢筋所需劳动量为 6.5 工日，但是由劳动定额知，绑扎柱钢筋工作要求工人小组至少需要 5 人。若流水节奏仍取 3 天，则每班只需 6.5÷3＝2.17 人，无法完成绑扎柱钢筋工作。若每天工人人数取 5 人，则实际需要的时间

$$t_{柱筋}=\frac{P_{柱筋}}{5N}=\frac{6.5}{5\times1}=1.3\ 天$$

取绑扎柱钢筋流水节奏为 1.5 天。显然，此方案已不是等节奏流水。在实际设计中，个别施工过程不满足是常见的，在这种情况下，技术人员应该根据实际情况进行调整。

(5)工作面校核

本工程各施工过程的工人队组在施工段上无过分拥挤情况，校核从略。

(6)绘制流水施工进度计划表

其流水施工进度计划表如图 2-25 所示。

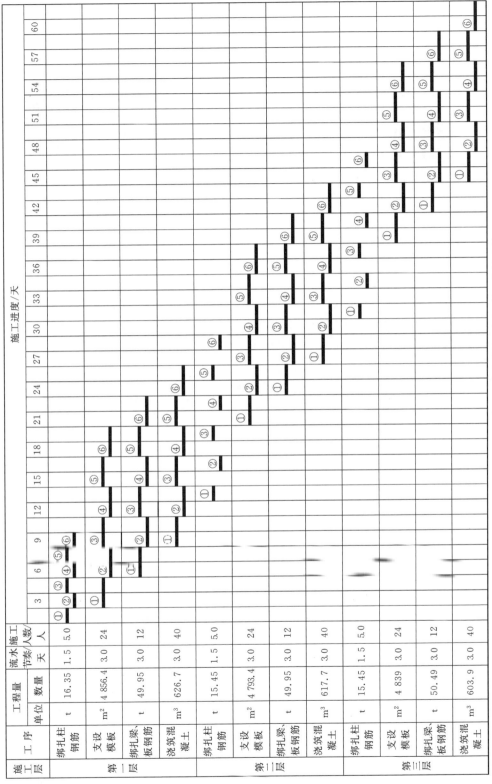

图2-25 某现浇钢筋混凝土框架结构厂房流水施工进度计划表

复习思考题

2-1 施工组织的方式有哪几种？各有什么特点？

2-2 什么是流水施工？流水施工的特点是什么？

2-3 试简述流水施工的表示方法。

2-4 流水施工的基本参数有哪些？各流水参数对工期有何影响？

建筑工程流水施工

2-5 无节奏流水施工的流水步距如何确定？

2-6 流水施工的组织方式有哪些？各有什么特点？

2-7 合理划分施工段一般应遵循哪些原则？

2-8 某工程分成四个施工段施工，有三个施工过程，且施工顺序为 A→B→C，各施工过程的流水节奏均为 2 天。试组织流水施工，并计算工期。

2-9 某现浇钢筋混凝土结构由支设模板、绑扎钢筋和浇筑混凝土三个分项工程组成，分 3 段组织施工，各施工过程的流水节奏分别为支设模板 6 天，绑扎钢筋 4 天，浇筑混凝土 2 天。试按成倍节奏流水组织施工。

2-10 某工程包括三个结构形式与建造规模完全一样的单体建筑，共有五个施工过程组成，分别为：土方开挖、基础工程、地上结构、二次砌筑、装饰。根据施工工艺要求，地上结构、二次砌筑两施工过程间的时间间隔为 2 周。各施工过程的流水节奏见表 2-11。试按成倍节奏流水组织施工。

表 2-11 　　　　　　　各施工过程的流水节奏表

施工过程编号	施工过程	流水节奏/周
A	土方开挖	2
B	基础工程	2
C	地上结构	6
D	二次砌筑	4
E	装饰	4

2-11 某分部工程分四个施工段组织施工，有 A、B、C 三个施工过程，各施工过程在各施工段上的流水节奏见表 2-12。试组织无节奏流水施工。

表 2-12 　　　　　　　各施工过程在各施工段上的流水节奏

施工过程	施工段			
	①	②	③	④
A	2	3	2	2
B	4	4	2	3
C	2	3	2	3

模块 3　网络计划技术

20世纪60年代中期,在数学家华罗庚倡导下进行了优选法和统筹法(简称"双法")试点。20世纪80年代后期开始广泛推广。通过不断的实践与总结,并结合建筑施工的具体特点,总结出适合建筑工程制订施工计划的有效方法,即网络计划技术。此技术从唯物辩证法角度来看,施工过程中存在诸多矛盾。在不同阶段,必有而且只有一种主要矛盾。在处理工程矛盾时,必须找出和抓住主要矛盾提出主要任务,从而掌握工作的中心环节。另外,主次矛盾的地位不是一成不变的,在一定条件下可以相互转化。当矛盾主次地位发生变化,进入新的阶段时,要善于及时找出新的主要矛盾,转移工作重点;还有,应将工程中主次矛盾作为一个有机的体系予以统筹兼顾,发挥之间相互促进、相互制约的作用,保证全面完成施工任务。这是施工组织的重要方法,也是制订施工计划的重要依据。

网络计划技术诞生于20世纪50年代后期,是为了适应现代大工业化生产和科学研究工作的开展而发展起来的一种科学管理方法。由于这种方法逻辑严密,便于发现主要矛盾,主要用于进度计划的编制和控制,该方法有利于计划的优化调整和电子计算机的应用。因此,它在缩短工期,提高工效、降低造价以及提高管理水平等方面取得了显著的效果。我国于20世纪60年代开始引进和应用这种方法,目前网络计划技术已经广泛应用于招标、签订合同及进度和造价控制等方面。

3.1　网络计划概述

 ### 3.1.1　基本概念

1. 网络图

网络图是指由箭线和节点组成的,用来表示工作流程的有向、有序的网状图形。

2. 网络计划

网络计划是指用网络图来表达任务构成、工作顺序并加注工作时间参数的进度计划。

微视频

什么是网络图

3. 网络计划技术

利用网络图的形式表达各项工作之间的相互制约和相互依赖关系,并分析其内在规律,从而寻求最优方案的方法称为网络计划技术。网络计划技术不仅是一种科学的管理方法,同时也是一种科学的计划方法。

 3.1.2 网络计划的基本原理与特点

1. 基本原理

(1)把一项工程的全部建设过程分解成若干项工作,按照各项工作开展的先后顺序和相互之间的逻辑关系用网络图的形式表达出来。

(2)通过网络图各项时间参数的计算,找出计划中的关键工作、关键线路并计算工期。

(3)通过网络计划优化,不断改进网络计划的初始安排,找到最优方案。

(4)在计划的实施过程中,通过检查、调整,对其进行有效的控制和监督,以最小的资源消耗,获得最大的经济效益。

2. 网络计划的特点

(1)优点

①把整个网络计划中的各项工作组成一个有机整体,能够全面、明确地反映各项工作开展的先后顺序,同时也能反映各项工作之间的逻辑关系。

②能够通过时间参数的计算,确定各项工作的开始时间和结束时间,找出影响工程进度的关键工序,可以明确各项工作的机动时间,并合理地加以利用,以便于管理人员抓住主要矛盾,优化资源配置。

③在计划执行过程中进行有效的管理和控制,以便合理使用资源,优质、高效、低耗地完成预定的工作。

④通过网络计划的优化,可在若干个方案中找到最优方案。

⑤网络计划的编制、计算、调整、优化都可以通过计算机协助完成。

(2)缺点

①表达计划不直观、不形象,从图上很难看出流水作业的情况。

②很难依据非时标网络计划计算资源的日用量。

③编制较难,绘制较麻烦。

(3)横道计划与网络计划的比较

横道计划是指用横道图来表达的进度计划。横道计划与网络计划的比较见表 3-1。

表 3-1   横道计划与网络计划的比较

横道计划	网络计划
不能明确反映各施工过程之间的逻辑关系	能明确反映各施工过程之间的逻辑关系
不能指出关键工作	能指出关键工作
不能进行时间参数计算	能进行时间参数计算
不能进行优化调整	能进行优化调整
形象直观	不够形象直观
不便于应用计算机	便于应用计算机

3.网络计划的分类

网络计划有多种类型。按绘图符号表示的含义不同,网络计划可分为双代号网络计划和单代号网络计划;按工作持续时间表达方式的不同,网络计划可分为时标网络计划和非时标网络计划;按是否在网络图中表示不同工作(工程活动)之间的各种搭接关系,网络计划可分为搭接网络计划和非搭接网络计划。

4.网络计划的编制流程

确定施工工作组成及其施工顺序;理顺施工工作的先后关系并用网络图表示;给出施工工作所需持续时间;制订网络计划;不断优化、调整,直到最优。

3.2　双代号网络计划

双代号网络计划用双代号网络图表示,双代号网络图由若干表示工作的箭线和节点组成,其中每一项工作都用一根箭线和箭线两端的两个节点来表示,箭线两端节点的号码即该箭线所表示的工作的代号,"双代号"的名称由此而来,如图 3-1 所示。双代号网络图是目前国际工程项目进度计划中最常用的网络计划形式。

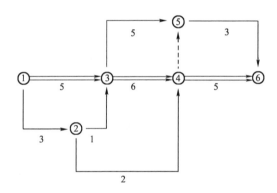

图 3-1　双代号网络图

3.2.1　双代号网络图的组成

双代号网络图的三要素:工作、节点和线路。

1.工作

工作也称为施工过程或工序,就是根据计划任务的粗细程度划分的一个消耗时间,同时也消耗资源的子项目或子任务。

(1)表示方法

双代号网络图中,一条箭线与其两端的节点表示一项工作,工作的名称写在箭线的上方,工作的持续时间(又称为作业时间)写在箭线的下方,箭线所指的方向表示工作进行的方向,箭尾表示工作的开始,箭头表示工作的结束,箭线可以是水平直线也可以是折线或斜线,但不得中断。在无时间坐标的网络图中,箭线的长度不代表时间的长短,绘图时箭线尽可能以水平直线为主,但必须满足网络图的绘制规则。在有时间坐标的网络图中,其箭线的长度必须根据完成该项工作所需时间长短绘制。

就具体某项工作而言,紧靠其前面的工作称为紧前工作,紧靠其后面的工作称为紧后工作,与之同时开始或结束的工作称为平行工作,该工作本身则称为"本工作"。如图 3-1 所示,工作 2—3 的紧前工作是 1—2,紧后工作是 3—4、3—5。

(2)工作的划分原则

根据网络计划的性质和作用的不同,工作可依据一项计划(工程)的规模大小、复杂程度不同等,结合需要进行灵活的项目分解,既可以是一个简单的施工过程,如挖土、垫层、支设模板、绑扎钢筋、浇筑混凝土等分项工程或者基础工程、主体工程、装饰工程等分部工程,也可以是一项复杂的工程任务,如教学楼土建工程等单位工程或者教学楼工程等单项工程。判断一项工作的范围大小取决于所绘制的网络计划的类型是控制性的还是指导性的。

(3)工作种类

工作一般可分为三种:消耗一定的时间和资源的工作,如砌砖墙、绑扎钢筋、浇筑混凝土等;只消耗时间而不消耗资源的工作,如油漆干燥、砂浆找平层干燥等技术间歇;既不消耗资源也不消耗时间的工作。在实际工程中,前两种工作是实际存在的,称为实工作,用实箭线表示,如图 3-2(a)所示;后一种是人为虚设的,只表示前后相邻工作间的逻辑关系,称为虚工作,用虚箭线表示,如图 3-2(b)所示。如图 3-1 中的 4—5 工作就是虚工作,它是虚拟的,工程中实际并不存在,因此它没有工作名称,不占用时间,不消耗资源,其作用是在网络图中解决工作之间的逻辑关系问题,起到联系、区分和断路作用,表达一些工作之间相互联系、相互制约的关系,从而保证逻辑关系的正确,这是双代号网络图所特有的。

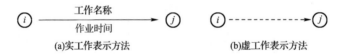

(a)实工作表示方法　　　　(b)虚工作表示方法

图 3-2　双代号工作的表示方法

2.节点

节点就是网络图中两道工序之间的交接点,一般用圆圈表示。节点表达的内容有以下几个方面:

(1)节点表示前面工作结束和后面工作开始的瞬间,所以节点不需要消耗时间和资源。

(2)箭线的箭尾节点表示该工作的开始,箭线的箭头节点表示该工作的结束。

(3)根据节点在网络图中的位置不同,可以分为起始节点、终点节点和中间节点。

起始节点是网络图的第一个节点,表示一项任务的开始。终点节点是网络图的最后一个节点,表示一项任务的完成。网络图中的其他节点称为中间节点,中间节点具有双重的含义,既是前面工作的箭头节点,也是后面工作的箭尾节点。如图 3-1 所示,①节点为起始节点;⑥节点为终点节点;②节点表示 1—2 工作的结束,也表示 2—3 工作、2—4 工作的开始。

(4)为了使网络图便于检查和计算,所有节点均统一编号。编号从起始节点沿箭线方向,从小到大,直到终点节点,不能重复编号,并且箭尾节点的编号小于箭头节点的编号。编制初始网络计划时,考虑到以后会增添或改动某些工作,可以预留备用节点,即利用不连续编号的方法。

3.线路

网络图中从起始节点出发,沿箭头方向经由一系列箭线和节点,直至终点节点的"通道"称为线路。如图 3-1 所示的网络计划中线路有①→③→⑤→⑥、①→③→④→⑤→⑥、①→③→④→⑥、①→②→③→⑤→⑥、①→②→③→④→⑤→⑥、①→②→③→④→⑥、①→②→④→⑤→⑥、①→②→④→⑥共八条线路。

(1)线路时间

每一条线路上各项工作持续时间的总和称为该线路时间长度,即完成该条线路上所有工作的时间总和。如图 3-1 中八条线路时间如下:

第一条:①→③→⑤→⑥的线路时间为 5+5+3=13 天;

第二条:①→③→④→⑤→⑥的线路时间为 5+6+0+3=14 天;

第三条:①→③→④→⑥的线路时间为 5+6+5=16 天;

第四条:①→②→③→⑤→⑥的线路时间为 3+1+5+3=12 天;

第五条:①→②→③→④→⑤→⑥的线路时间为 3+1+6+0+3=13 天;

第六条:①→②→③→④→⑥的线路时间为 3+1+6+5=15 天;

第七条:①→②→④→⑤→⑥的线路时间为 3+2+0+3=8 天;

第八条:①→②→④→⑥的线路时间为 3+2+5=10 天。

(2)关键线路与非关键线路

关键线路是指网络图中线路时间最长的线路,其线路时间代表整个网络图的计算总工期。在网络图中,至少存在一条关键线路。关键线路在网络图上应当用粗箭线,或双箭线,或彩色箭线标注。在图 3-1 中,第三条线路即为关键线路,其他线路为非关键线路。

(3)关键工作与非关键工作

关键线路上的工作称为关键工作,是施工中的重点控制对象,关键工作的实际进度拖后一定会使总工期拖延。关键线路上没有非关键工作;非关键线路上至少有一个工作是非关键工作。如图 3-1 所示,1-3、3-4、4-6 是关键工作,1-2、2-3、3-5、2-4、5-6是非关键工作。

如果调节工作持续时间,那么关键线路与非关键线路、关键工作与非关键工作都可以相互转化。

3.2.2　双代号网络图的绘制

1.单、双代号网络图的绘制规则

(1)网络图应正确反映各工作之间的逻辑关系,包括工艺逻辑关系和组织逻辑关系。在网络图中各工作间的逻辑关系变化多端,表 3-2 列出了单、双代号网络图工作间常见的逻辑关系及其表示方法。

微视频

双代号与单代号网络图的对比绘制

表 3-2　　　　　　　　　　　　单、双代号网络图工作间常见的逻辑关系及其表示方法

序号	工作之间的逻辑关系	双代号网络图中的表示方法	单代号网络图中的表示方法	说明
1	A 工作完成后进行 B 工作			A 工作制约着 B 工作的开始,B 工作依赖着 A 工作
2	A、B、C 三项工作同时开始施工	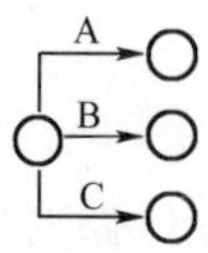	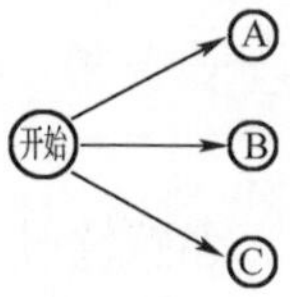	A、B、C 三项工作称为平行工作
3	A、B、C 三项工作同时结束施工	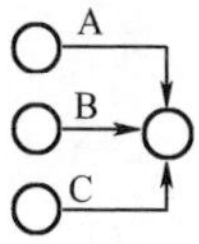	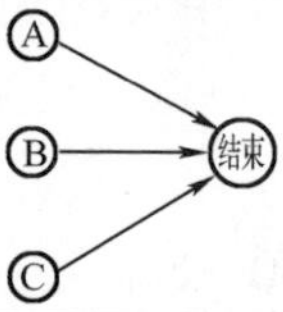	A、B、C 三项工作称为平行工作
4	有 A、B、C 三项工作。只有 A 完成后,B、C 才能开始	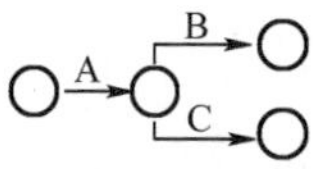	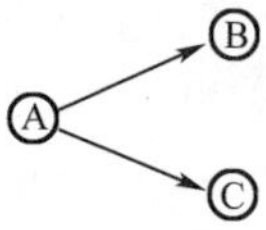	A 工作制约着 B、C 工作的开始,B、C 为平行工作
5	有 A、B、C 三项工作。C 工作只有在 A、B 完成后才能开始	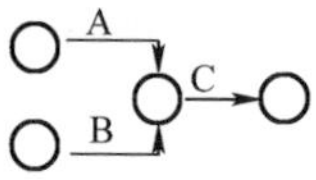	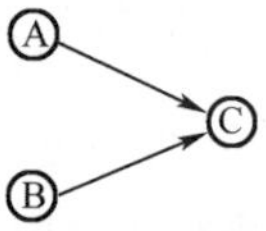	C 工作依赖着 A、B 工作,A、B 为平行工作
6	有 A、B、C、D 四项工作。只有当 A、B 完成后,C、D 才能开始	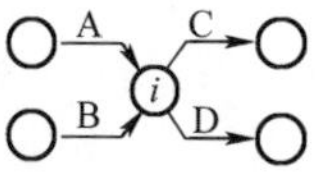	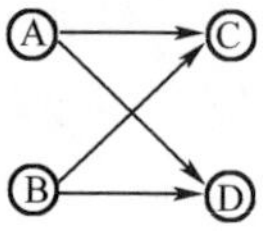	通过中间节点 i 正确地表达了 A、B、C、D 工作之间的关系
7	有 A、B、C、D 四项工作。A 完成后 C 才能开始;A、B 完成后 D 才能开始	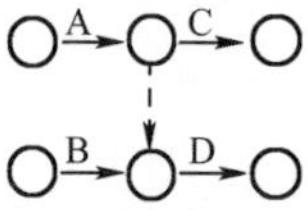	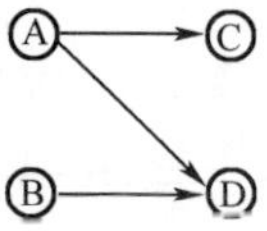	D 与 A 之间引入了逻辑连接(虚工作),从而正确地表达了它们之间的制约关系
8	有 A、B、C、D、E 五项工作。A 完成后进行 C;A、B 均完成后进行 D;B 完成后进行 E	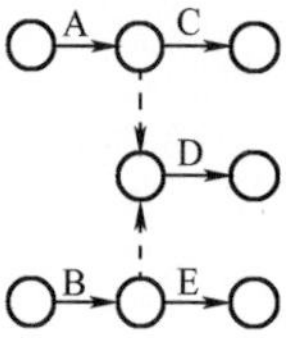	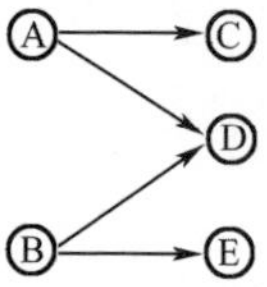	虚工作反映出 D 工作受到 A 工作和 B 工作的制约
9	有 A、B、C、D、E 五项工作。A、B 均完成以后进行 D;B、C 均完成后进行 E	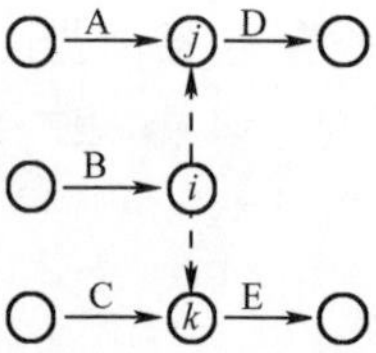	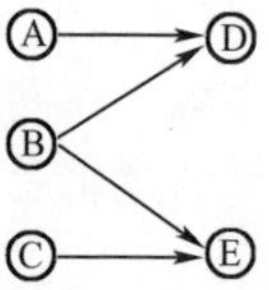	虚工作 $i-j$ 反映出 D 工作受到 A、B 工作的制约;虚工作 $i-k$ 反映出 E 工作受到 B、C 工作的制约

续表

序　号	工作之间的逻辑关系	双代号网络图中的表示方法	单代号网络图中的表示方法	说　明
10	有 A、B、C、D、E 五项工作。A、B 均完成以后进行 D；A、B、C 均完成以后进行 E			虚工作 i-j 反映出 E 工作受到 A、B 工作的制约
11	A、B 两项工作分成三个施工段，分段流水施工；A_1 完成以后进行 A_2、B_1；A_2 完成以后进行 A_3、B_2；A_2、B_1 完成以后进行 B_2；A_3、B_2 完成后进行 B_3	有两种表示方法：		按工种建立专业工作队，在每个施工段上进行流水作业

在网络图中，根据施工工艺和施工组织的要求，正确反映各项工作之间的相互依赖和相互制约的关系，这是网络图与横道图的最大不同之处。各工作间的逻辑关系表示得是否正确，是网络图能否反映工程实际情况的关键。

要画出一个可以准确地反映工程逻辑关系的网络图，首先就要搞清楚各项工作之间的逻辑关系，也就是要具体解决三个问题：第一，该项工作必须在哪些工作之前进行；第二，该项工作必须在哪些工作完成之后进行；第三，该项工作可以与哪些工作平行进行。按施工工艺确定的先后顺序称为工艺逻辑关系，一般是不能随意改变的，如先基础工程，再结构工程，最后装饰工程；先挖土，再做垫层，后砌基础，最后回填土。在不违反工艺关系的前提下，人为安排的工作先后顺序称为组织逻辑关系，如流水施工中各段的先后顺序以及建筑群中各个建筑的开工顺序的先后。

（2）网络图严禁出现循环回路，如图 3-3 所示，②→③→④→②为循环回路。如果出现循环回路，就会造成逻辑关系混乱，使工作无法按顺序进行。

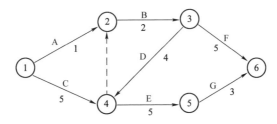

图 3-3　错误的网络图

（3）网络图严禁出现有双向箭头或反向箭头的连线，如图 3-3 和图 3-4 所示。

（4）网络图严禁出现没有箭头或无节点的箭线，如图 3-4 所示。

（5）双代号网络图中，一项工作只能有唯一的一条箭线和相应的一对节点编号；箭尾的节点编号应小于箭头节点编号，不允许出现代号相同的箭线。如图 3-5（a）是错误的画法，工作

1—2 既代表 A 工作,又代表 B 工作,为了区分 A 工作和 B 工作,引入虚工作即可分别表示 A 工作和 B 工作,图 3-5(b)是正确的画法。

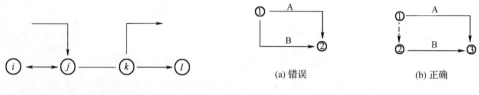

图 3-4 错误的网络图   图 3-5 虚工作的断开作用

(6)在绘制网络图时,应尽可能地避免箭线交叉,如不能避免时,应采用过桥法或指向法,如图 3-6 所示。

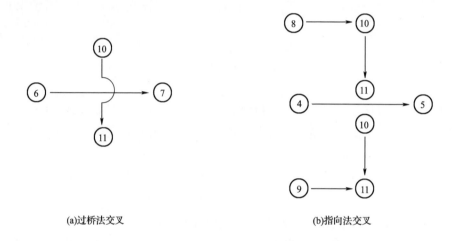

图 3-6 过桥法交叉与指向法交叉

(7)双代号网络图中的某些节点有多条外向箭线或多条内向箭线时,为使图面清楚可采用母线法,如图 3-7 所示。

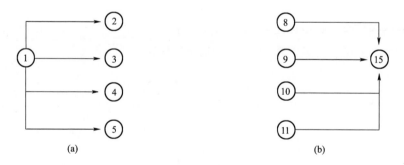

图 3-7 母线法表示

(8)严禁在箭线中间引入或引出箭线,如图 3-8 所示。这样的箭线不能表示它所代表的工作在何处开始,或不能表示它所代表的工作在何处完成。

(9)双代号网络图中应只有一个起始节点,在不分期完成任务的单目标网络图中,应只有一个终点节点,而其他节点均应是中间节点,如图 3-9 所示。

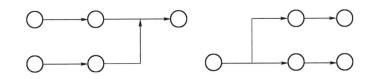

图 3-8　在箭线上引入或引出箭线的错误画法

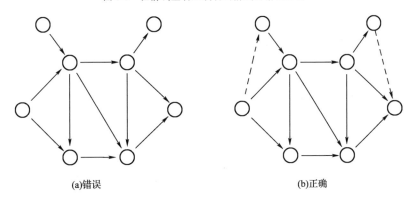

(a)错误　　　　　　　　　　　　(b)正确

图 3-9　只允许有一个起始节点和一个终点节点

2. 双代号网络图的绘制要求与步骤

(1)双代号网络图的绘制要求

①网络图要布局规整、条理清晰、重点突出

绘制网络图时,应尽量采用水平箭线和垂直箭线形成网格结构,尽量减少斜箭线,使网络图规整、清晰;其次,应尽量把关键工作和关键线路布置在中心位置,尽可能把密切相关的工作安排在一起,以突出重点,便于使用。

②交叉箭线的处理方法

绘制网络图时,应尽量保持箭线的水平和垂直状态,如图 3-10 所示。

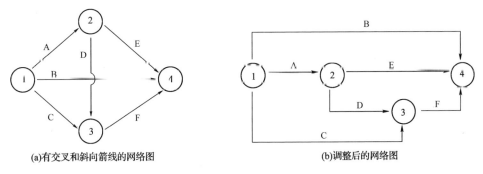

(a)有交叉和斜向箭线的网络图　　　　　　　　(b)调整后的网络图

图 3-10　箭线交叉及其调整

③网络图的排列方法

在绘制网络图时,有多种排列方法,如为了突出表示工种的连续作业,将同一工种排列在同一水平线上的按工种排列法,如图 3-11(a)所示;为了突出表示工作面的施工连续性,把同一施工段上的不同工种排列在同一水平线上的按施工段排列法,如图 3-11(b)所示;此外还有按楼层排列法、混合排列法、按专业排列法和按栋号排列法等。实际工程中应该根据具体情况选用。

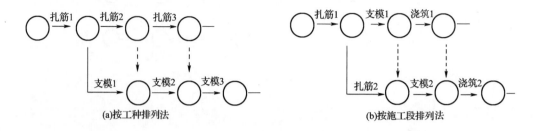

图 3-11　网络图的排列方法

④尽量减少不必要的箭线和节点

网络图中应尽量减少不必要的箭线和节点,例如图 3-12(a)中,②-▶③、⑥-▶⑦为网络图中多余的虚箭线,图 3-12(b)则为去除多余的虚箭线和节点后的网络图。

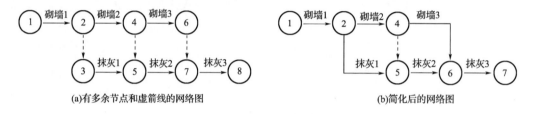

图 3-12　网络图的简化

(2)双代号网络图绘制步骤

用于表示工程项目施工计划安排的双代号网络图,其完整的绘制过程可以总结为以下主要步骤:

①明确划分总体工程项目的各项工作。

②借助于一定的方法,如单一时间估计法、专家估算法和类比估算法确定各项工作的持续时间。其中类比估算法是指依靠同类工程的档案资料,通过调用相关数据,用类比的方法确定相应工作的持续时间;单一时间估计法和专家估算法则分别适用于受不确定因素影响较小和较大的施工任务的持续时间的估算。在网络图的绘制准备阶段确定工作的持续时间,是下一步网络计划时间参数计算的前提。

③按照工程建造工艺和工程实施组织方案的具体要求,明确各项工作之间的先后顺序和逻辑关系,并归纳整理编制各工作之间的逻辑关系表。

④根据各工作间的逻辑关系,绘制网络图的草图。绘图时从没有紧前工作的工作开始,抓住每项工作的紧前工作和紧后工作依次向后,将各项工作按逻辑关系一一绘出。注意逻辑关系的正确表达和虚工作的正确使用。

⑤整理成正式网络图。

(3)双代号网络图实例

【例 3-1】　已知某工程各项工作及关系见表 3-3,试绘制双代号网络图。

表 3-3　　　　　　　　　　　　　　某工程各项工作逻辑关系表

工作代号	紧前工作	持续时间/周	紧后工作
A	—	3	B、C、D
B	A	2	E
C	A	6	F
D	A	5	G
E	B	3	H
F	C	2	H
G	D	7	J
H	E、F	4	I
I	H	5	K
J	G	4	K
K	I、J	7	—

解:(1)根据逻辑关系绘制网络图草图,如图 3-13 所示。

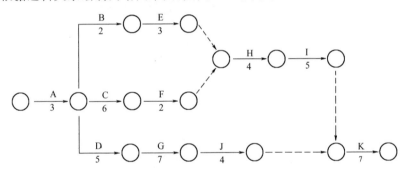

图 3-13　网络图草图

(2)整理成正式网络图:去掉多余的节点,横平竖直,节点编号从小到大,如图 3-14 所小。

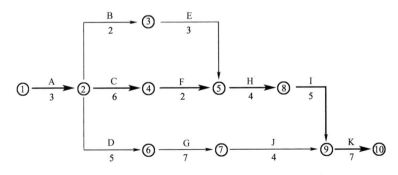

图 3-14　正式网络图

【例 3-2】 某工程有 A、B、C、D、E、F、G 七项工作,工作持续时间分别为 2 天、3 天、4 天、6 天、8 天、4 天、4 天。A 完成后进行 B、C、D,B 完成后进行 E、F,C 完成后进行 F,D 完成后进行 F,G。试绘制双代号网络图。

解 (1)根据题意,整理出各项工作之间的逻辑关系,见表 3-4。

表 3-4 各项工作逻辑关系表

工作代号	A	B	C	D	E	F	G
紧前工作	—	A	A	A	B	B、C、D	D
紧后工作	B、C、D	E、F	F	F、G	—	—	—
持续时间/天	2	3	4	6	8	4	4

(2)根据逻辑关系绘制双代号网络图,如图 3-15 所示。

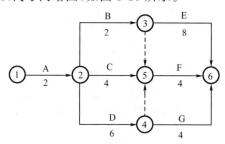

图 3-15 双代号网络图

【例 3-3】 某工程由十项工作组成,各项工作的持续时间见表 3-5,各项工作之间的相互制约、相互依赖的关系如下所述:A、B 均为第一个开始的工作;J 开始前,F、H 必须结束;D、C 结束后,G、H 才能开始;C、E 开始前,A 应该结束;E、F、G、H 结束后,I 才能开始;D、F 开始前,A、B 必须结束;I、J 均为最后一个结束的工作。试根据以上逻辑关系绘制双代号网络图。

表 3-5 各项工作的持续时间

工作代号	A	B	C	D	E	F	G	H	I	J
持续时间/天	6	4	2	5	10	8	2	4	7	5

解:(1)根据题意,整理出各项工作之间的逻辑关系,见表 3-6。

表 3-6 各项工作的逻辑关系

工作代号	A	B	C	D	E	F	G	H	I	J
紧前工作	—	—	A	A、B	A	A、B	C、D	C、D	E、F、G、H	F、H
紧后工作	C、D、E、F	D、F	G、H	G、H	I	I、J	I	I、J	—	—
持续时间/天	6	4	2	5	10	8	2	4	7	5

(2)根据逻辑关系绘制双代号网络图,如图 3-16 所示。

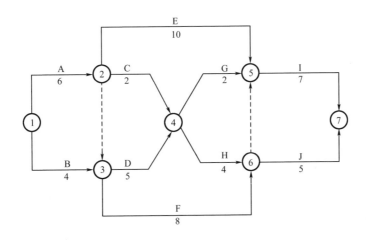

图 3-16　双代号网络图

微视频

3.2.3　双代号网络计划时间参数的计算

双代号网络计划时间参数的计算常采用工作计算法、节点计算法、标号法。双代号网络图时间参数快速计算

1. 双代号网络计划时间参数

（1）网络计划时间参数计算的目的

①通过计算时间参数，可以确定工期。

②通过计算时间参数，可以确定关键线路、关键工作。

③通过计算时间参数，可以确定非关键工作的机动时间（时差）。

（2）网络计划的时间参数

①工作最早时间参数

最早时间参数表明本工作与紧前工作的关系，如果本工作要提前的话，不能提前到紧前工作完成之前，这样就整个网络图而言，最早时间参数受到开始节点的制约。计算最早时间参数时，从开始节点出发，顺着箭线用"加法"。

Ⅰ.工作最早可能开始时间：在紧前工作约束下，工作有可能开始的最早时刻（ES）。

Ⅱ.工作最早可能结束时间：在紧前工作约束下，工作有可能完成的最早时刻（EF）。

②工作最迟时间参数

工作最迟时间参数表明本工作与紧后工作的关系，如果本工作要推迟的话，不能推迟到紧后工作最迟必须开始之后，这样就整个网络图而言，工作最迟时间参数受到紧后工作和结束节点的制约。计算最迟时间参数时从结束节点出发，逆着箭线用"减法"。

Ⅰ.工作最迟必须开始时间：在不影响工作任务按期完成的前提下，工作最迟必须开始的时刻（LS）。

Ⅱ.工作最迟必须结束时间：在不影响工作任务按期完成的前提下，工作最迟必须完成的时刻（LF）。

如图 3-17 所示为工作 $i-j$ 的时间范围，并反映其最早和最迟时间参数。

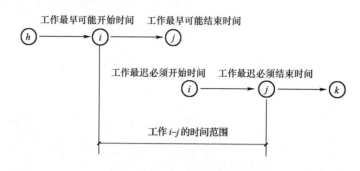

图 3-17　工作 $i-j$ 的时间范围

③时差

Ⅰ.总时差（TF）

总时差是指不影响紧后工作最迟必须开始时间的前提下该工作所具有的机动时间，或在不影响工期前提下该工作的机动时间。

Ⅱ.自由时差（FF）

自由时差是指在不影响紧后工作最早开始时间的前提下该工作所具有的机动时间。

④工期（T）

工期是指完成一项任务所需要的时间，在网络计划中工期一般有以下三种：

Ⅰ.计算工期：计算工期是根据网络计划计算而得到的工期，用 T_c 表示。

Ⅱ.要求工期：要求工期是根据建设单位的要求而确定的工期，用 T_r 表示。

Ⅲ.计划工期：计划工期是根据要求工期和计算工期所确定的作为实施目标的工期，用 T_p 表示。

（3）工作时间参数的表示

①最早开始时间：ES_{i-j}；

②最早完成时间：EF_{i-j}；

③最迟开始时间：LS_{i-j}；

④最迟完成时间：LF_{i-j}；

⑤总时差：TF_{i-j}；

⑥自由时差：FF_{i-j}；

⑦工作持续时间：D_{i-j}。

工作时间参数的表示如图 3-18 所示。

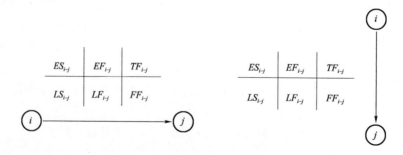

图 3-18　工作时间参数的表示（六参数表示法）

2. 双代号网络计划时间参数计算

(1)工作计算法

①工作持续时间的计算

工作持续时间通常采用劳动定额(产量定额或时间定额)计算。当工作持续时间不能用定额计算时,可采用三时估算法,其计算公式为

$$D_{i-j}=(a+4b+c)/6 \tag{3-1}$$

式中 D_{i-j}——工作 $i-j$ 持续时间;

　　　　a——工作的最短持续时间估计值;

　　　　b——工作的最可能持续时间估计值;

　　　　c——工作的最长持续时间估计值。

虚工作也必须进行时间参数计算,其持续时间为零。

②工作最早时间及工期的计算

Ⅰ.工作最早开始时间的计算

工作最早开始时间指各紧前工作全部完成后,本工作有可能开始的最早时刻。工作最早开始时间应从网络计划的起始节点开始,顺着箭线方向依次逐项计算。工作 $i-j$ 的最早开始时间 ES_{i-j} 的计算方法如下:

(Ⅰ)以起始节点($i=1$)为开始节点的工作的最早开始时间为零,即

$$ES_{i-j}=0$$

(Ⅱ)当工作 $i-j$ 只有一项紧前工作 $h-i$ 时,其最早开始时间 ES_{i-j} 应为

$$ES_{i-j}=ES_{h-i}+D_{h-i}=EF_{h-i}$$

式中,工作 $h-i$ 为工作 $i-j$ 的紧前工作。

(Ⅲ)当工作 $i-j$ 有多个紧前工作时,其最早开始时间 ES_{i-j} 为其所有紧前工作的最早完成时间的最大值,即

$$ES_{i-j}=\max\{EF_{a-i},EF_{b-i},EF_{c-i}\} \tag{3-2}$$

式中,工作 $a-i$、$b-i$、$c-i$ 均为工作 $i-j$ 的紧前工作。

计算口诀:顺着箭头相加,逢箭头相遇取大值。

Ⅱ.工作最早完成时间的计算

工作最早完成时间指各紧前工作完成后,本工作可能完成的最早时刻。工作 $i-j$ 的最早完成时间 EF_{i-j} 应按下式进行计算

$$EF_{i-j}=ES_{i-j}+D_{i-j} \tag{3-3}$$

Ⅲ.网络计划的计算工期与计划工期

(Ⅰ)网络计划计算工期(T_c)指根据时间参数计算得到的工期,应按下式计算

$$T_c=\max\{EF_{i-n}\} \tag{3-4}$$

式中,EF_{i-n} 为以终点节点($j=n$)为结束节点的工作的最早完成时间。

(Ⅱ)网络计划的计划工期(T_p)指按要求工期(如项目责任工期、合同工期)和按计算工期所确定的作为实施目标的工期。

当已规定了要求工期 T_r 时

$$T_p \leqslant T_r \tag{3-5}$$

当未规定要求工期 T_r 时

$$T_p=T_c \tag{3-6}$$

在图 3-19 所示双代号网络图中,各工作最早开始时间和最早完成时间计算如下:

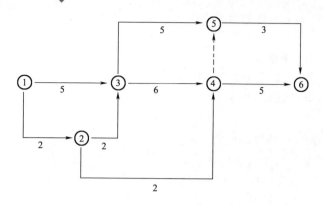

图 3-19 双代号网络图

$ES_{1-2}=0$

$ES_{1-3}=0$

$ES_{2-3}=EF_{1-2}=2$

$ES_{2-4}=EF_{1-2}=2$

$ES_{3-4}=\max[EF_{1-3},EF_{2-3}]=\max\{5,4\}=5$

$ES_{3-5}=ES_{3-4}=5$

$ES_{4-5}=\max\{EF_{2-4},EF_{3-4}\}=\max\{4,11\}=11$

$ES_{4-6}=ES_{4-5}=11$

$ES_{5-6}=\max\{EF_{3-5},EF_{4-5}\}=\max\{10,11\}=11$

$EF_{1-2}=ES_{1-2}+D_{1-2}=0+2=2$

$EF_{1-3}=ES_{1-3}+D_{1-3}=0+5=5$

$EF_{2-3}=ES_{2-3}+D_{2-3}=2+2=4$

$EF_{2-4}=ES_{2-4}+D_{2-4}=2+2=4$

$EF_{3-4}=ES_{3-4}+D_{3-4}=5+6=11$

$EF_{3-5}=ES_{3-5}+D_{3-5}=5+5=10$

$EF_{4-5}=ES_{4-5}+D_{4-5}=11+0=11$

$EF_{4-6}=ES_{4-6}+D_{4-6}=11+5=16$

$EF_{5-6}=ES_{5-6}+D_{5-6}=11+3=14$

各工作最早开始时间和最早完成时间的计算结果如图 3-20 所示。

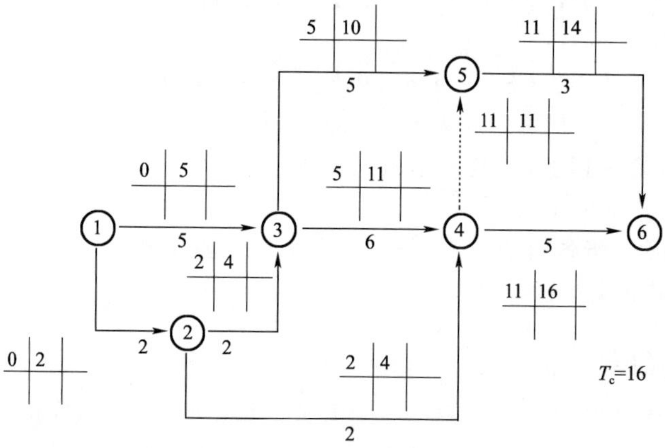

图 3-20 某双代号网络计划的最早时间参数计算

在本例中,未规定要求工期时,网络计划的计划工期应等于计算工期,即以网络计划的终点节点为完成节点的各个工作的最早完成时间的最大值。如图 3-20 所示,网络计划的计划工期为

$$T_{p}=T_{c}=\max\{EF_{4-6},EF_{5-6}\}=\max\{16,14\}=16$$

③工作最迟时间的计算

Ⅰ.工作最迟必须完成时间的计算

工作最迟必须完成时间指在不影响整个工程任务的前提下,该工作必须完成的最迟时刻。

它表明本工作与紧后工作的关系,如果本工作要推迟的话,不能推迟到紧后工作最迟必须开始之后,这样就整个网络图而言,最迟时间参数受到紧后工作和工期的制约。工作最迟必须完成时间应从网络计划的终点节点开始,逆着箭线方向依次逐项用减法计算。工作 $i-j$ 的最迟必须完成时间 LF_{i-j} 的计算方法如下:

(Ⅰ)以终点节点为结束节点的工作的最迟完成时间 LF_{i-n} 应按网络计划的计划工期 T_p 确定,即

$$LF_{i-n} = T_p$$

(Ⅱ)当该工作只有一项紧后工作时,该工作最迟必须完成时间应当为其紧后工作的最迟开始时间,即

$$LF_{i-j} = LS_{j-k}$$

式中,工作 $j-k$ 为工作 $i-j$ 的紧后工作。

(Ⅲ)当该工作有若干项紧后工作时

$$LF_{i-j} = \min\{LS_{j-k}, LS_{j-l}, LS_{j-m}\} \tag{3-7}$$

式中,工作 $j-k$、$j-l$、$j-m$ 均为工作 $i-j$ 的紧后工作。

计算口诀:逆着箭头相减,逢箭尾相遇取最小。

Ⅱ. 工作最迟开始时间的计算

工作最迟开始时间指在不影响整个任务按期完成的前提下,工作必须开始的最迟时刻。工作 $i-j$ 的最迟开始时间 LS_{i-j} 应按下式计算

$$LS_{i-j} = LF_{i-j} - D_{i-j} \tag{3-8}$$

网络计划图 3-19 中的各项工作的最迟完成时间和最迟开始时间计算如下:

$LF_{5-6} = T_p = 16$　　　　　　　　$LS_{5-6} = LF_{5-6} - D_{5-6} = 16-3 = 13$

$LF_{4-6} = T_p = 16$　　　　　　　　$LS_{4-6} = LF_{4-6} - D_{4-6} = 16-5 = 11$

$LF_{4-5} = LS_{5-6} = 13$　　　　　　$LS_{4-5} = LF_{4-5} - D_{4-5} = 13-0 = 13$

$LF_{3-5} = LF_{4-5} = 13$　　　　　　$LS_{3-5} = LF_{3-5} - D_{3-5} = 13-5 = 8$

$LF_{3-4} = \min\{LS_{4-5}, LS_{4-6}\} = \min\{13, 11\} = 11$

$LS_{3-4} = LF_{3-4} - D_{3-4} = 11-6 = 5$

$LF_{2-4} = LF_{3-4} = 11$

$LS_{2-4} = LF_{2-4} - D_{2-4} = 11-2 = 9$

$LF_{2-3} = \min\{LS_{3-4}, LS_{3-5}\} = \min\{5, 8\} = 5$

$LS_{2-3} = LF_{2-3} - D_{2-3} = 5-2 = 3$

$LF_{1-3} = LF_{2-3} = 5$

$LS_{1-3} = LF_{1-3} - D_{1-3} = 5-5 = 0$

$LF_{1-2} = \min\{LS_{2-3}, LS_{2-4}\} = \min\{3, 9\} = 3$

$LS_{1-2} = LF_{1-2} - D_{1-2} = 3-2 = 1$

各工作最迟开始时间和最迟完成时间的计算结果标注在图 3-22 中。

④工作时差与关键线路

Ⅰ. 工作总时差

(Ⅰ)总时差的计算

工作总时差是指在不影响总工期的前提下可利用的时间,在图 3-21 中,工作 $i-j$ 可利用的时间范围为 $LF_{i-j} - ES_{i-j}$,则总时差的计算公式为

$$TF_{i-j} = 工作时间范围 - D_{i-j} = LF_{i-j} - ES_{i-j} - D_{i-j} = LS_{i-j} - ES_{i-j} = LF_{i-j} - EF_{i-j} \qquad (3-9)$$

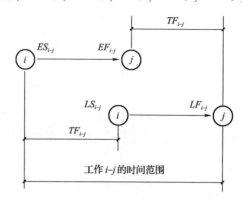

图 3-21　总时差计算简图

图 3-19 中各项工作的总时差计算如下：

$TF_{1-2} = LS_{1-2} - ES_{1-2} = LF_{1-2} - EF_{1-2} = 1$　　$TF_{1-3} = LS_{1-3} - ES_{1-3} = LF_{1-3} - EF_{1-3} = 0$

$TF_{2-3} = LS_{2-3} - ES_{2-3} = LF_{2-3} - EF_{2-3} = 1$　　$TF_{2-4} = LS_{2-4} - ES_{2-4} = LF_{2-4} - EF_{2-4} = 7$

$TF_{3-4} = LS_{3-4} - ES_{3-4} = LF_{3-4} - EF_{3-4} = 0$　　$TF_{3-5} = LS_{3-5} - ES_{3-5} = LF_{3-5} - EF_{3-5} = 3$

$TF_{4-5} = LS_{4-5} - ES_{4-5} = LF_{4-5} - EF_{4-5} = 2$　　$TF_{4-6} = LS_{4-6} - ES_{4-6} = LF_{4-6} - EF_{4-6} = 0$

$TF_{5-6} = LS_{5-6} - ES_{5-6} = LF_{5-6} - EF_{5-6} = 2$

各项工作的自由时差标注在图 3-22 中。

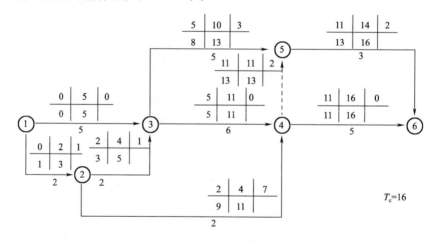

图 3-22　时间参数计算结果

（Ⅱ）当没有规定要求工期，即 $T_p = T_c$ 时，总时差的特性。

● 总时差为零的工作称为关键工作；

● 如果总时差为零则其他时差也为零；

● 总时差为其所在线路的所有工作共同拥有，其中任何一项工作都可部分或全部使用该线路的总时差。

　　Ⅱ.关键线路的判定

　　（Ⅰ）关键工作的确定

　　根据 T_p 与 T_c 的大小关系，关键工作的总时差可能出现以下三种情况：

　　当 $T_p = T_c$ 时，关键工作的 $TF = 0$；

当 $T_p > T_c$ 时,关键工作的 $TF > 0$;

当 $T_p < T_c$ 时,关键工作的 TF 有可能出现负值。

关键工作是施工过程中的重点控制对象,根据 T_p 与 T_c 的大小关系及总时差的计算公式,总时差最小的工作为关键工作,因此关键工作的说法有四种:总时差最小的工作;当 $T_p = T_c$ 时,$TF = 0$ 的工作;$LF - EF$ 差值最小的工作;$LS - ES$ 差值最小的工作。

如图 3-22 中,当 $T_p = T_c$ 时,关键工作的 $TF = 0$,即工作 1-3、工作 3-4、工作 4-6 等是关键工作。

(Ⅱ)关键线路的确定

在双代号网络图中,关键工作的连线为关键线路;

当 $T_p = T_c$ 时,$TF = 0$ 的工作相连的线路为关键线路;

总时间持续最长的线路是关键线路,其数值为计算工期,在图 3-22 中,关键线路为①→③→④→⑥。

(Ⅲ)关键线路随着条件变化会转移

定性分析:关键工作拖延则工期拖延。因此,关键工作是重点控制对象。

定量分析:关键工作拖延时间即工期拖延时间,但关键工作提前,则工期提前时间不大于该提前值。如关键工作拖延 10 天,则工期延长 10 天;关键工作提前 10 天,则工期提前不大于 10 天。

关键线路的条数:网络计划至少有一条关键线路,也可能有多条关键线路。随着工作时间的变化,关键线路也会随之发生变化。

Ⅲ.工作自由时差

(Ⅰ)自由时差的计算

工作自由时差指在不影响其紧后工作最早开始时间的前提下,本工作可以利用的机动时间。根据自由时差概念,在不影响紧后工作最早开始时间的前提下,$i-j$ 工作可利用的时间范围如图 3-23 所示。

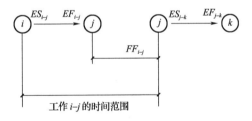

图 3-23　自由时差计算简图

· 工作 $i-j$ 的自由时差 FF_{i-j} 的计算应符合下列规定:

当工作 $i-j$ 有紧后工作 $j-k$ 时,其自由时差应为

$$FF_{i-j} = ES_{j-k} - EF_{i-j} \qquad (3-10)$$

以终点节点 $(j = n)$ 为结束节点的工作,其自由时差为

$$FF_{i-n} = T_p - EF_{i-n} \qquad (3-11)$$

如图 3-19 所示的各项工作的自由时差计算如下:

$FF_{1-2} = ES_{2-3} - EF_{1-2} = 2 - 2 = 0$ $\qquad$ $FF_{1-3} = ES_{3-4} - EF_{1-3} = 5 - 5 = 0$

$FF_{2-3} = ES_{3-4} - EF_{2-3} = 5 - 4 = 1$ $\qquad$ $FF_{2-4} = ES_{4-6} - EF_{2-4} = 11 - 4 = 7$

$FF_{3-4}=ES_{4-6}-EF_{3-4}=11-11=0 \qquad FF_{3-5}=ES_{5-6}-EF_{3-5}=11-10=1$

$FF_{4-5}=ES_{5-6}-EF_{4-5}=11-11=0 \qquad FF_{4-6}=T_p-EF_{4-6}=16-16=0$

$FF_{5-6}=T_p-EF_{5-6}=16-14=2$

各项工作的自由时差标注在图 3-24 中。

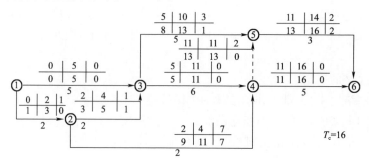

图 3-24　自由时差计算图

（Ⅱ）自由时差的特性

● 总时差与自由时差是相互关联的,自由时差是线路总时差的分配,一般自由时差小于等于总时差,即 $FF_{i-j} \leqslant TF_{i-j}$。

● 在一般情况下,非关键线路上各项工作的自由时差之和等于该线路上可供利用的总时差的最大值。在图 3-24 中,非关键线路①→②→④→⑥上可供利用的总时差最大值为 7,被工作 1-2 利用为 0,被工作 2-4 利用为 7,被 4-6 工作利用为 0。

● 自由时差只允许本工作利用,不和该线路其他工作所共有。

【例 3-4】　某工程网络计划如图 3-25 所示,没有规定要求工期。利用工作计算法,计算双代号网络图中各工作的时间参数,并确定工期和关键线路。

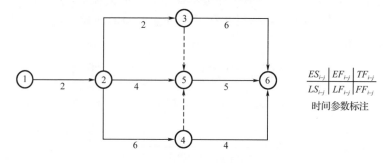

图 3-25　某工程双代号网络图

解:（1）工作最早时间的计算

工作最早时间从起始节点①开始,顺着箭线方向逐项计算。先计算最早开始时间,再计算最早完成时间。

以起点节点①为开始节点的工作 A,没有特殊说明,最早开始时间为零,即

$ES_{1-2}=0$,其最早完成时间则为 $EF_{1-2}=ES_{1-2}+D_{1-2}=0+2=2$

以其他中间节点为开始节点的工作,最早开始时间为各紧前工作最早完成时间的最大值,即按式 $ES_{i-j}=\max[EF_{a-i},EF_{b-i},EF_{c-i}]$ 计算,最早完成时间 $EF_{i-j}=ES_{i-j}+D_{i-j}$

如工作 2-3,$ES_{2-3}=EF_{1-2}=2,EF_{2-3}=ES_{2-3}+D_{2-3}=2+2=4$

同理,依次计算其他工作的最早时间,各工作的最早时间参数标注在图 3-26 中。

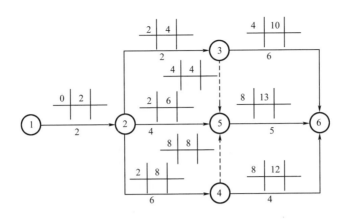

图 3-26　最早时间参数计算结果

（2）工期的确定

计算工期（T_c）：$T_c = \max\{EF_{3-6}, EF_{4-6}, EF_{5-6}\} = \{10, 12, 13\} = 13$

未规定要求工期，$T_p = T_c = 13$

（3）工作最迟时间的计算

工作最迟时间从终点节点⑥开始，逆着箭线方向逐项计算。先计算工作的最迟完成时间，再计算工作的最迟开始时间。

以终点节点⑥为结束节点的工作的最迟完成时间 $LF_{3-6} = LF_{4-6} = LF_{5-6} = T_p = 13$，最迟开始时间 $LS_{3-6} = LF_{3-6} - D_{3-6} = 13 - 6 = 7$，同理 $LS_{4-6} = 9$，$LS_{5-6} = 8$

以其他中间节点为完成节点的工作，最迟完成时间为各紧后工作最迟开始时间的最小值，即按式 $LF_{i-j} = \min[LS_{j-k}, LS_{j-l}, LS_{j-m}]$ 计算，最迟开始时间 $LS_{i-j} = LF_{i-j} - D_{i-j}$

如工作 2-5，$LF_{2-5} = LS_{5-6} = 8$，$LS_{2-5} = LF_{2-5} - D_{2-5} = 8 - 4 = 4$

同理，依次计算其他工作的最迟时间，各工作的最迟时间参数标注在图 3-27 中。

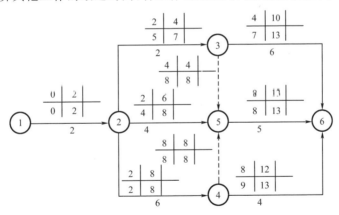

图 3-27　最迟时间参数计算结果

（4）工作时差的计算与关键线路的判定

①总时差的计算

根据总时差的计算公式 $TF_{i-j} = LS_{i-j} - ES_{i-j} = LF_{i-j} - EF_{i-j}$，计算各工作的总时差。

如工作 2-5 的总时差 $TF_{2-5} = LS_{2-5} - ES_{2-5} = 4 - 2 = 2$

同理，计算其他工作的总时差。

各项工作的总时差标注在图 3-28 中。

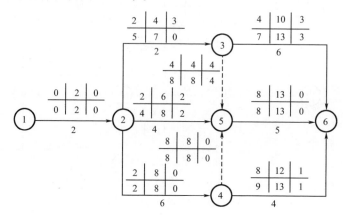

图 3-28　时差计算结果

②关键线路和关键工作的判定

因为网络计划的 $T_p = T_c$，所以总时差为零的工作连起来的线路即关键线路。由图 3-28 可知，关键线路为①→②→④→⑤→⑥，关键线路上的工作 1→2，工作 2→4，工作 5→6 均为关键工作。

③自由时差的计算

以终点节点⑥为结束节点的工作，其自由时差为：$FF_{i-6} = T_p - EF_{i-6}$

故工作 3—6 的自由时差为：$FF_{3-6} = T_p - EF_{3-6} = 13 - 10 = 3$

同理，$FF_{5-6} = 13 - 13 = 0$，$FF_{4-6} = 13 - 12 = 1$

以中间节点为结束节点的工作，自由时差为：$FF_{i-j} = ES_{j-k} - EF_{i-j}$

如工作 2—5 的自由时差为：$FF_{2-5} = ES_{5-6} - EF_{2-5} = 8 - 6 = 2$

同理，依次计算其他工作的自由时差，各工作自由时差的计算结果标注在图 3-28 中。

(2)节点计算法

所谓节点计算法，就是先计算网络计划中各个节点的时间参数，然后再据此计算各项工作的时间参数和网络计划的计算工期。计算中，一般用 ET_i 表示 i 节点的最早时间，LT_i 表示 i 节点的最迟时间，标注方法如图 3-29(a)所示。

①计算节点的最早时间

节点最早时间是指以该节点为开始节点的各项工作的最早开始时间。节点最早时间的计算应从网络计划的起始节点开始，顺着箭线方向依次进行。网络计划起始节点，如未规定最早时间，其值为零。当然，终点节点 n 的最早时间 ET_n 就是网络计划的计算工期。节点 i 的最早时间 ET_i 的计算规定如下：

Ⅰ.起始节点的最早时间如无规定时，其值为零，即

$$ET_i = 0$$

Ⅱ.当节点 j 只有一条内向箭线时，其最早时间

$$ET_j = ET_i + D_{i-j}$$

式中，ET_i 为工作 $i-j$ 的开始(箭尾)节点 i 的最早时间。

Ⅲ.当节点 j 有多条内向箭线时，其最早时间

$$ET_j = \max\{ET_i + D_{i-j}\} \tag{3-12}$$

计算口诀:顺着箭头相加,逢箭头相遇取最大。

现以图 3-29 所示的网络图为例,节点最早时间计算结果如下:

$ET_1=0$

$ET_2=ET_1+D_{1-2}=0+2=2$

$ET_3=\max\{(ET_1+D_{1-3}),(ET_2+D_{2-3})\}=\max\{(0+5),(2+2)\}=\max\{5,4\}=5$

$ET_4=\max\{(ET_2+D_{2-4}),(ET_3+D_{3-4})\}=\max\{(2+2),(5+6)\}=\max\{4,11\}=11$

$ET_5=\max\{(ET_3+D_{3-5}),(ET_4+D_{4-5})\}=\max\{(5+5),(11+0)\}=\max\{10,11\}=11$

$ET_6=\max\{(ET_4+D_{4-6}),(ET_5+D_{5-6})\}=\max\{(11+5),(11+3)\}=\max\{16,14\}=16$

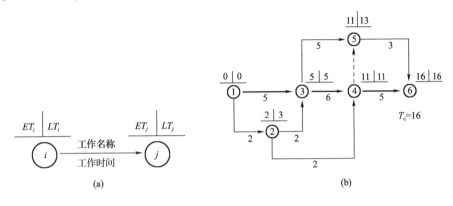

图 3-29 双代号网络图时间参数节点计算法示意图

②确定计算工期与计划工期

网络计划的计算工期等于网络计划终点节点的最早时间,若未规定要求工期,网络计划的计划工期应等于计算工期,即

$$T_p=T_c=ET_n \tag{3-13}$$

如图 3-29(b)所示,$T_p=T_c=ET_n=16$。

③计算节点的最迟时间

节点最迟时间是指以该节点为完成节点的各项工作的最迟完成时间。节点 i 的最迟时间 LT_i 应从网络计划的终点节点开始,逆着箭线方向逐个计算,并应符合下列规定:

Ⅰ.网络计划终点节点的最迟时间等于网络计划的计划工期,即

$$LT_n=T_p \tag{3-14}$$

Ⅱ.其他节点的最迟时间,即

$$LT_i=\min\{LT_j-D_{i-j}\} \tag{3-15}$$

计算口诀:逆箭头相减,逢箭尾相遇取最小。

在图 3-29(b)所示网络计划中各节点最迟时间的计算如下:

$LT_6=T_p=T_c=16$

$LT_5=LT_6-D_{5-6}=16-3=13$

$LT_4=\min\{(LT_6-D_{4-6}),(LT_5-D_{4-5})\}=\min\{(16-5),(13-0)\}=\min\{11,13\}=11$

$LT_3=\min\{(LT_4-D_{3-4}),(LT_5-D_{3-5})\}=\min\{(11-6),(13-5)\}=\min\{5,8\}=5$

$LT_2=\min\{(LT_3-D_{2-3}),(LT_4-D_{2-4})\}=\min\{(5-2),(11-2)\}=\min\{3,9\}=3$

$LT_1=\min\{(LT_2-D_{1-2}),(LT_3-D_{1-3})\}=\min\{(3-2),(5-5)\}=\min\{1,0\}=0$

④关键节点与关键线路

Ⅰ.关键节点

在双代号网络计划中,关键线路上的节点称为关键节点。关键节点的最迟时间与最早时间的差值最小。当计划工期与计算工期相等时,关键节点的最迟时间必然等于最早时间。

如图3-29(b)所示,关键节点有①、③、④和⑥四个,它们的最迟时间必然等于最早时间。

Ⅱ.关键工作

关键工作两端的节点必为关键节点,但两端为关键节点的工作不一定是关键工作。当计划工期与计算工期相等,利用关键节点判别关键工作时,必须满足 $ET_i+D_{i-j}=ET_j$ 或 $LT_i+D_{i-j}=LT_j$,否则该工作就不是关键工作。

在图3-29(b)中,工作1—3、工作3—4、工作4—6等均是关键工作。

Ⅲ.关键线路

双代号网络计划中,由关键工作组成的线路一定为关键线路,如图3-29所示,线路①→③→④→⑥为关键线路。

⑤工作时间参数的计算

工作计算法能够表明各项工作的六个时间参数,节点计算法只能够表明各节点的最早时间和最迟时间。但根据工作的六个时间参数与节点的最早时间、最迟时间以及工作的持续时间之间的关系能够计算出工作的六个时间参数。

Ⅰ.工作的最早开始时间等于该工作开始节点的最早开始时间,即

$$ES_{i-j}=ET_i$$

在图3-29(b)中,工作1—2和工作4—6的最早完成时间分别为

$$ES_{1-2}=ET_1=0,ES_{4-6}=ET_4=11$$

Ⅱ.工作的最早完成时间等于该工作开始节点的最早完成时间与其持续时间之和,即

$$EF_{i-j}=ET_i+D_{i-j} \tag{3-16}$$

在图3-29(b)中,工作1—2和工作4—6的最早完成时间分别为

$$EF_{1-2}=ET_1+D_{1-2}=0+2=2$$
$$EF_{4-6}=ET_4+D_{4-6}=11+5=16$$

Ⅲ.工作的最迟完成时间等于该工作完成节点的最迟时间,即

$$LF_{i-j}=LT_j \tag{3-17}$$

在图3-29(b)中,工作1—2和工作4—6的最迟完成时间分别为

$$LF_{1-2}=LT_2=3$$
$$LF_{4-6}=LT_6=16$$

Ⅳ.工作的最迟开始时间等于该工作完成节点的最迟时间与其持续时间之差,即

$$LS_{i-j}=LT_j-D_{i-j} \tag{3-18}$$

在图3-29(b)中,工作1—2和工作4—6的最迟开始时间分别为

$$LS_{1-2}=LT_2-D_{1-2}=3-2=1$$
$$LS_{4-6}=LT_6-D_{4-6}=16-5=11$$

Ⅴ.工作的总时差等于其工作时间范围减去其作业时间,即

$$TF_{i-j}=LT_j-ET_i-D_{i-j} \tag{3-19}$$

在图3-29(b)中,工作1—2和工作4—6的总时差分别为

$$TF_{1-2}=LT_2-ET_1-D_{1-2}=3-0-2=1$$
$$TF_{4-6}=LT_6-ET_4-D_{4-6}=16-11-5=0$$

Ⅵ.工作的自由时差等于其完成节点与开始节点最早时间的差值减去其作业时间,即

$$FF_{i-j}=ET_j-ET_i-D_{i-j} \tag{3-20}$$

在图 3-29(b)中,工作 1-2 和工作 4-6 的自由时差分别为

$$FF_{1-2}=ET_2-ET_1-D_{1-2}=2-0-2=0$$
$$FF_{4-6}=ET_6-ET_4-D_{4-6}=16-11-5=0$$

【例 3-5】　某工程网络计划如图 3-30 所示,没有规定要求工期。利用节点计算法,计算双代号网络图中各节点和各工作的时间参数,并确定工期和关键线路。

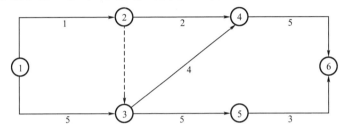

图 3-30　某工程双代号网络计划

解:(1) 计算节点的最早时间

节点最早时间从网络计划的起点节点开始,顺着箭线方向逐个计算。

起点节点①的最早时间没有特殊规定,其值为零,即 $ET_1=0$

其他节点的最早时间按式 $ET_j=\max\{ET_i+D_{i-j}\}$ 计算。

如 $ET_2=ET_1+D_{1-2}=0+1=1$

$ET_3=\max\{ET_2+D_{2-3},ET_1+D_{1-3}\}=\max\{1+0,0+5\}=5$

同理,依次类推,计算其他节点的最早时间。

各节点最早时间的计算结果标注在图 3-31 中。

(2)确定计算工期

计算工期等于终点节点的最早时间,即 $T_c=ET_6=14$

未规定要求工期,网络计划的计划工期应等于计算工期,即 $T_p=T_c=14$

(3)计算节点的最迟时间

节点最迟时间从网络计划的终点节点开始,逆着箭线方向逐个计算。

终点节点的最迟时间等于网络计划的计划工期,即 $LT_6=T_p=14$

其他节点的最迟时间,$LT_i=\min\{LT_j-D_{i-j}\}$

如 $LT_4=LT_6-D_{4-6}=14-5=9$

$LT_5=LT_6-D_{5-6}=14-3=11$

$LT_3=\min\{LT_5-D_{3-5},LT_4-D_{3-4}\}=\min\{11-5,9-4\}=5$

同理,依次类推,计算其他节点的最迟时间。

各节点最迟时间的计算结果标注在图 3-31 中。

(4)关键节点与关键线路

①关键节点

计划工期与计算工期相等,关键节点的最迟时间等于最早时间。

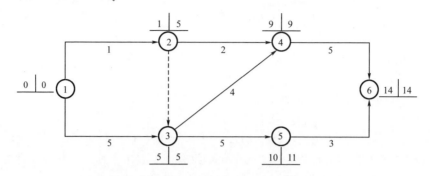

图 3-31　节点时间参数的计算结果

如图 3-31 所示，关键节点有①、③、④和⑥四个节点。

②关键工作

计划工期与计算工期相等，若关键节点的时间参数满足 $ET_i+D_{i-j}=ET_j$ 或 $LT_i+D_{i-j}=LT_j$，则工作 $i-j$ 就是关键工作。

如图 3-31 所示，工作 1-3、工作 3-4、工作 4-6 均是关键工作。

③关键线路

由关键工作组成的线路为关键线路，如图 3-31 所示，线路①→③→④→⑥为关键线路。

（5）工作时间参数的计算

①工作的最早开始时间

$ES_{i-j}=ET_i$，如 $ES_{2-4}=ES_{2-3}=ET_2=1$

同理，求出其他工作的最早开始时间，计算结果标注在图 3-32 中。

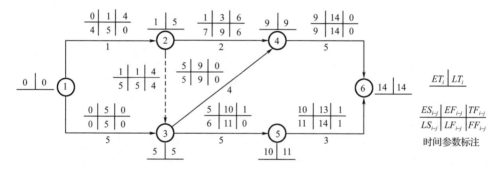

图 3-32　工作时间参数的计算结果

②工作的最早完成时间

$EF_{i-j}=ET_i+D_{i-j}$，如 $EF_{2-4}=ET_2+D_{2-4}=1+2=3$

同理，求出其他工作的最早完成时间，计算结果标注在图 3-32 中。

③工作的最迟完成时间

$LF_{i-j}=LT_j$，如 $LF_{5-6}=LT_6=14$

同理，求出其他工作的最迟完成时间，计算结果标注在图 3-32 中。

④工作的最迟开始时间

$LS_{i-j}=LT_j-D_{i-j}$，如 $LS_{5-6}=LT_6-D_{5-6}=14-3=11$

同理，求出其他工作的最迟完成时间，计算结果标注在图 3-32 中。

⑤工作的总时差

$TF_{i-j}=LT_j-ET_i-D_{i-j}$，如 $TF_{5-6}=LT_6-ET_5-D_{5-6}=14-10-3=1$

同理,求出其他工作的总时差,计算结果标注在图 3-32 中。

⑥工作的自由时差

$FF_{i-j}=ET_j-ET_i-D_{i-j}$,如 $FF_{5-6}=ET_6-ET_5-D_{5-6}=14-10-3=1$

(3)节点标号法

①节点标号法的基本原理

标号法是一种可以快速计算节点最早时间、工期和确定关键线路的方法。它利用节点计算法的基本原理,对网络图中的每一个节点进行双标号标注,其中右边标号为本节点最早时间,称为节点标号值,左边标号是计算本节点标号值的以本节点为完成节点的工作的开始节点编号,称为源节点号。对网络计划中的每一个节点进行标号,然后从网络图的终点节点开始,利用标号值(节点的最早时间)的计算过程逆向溯源确定关键线路。

②节点标号法的计算步骤

Ⅰ.从左往右,确定各个节点的节点标号值。

网络图的第一个节点,即起始节点的节点标号值记为 0,即

$$b_1=0$$

其余节点(如第 i 个节点)的节点标号值可以按照以本节点为完成节点的各项紧前工作的开始节点 h 的节点标号值与之对应持续时间求和再取最大来获得,即

$$b_i=\max\{(b_h+D_{h-i})\} \tag{3-21}$$

当除起始节点以外的所有节点的节点标号值一经确定,则据此确定并记载源节点号。

Ⅱ.依照网络图结束节点的标号值确定网络计划的计算工期,即

$$T_c=b_n \tag{3-22}$$

Ⅲ.从网络图终点节点出发,从右向左,以源节点号指示反追踪到开始节点的线路为关键线路。

③节点标号法应用实例

如图 3-33 所示的网络计划,试用节点标号法计算各节点的时间参数。

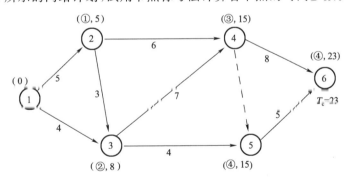

图 3-33　双代号网络计划节点标号法

节点的标号值计算如下

$ET_1=0$

$ET_2=ET_1+D_1=0+5=5$

$ET_3=\max\{(ET_1+D_{1-3}),(ET_2+D_{2-3})\}=\max\{(0+4),(5+3)\}=8$

以此类推 $ET_6=23$,则计算工期 $T_c=ET_6=23$。

在图 3-33 中,②节点的最早时间为 5,其计算来源为①节点,因而标号为(①,5);④节点的最早时间为 15,其计算来源为③节点,因而标号为(③,15);其他以此类推。

确定关键线路:从终点节点出发,以源节点号反跟踪到开始节点的线路为关键线路,如图3-33所示,①→②→③→④→⑥为关键线路。

3.3 单代号网络计划

单代号网络计划是以节点及其编号表示工作、以箭线表示工作之间逻辑关系的一种网络计划,单代号网络计划在工程中应用也较为广泛。单代号网络图的特点是逻辑关系表达清楚,且不用虚箭线,便于检查和修改。

3.3.1 单代号网络图的绘制

1.单代号网络图的构成与基本符号

单代号网络图包括的要素有:

(1)节点

节点用圆圈或方框表示。单代号网络图中的一个节点代表一项工作或工序。节点所表示的工作名称、持续时间和编号标注在圆圈或方框内,如图3-34所示。节点必须编号,此编号是该工作的代号,由于代号只有一个,故称"单代号"。节点编号严禁重复,一项工作只有唯一的一个节点和唯一的一个编号。编号要由小到大,即箭头节点的编号要大于箭尾节点的编号。

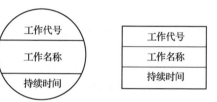

图 3-34 单代号网络图节点的表示方法

(2)箭线

单代号网络图中,箭线表示紧邻工作之间的逻辑关系,既不占用时间,也不消耗资源。箭线应画成水平直线、折线或斜线。单代号网络图中不设虚箭线。箭线水平投影的方向应自左向右,表达工作的进行方向,如图3-35所示。

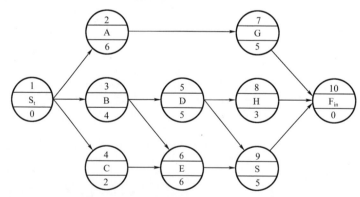

图 3-35 单代号网络图

2.单代号网络图的绘制规划

绘制单代号网络图需遵循以下规则:

(1)单代号网络图必须正确表述工作间的逻辑关系,单代号网络图常见的逻辑关系见表3-2。

（2）单代号网络图中，严禁出现循环回路。

（3）单代号网络图中，严禁出现双向箭头或无箭头的连线。

（4）单代号网络图中，严禁出现没有箭尾节点或没有箭头节点的箭线。

（5）绘制单代号网络图时，箭线不宜交叉，当交叉不可避免时，可采用过桥法或指向法表示。

（6）单代号网络图应只有一个起始节点和一个终点节点。当网络图中有多个起始节点或多个终点节点时，应在网络图的两端虚拟开始节点（S_t）或结束节点（F_{in}），作为该网络图的起始节点和终点节点，以避免出现多个起始节点或多个终点节点，如图 3-36 所示。

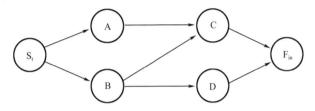

图 3-36　带虚拟节点的单代号网络图

3. 单代号网络图绘制实例

【例 3-6】　某工程分为三个施工段，施工过程及其延续时间为：砌围护墙及隔墙 12 天，内外抹灰 15 天，安铝合金门窗 9 天，喷刷涂料 12 天。拟组织瓦工、抹灰工、木工和油漆工四个专业队组进行施工。试绘制单代号网络图。

解：根据各工作间的逻辑关系绘制单代号网络图如图 3-37 所示。

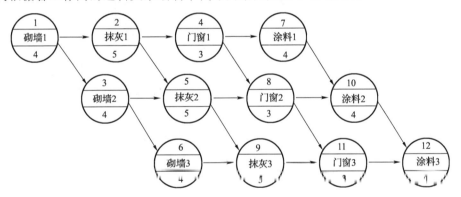

图 3-37　某工程单代号网络图

【例 3-7】　根据表 3-7 所给逻辑关系，试绘制单代号网络图。

表 3-7　　　　　　　　　　　　　　　　各项工作逻辑关系表

工作	A	B	C	D	E	F	G	H
紧前工作	—	A	A	C	B	E	D、E	G
紧后工作	B、C	E	D	G	F、G	—	H	—
持续时间	3	5	6	4	8	5	4	6

解：根据工作间的逻辑关系绘制单代号网络图，如图 3-38 所示。

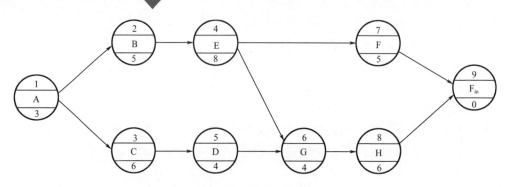

图 3-38 单代号网络图

3.3.2 单代号网络计划时间参数的计算

1. 单代号网络计划时间参数的计算步骤

单代号网络计划与双代号网络计划只是表现形式不同,但它们所表达的内容是完全一样的。工作的各时间参数表示方法如图 3-39 所示。

微视频
单代号网络图时间
参数的快速计算

图 3-39 单代号网络图工作的各时间参数表示方法

(1)计算工作的最早开始时间和最早完成时间

工作最早开始时间和最早完成时间的计算应从网络计划的起始节点开始,顺着箭线方向按节点编号从小到大的顺序依次进行。

①网络计划起始节点所代表的工作,其最早开始时间未规定时取值为零,即

$$ES_1 = 0$$

②工作的最早完成时间应等于本工作的最早开始时间与其持续时间之和,即

$$EF_i = ES_i + D_i \tag{3-23}$$

式中 EF_i——工作 i 的最早完成时间;

ES_i——工作 i 的最早开始时间;

D_i——工作 i 的持续时间。

③其他工作的最早开始时间应等于其紧前工作最早完成时间的最大值,即

$$ES_j = \max\{EF_i\} \text{ 或 } ES_j = \max\{ES_i + D_i\} \tag{3-24}$$

式中 ES_j——工作 j 的最早开始时间;

EF_i——工作 i 的最早完成时间(工作 i 为工作 j 的紧前工作)。

④网络计划的计算工期等于其终点节点所代表的工作的最早完成时间,即

$$T_c = EF_n \tag{3-25}$$

式中 EF_n——终点节点 n 的最早完成时间。

（2）计算相邻两项工作之间的时间间隔

相邻两项工作之间的时间间隔是指其紧后工作的最早开始时间与本工作最早完成时间的差值,即

$$LAG_{i,j} = ES_j - EF_i \tag{3-26}$$

式中　$LAG_{i,j}$——工作 i 与其紧后工作 j 之间的时间间隔;

　　　　ES_j——工作 i 的紧后工作 j 的最早开始时间;

　　　　EF_i——工作 i 的最早完成时间。

（3）确定网络计划的计划工期

网络计划的计算工期 $T_c = EF_n$。假设未规定要求工期,则其计划工期就等于计算工期,即 $T_p = T_c = EF_n$。

（4）计算工作总时差

工作总时差的计算应从网络计划的终点节点开始,逆着箭线方向按节点编号从大到小的顺序依次进行。

①网络计划终点节点 n 所代表的工作的总时差应等于计划工期与计算工期之差,即

$$TF_n = T_p - T_c \tag{3-27}$$

当计划工期等于计算工期时,该工作的总时差为零。

②其他工作的总时差应等于本工作与其各紧后工作之间的时间间隔加该紧后工作的总时差所得之和的最小值,即

$$TF_i = \min\{TF_j + LAG_{i,j}\} \tag{3-28}$$

式中　TF_i——工作 i 的总时差;

　　　　$LAG_{i,j}$——工作 i 与其紧后工作 j 之间的时间间隔;

　　　　TF_j—— 工作 i 的紧后工作 j 的总时差。

（5）计算工作的自由时差

①网络计划终点节点 n 所代表工作的自由时差等于计划工期与本工作的最早完成时间之差,即

$$FF_n = T_p - EF_n \tag{3-29}$$

式中　FF_n　　终点节点 n 所代表的工作的自由时差;

　　　　T_p——网络计划的计划工期;

　　　　EF_n——终点节点 n 所代表的工作的最早完成时间。

②其他工作的自由时差等于本工作与其紧后工作时间间隔的最小值,即

$$FF_i = \min\{LAG_{i,j}\} \tag{3-30}$$

（6）计算工作的最迟完成时间和最迟开始时间

工作的最迟完成时间和最迟开始时间根据总时差计算。

①工作的最迟完成时间等于本工作的最早完成时间与其总时差之和,即

$$LF_i = EF_i + TF_i \tag{3-31}$$

②工作的最迟开始时间等于本工作的最早开始时间与其总时差之和,即

$$LS_i = ES_i + TF_i \tag{3-32}$$

2. 单代号网络计划关键线路的确定

(1)利用关键工作确定关键线路

如前所述,总时差最小的工作为关键工作。将这些关键工作相连,并保证相邻两关键工作的时间间隔为零而构成的线路就是关键线路。

(2)利用相邻两项工作之间的时间间隔确定关键线路

从网络计划的终点节点开始,逆着箭线方向依次找出相邻两工作的时间间隔为零的线路,该线路就是关键线路。

(3)利用总持续时间确定关键线路

在肯定型网络计划中,线路上工作总持续时间最长的线路为关键线路。

3. 计算示例

【例 3-8】 试计算如图 3-40 所示单代号网络计划的时间参数。

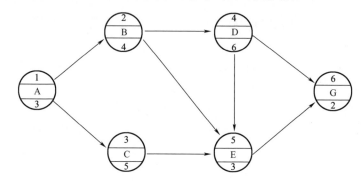

图 3-40 单代号网络计划

解 计算结果如图 3-41 所示,现对其计算步骤及具体计算过程说明如下:

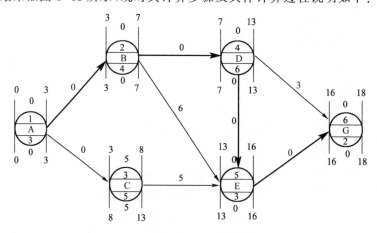

图 3-41 单代号网络图时间参数计算结果

(1)工作最早开始时间和最早完成时间的计算

工作的最早开始时间从网络图的起始节点开始,顺着箭线用加法。因起始节点的最早开始时间未规定,故 $ES_1 = 0$。

工作的最早完成时间应等于本工作的最早开始时间与该工作持续时间之和,因此

$$EF_1 = ES_1 + D_1 = 0 + 3 = 3$$

其他工作最早开始时间为其各紧前工作的最早完成时间的最大值。

（2）计算网络计划的计划工期

按 $T_c = EF_n$ 计算得 $T_c = EF_6 = 18$。未规定要求工期，则计划工期 $T_p = T_c = 18$。

（3）计算各工作之间的时间间隔

按 $LAG_{i,j} = ES_j - EF_i$ 计算，如图 3-41 所示，计算过程如下：

$LAG_{1,2} = ES_2 - EF_1 = 3 - 3 = 0$

$LAG_{1,3} = ES_3 - EF_1 = 3 - 3 = 0$

$LAG_{2,4} = ES_4 - EF_2 = 7 - 7 = 0$

$LAG_{2,5} = ES_5 - EF_2 = 13 - 7 = 6$

$LAG_{3,5} = ES_5 - EF_3 = 13 - 8 = 5$

$LAG_{4,5} = ES_5 - EF_4 = 13 - 13 = 0$

$LAG_{4,6} = ES_6 - EF_4 = 16 - 13 = 3$

$LAG_{5,6} = ES_6 - EF_5 = 16 - 16 = 0$

（4）计算总时差

终点节点所代表的工作的总时差按 $TF_n = T_p - T_c$ 考虑，没有规定要求工期，故认为 $T_p = T_c = 18$，则 $TF_6 = 0$。其他工作总时差按公式 $TF_i = \min\{LAG_{i,j} + TF_j\}$ 计算，其计算过程如下：

$TF_5 = LAG_{5,6} + TF_6 = 0 + 0 = 0$

$TF_4 = \min\{(LAG_{4,5} + TF_5), (LAG_{4,6} + TF_6)\} = \min\{(0+0), (3+0)\} = 0$

$TF_3 = LAG_{3,5} + TF_5 = 5 + 0 = 5$

$TF_2 = \min\{(LAG_{2,4} + TF_4), (LAG_{2,5} + TF_5)\} = \min\{(0+0), (6+0)\} = 0$

$TF_1 = \min\{(LAG_{1,2} + TF_2), (LAG_{1,3} + TF_3)\} = \min\{(0+0), (0+5)\} = 0$

（5）计算自由时差

终点节点自由时差按 $FF_n = T_p - EF_n$ 计算，得 $FF_6 = 0$。

其他工作自由时差按 $FF_i = \min\{LAG_{i,j}\}$ 计算，其计算过程如下：

$FF_1 = \min\{LAG_{1,2}, LAG_{1,3}\} = \min\{0, 0\} = 0$

$FF_2 = \min\{LAG_{2,4}, LAG_{2,5}\} = \min\{0, 6\} = 0$

$FF_3 = LAG_{3,5} = 5$

$FF_4 = \min\{LAG_{4,5}, LAG_{4,6}\} = \min\{0, 3\} = 0$

$FF_5 = LAG_{5,6} = 0$

（6）工作最迟开始和最迟完成时间的计算

$ES_1 = 0, LS_1 = ES_1 + TF_1 = 0 + 0 = 0$

$EF_1 = 3, LF_1 = EF_1 + TF_1 = 3 + 0 = 3$

$ES_2 = 3, LS_2 = ES_2 + TF_2 = 3 + 0 = 3$

$EF_2 = 7, LF_2 = EF_2 + TF_2 = 7 + 0 = 7$

$ES_3 = 3, LS_3 = ES_3 + TF_3 = 3 + 5 = 8$

$EF_3 = 8, LF_3 = EF_3 + TF_3 = 8 + 5 = 13$

$ES_4 = 7, LS_4 = ES_4 + TF_4 = 7 + 0 = 7$

$EF_4 = 13, LF_4 = EF_4 + TF_4 = 13 + 0 = 13$

$ES_5 = 13, LS_5 = ES_5 + TF_5 = 13 + 0 = 13$

$EF_5 = 16, LF_5 = EF_5 + TF_5 = 16 + 0 = 16$

$$ES_6=16,LS_6=ES_6+TF_6=16+0=16$$
$$EF_6=18,LF_6=EF_6+TF_6=18+0=18$$

（7）关键工作和关键线路的确定

当无规定工期时，认为网络计划计算工期与计划工期相等，这样总时差为零的工作为关键工作。如图 3-41 所示，关键工作有 A、B、D、E、G 工作。将这些关键工作相连，并保证相邻两关键工作之间的时间间隔为零而构成的线路就是关键线路，即线路Ⓐ→Ⓑ→Ⓓ→Ⓔ→Ⓖ为关键线路，本例关键线路用黑粗线表示。即使由这些关键工作相连的线路，如果不能保证相邻两项关键工作之间的时间间隔为零，就不是关键线路，如线路Ⓐ→Ⓑ→Ⓓ→Ⓖ和线路Ⓐ→Ⓑ→Ⓔ→Ⓖ均不是关键线路。因此，在单代号网络计划中，关键工作相连的线路并不一定是关键线路。

3.3.3 单代号网络图与双代号网络图的比较

单代号网络图与双代号网络图的比较见表 3-8。

表 3-8 　　　　　　　　　单代号网络图与双代号网络图的比较

比较项目	网络图	
	单代号网络图	双代号网络图
箭线	表示逻辑关系及工作顺序	表示工作及工作流向
节点	表示工作	表示工作的开始、结束瞬间
虚工作	无	可能有
虚拟节点	可能有虚拟开始节点、虚拟结束节点	无
逻辑关系	反映	反映
关键线路	总持续时间最长的线路 关键工作的连线且相邻关键工作时间间隔为零的线路	总持续时间最长的线路 关键工作相连的线路

（1）单代号网络图绘制比较方便，节点表示工作，箭线表示逻辑关系，而双代号用箭线表示工作，可能有虚工作。在这一点上，单代号网络图绘制比双代号网络图简单。

（2）单代号网络图具有便于说明、容易理解和易于修改的优点，这对于推广应用统筹法编制工程进度计划，进行全面的科学管理是非常有意义的。

（3）双代号网络图表示工程进度比单代号网络图更为形象，特别是在应用带时间坐标的网络图中。

（4）双代号网络计划中应用电子计算机进行程序化计算和优化更为简便，这是因为双代号网络图中用两个代号代表一项工作，可直接反映其紧前或紧后工作的关系。而单代号网络图就必须按工作逐个列出其紧前、紧后工作关系，这在计算机中需占用更多的存储空间。

由于单代号和双代号网络图有上述各自的优缺点，故两种表示法在不同的情况下，其表现的繁简程度是不同的。在某些情况下，应用单代号表示法较为简单，而在其他情况下，使用双代号表示法则更为清楚。因此，单代号和双代号网络图是两种互为补充、各具特色的表示法。

（5）单代号网络图与双代号网络图均属于网络计划，能够明确地反映出各项工作之间错综复杂的逻辑关系。通过网络计划时间参数的计算，可以找出关键工作和关键线路；通过网络计划时间参数的计算，可以明确各项工作的机动时间。网络计划时间参数可以利用计算机进行计算。

3.4 双代号时标网络计划

双代号时标网络计划(简称时标网络计划)是以时间坐标为尺度编制的网络计划。它通过箭线的长度及节点的位置,可明确表达工作的持续时间,既有一般网络计划的优点,又有横道计划直观易懂的优点,可以清晰地把时间参数直观地表达出来,同时表明网络计划中各工作之间的逻辑关系,是目前工程中最常用的一种网络计划形式。

3.4.1 双代号时标网络计划的特点

与一般的非时标网络计划相比,双代号时标网络计划具有以下特点:

(1)能够清楚地表明计划的时间进程,使用方便。

(2)直接显示各项工作的最早开始与最早完成时间,工作的自由时差及关键线路。

(3)可以通过叠加来统计各个时段的材料、机具、设备及人力等资源的需用量。

(4)由于箭线的长度受到时间坐标的制约,故绘图比较麻烦,但在使用计算机绘图后,这一问题已得到解决。

3.4.2 双代号时标网络计划的绘制

微视频

双代号时标网络图的快速绘制

1.双代号时标网络计划绘制的一般规定

(1)时标网络计划需绘制在用水平时间坐标表示工作时间的表格上,时标单位应根据需要在编制网络计划之前确定,可为小时、天、周、月或季等。

(2)时标网络计划应以实箭线表示工作,以虚箭线表示虚工作,以水平波形线表示工作的自由时差或其与紧后工作之间的时间间隔。

(3)时标网络计划中所有符号在时间坐标上的水平投影位置,都必须与其时间参数相对应,节点中心必须对准相应的时标位置。

(4)时标网络计划中宜采用水平箭线或水平段与垂直段组成的箭线形式,不宜用斜箭线。虚工作必须用垂直虚箭线表示,有自由时差时加波形线表示。

(5)时标网络计划既可按最早开始时间编制,也可按最迟完成时间编制,一般按最早开始时间编制,以保证实施的可靠性。

2.双代号时标网络计划的绘制方法

(1)按时间参数绘制法

该法是先绘制出双代号网络计划,计算出时间参数并找出关键线路后,再绘制成时标网络计划。

①绘制时标轴。

②将每项工作的箭尾节点按最早开始时间定位在时标表格上,其布局应与无时标网络计划基本相当,然后编号。

③用实箭线绘制出工作箭线,当某些工作箭线的长度不足以达到该工作的完成节点时,用波形线补足,箭头画在波形线与节点连接处。

④用垂直虚箭线绘制虚工作,虚工作的自由时差也用波形线补足。

(2)直接绘制法

直接绘制法是不计算网络计划时间参数,直接在时间坐标上进行绘制的方法。其绘制步骤和方法可归纳为如下口诀:"时间长短坐标限,曲直斜平利相连,画完箭线画节点,节点画完补波线。"

①时间长短坐标限:箭线的长度代表着具体的施工持续时间,受到时间坐标的制约。

②曲直斜平利相连:箭线的表达方式可以是直线、折线或斜线等,但布图应合理,直观清晰,尽量横平竖直。

③画完箭线画节点:工作的开始节点必须在该工作的全部紧前工作都画完后,定位在这些紧前工作最迟完成的时间刻度上。

④节点画完补波线:某些工作的箭线长度不足以达到其完成节点时,用波形线补足,箭头指向与位置不变。

(3)绘制实例

某装饰工程有3个楼层,划分为吊顶、顶墙涂料和铺木地板3个施工过程。其中每层吊顶确定为3周完成,顶墙涂料确定为2周完成,铺木地板确定为1周完成。试绘制时标网络计划。

根据装饰工程中各工作的逻辑关系和时间,绘制的双代号网络计划和时标网络计划如图3-42和图3-43所示。

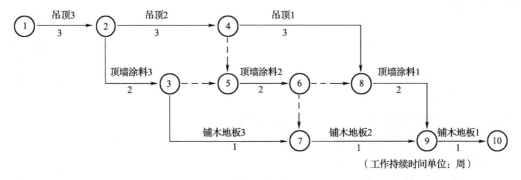

（工作持续时间单位：周）

图 3-42　某装饰工程双代号网络计划

3.双代号时标网络计划关键线路和时间参数的判定

(1)关键线路的判定与表达

从时标网络计划图的终点节点至起始节点逆箭线方向观察,自始至终无波形线的线路即关键线路。在图3-43中,①→②→④→⑧→⑨→⑩为关键线路。关键线路要用粗线、双线或彩色线明确表达。

(2)时间参数的判定与推算

①"计划工期"的判定

终点节点与起始节点所在位置的时标差值,即时标网络计划的"计划工期"。当起始节点处于时标表的零点时,终点节点所处刻度线左侧的时标点即是计划工期。如图3-43所示时标网络计划的工期为12周。

②最早时间的判定

工作箭线箭尾节点中心所对应的左侧时标值,为该工作的最早开始时间。箭头节点中心或与波形线相连接的实箭线左侧的时标值,为该工作的最早完成时间。如图3-43所示,工作

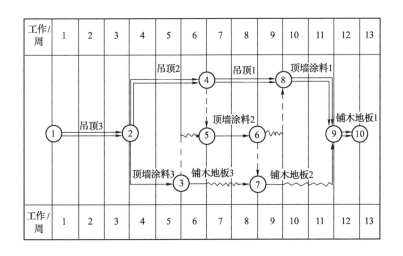

图 3-43 某装饰工程时标网络计划

2—4 的最早开始时间为 3,最早完成时间为 6;工作 3—7 的最早开始时间为 5,最早完成时间为 6。

③自由时差值的判定

在时标网络计划中,工作的自由时差值等于其波形线的水平投影长度。如图 3-43 所示,工作 3—7 的自由时差为 2。

④总时差的推算

在时标网络计划中,工作的总时差应自右向左逐个推算。

以终点节点为完成节点的工作,其总时差为计划工期与本工作最早完成时间之差,即

$$TF_{i-n} = T_{\text{p}} - EF_{i-n} \tag{3-33}$$

如工作 9—10 的总时差为 $TF_{9-10} = T_9 - EF_{9-10}$

其他工作的总时差,等于各紧后工作总时差的最小值与本工作自由时差之和,即

$$TF_{i-j} = \min\{TF_{j-k}\} + FF_{i-j} \tag{3-34}$$

如工作 7—9 的总时差为 $TF_{7-9} = TF_{9-10} + FF_{7-9} = 0 + 2 = 2$

⑤最迟时间的推算

由于已知最早开始时间和最早完成时间,又知道了总时差,故工作的最迟完成和最迟开始时间可分别用以下两式计算

$$LF_{i-j} = TF_{i-j} + EF_{i-j} \tag{3-35}$$

$$LS_{i-j} = TF_{i-j} + ES_{i-j} \tag{3-36}$$

如工作 2—4 的最迟完成时间为:$LF_{2-4} = TF_{2-4} + EF_{2-4} = 0 + 6 = 6$

如工作 2—4 的最迟开始成时间为:$LS_{2-4} = TF_{2-4} + ES_{2-4} = 0 + 3 = 3$

3.5 网络计划的优化

网络计划的优化是在既定的约束条件下,为满足一定的要求,对网络计划进行不断检查、评价、调整和完善,以寻求最优网络计划的过程。网络计划的优化分为工期优化、费用优化和

资源优化三种。费用优化又称为工期-成本优化、资源优化分为资源有限-工期最短和工期固定-资源均衡的优化。

3.5.1 工期优化

工期优化是当计算工期大于要求工期(即 $T_c > T_r$)时,通过压缩关键工作的持续时间以达到既定工期目标,或在一定约束条件下使工期最短的优化过程。在优化过程中,不能一次性把关键工作压缩成非关键工作,有多条关键线路时,必须将各条关键线路的持续时间压缩同一数值。

网络计划工期优化的步骤如下:

(1)计算网络计划的计算工期并找出关键线路。

(2)确定应压缩的工期 ΔT,即

$$\Delta T = T_c - T_r \tag{3-37}$$

(3)将应优化缩短的关键工作压缩至最短持续时间,并找出关键线路。若被压缩的工作变成了非关键工作,则比照新关键线路时间长度,减小压缩幅度,使之仍保持为关键工作。

在本步骤中,优先考虑压缩的关键工作是指缩短其持续时间后对质量、安全影响最小,有充足的备用资源,致使费用增加最少的工作。

(4)若计算工期仍超过要求工期,则重复步骤(3),直到满足工期要求或工期不能再缩短为止。

若所有关键工作的持续时间都已达到最短持续时间而工期仍不能满足要求时,应对计划的技术方案、组织方案进行修改,以调整原计划的工作逻辑关系,或重新审定要求工期。

【例 3-9】 试对如图 3-44 所示的初始网络计划进行工期优化。箭线下方括号内外的数据分别表示极限工作时间与正常持续时间,要求工期为 48 天。工作优先压缩顺序为 D、H、F、C、E、A、G、B。

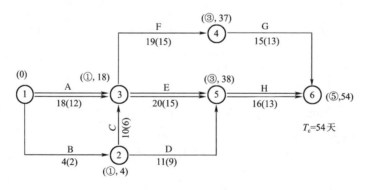

图 3-44 初始网络计划

解:

第一步,用标号法确定正常工期及关键线路。

(1)设起始节点的标号值为零,即

$$b_1 = 0$$

(2)其他节点的标号值等于该节点的内向工作的箭尾节点标号值加该工作的持续时间之和的最大值,即

$$b_j = \max\{b_i + D_{i-j}\} \tag{3-38}$$

如图 3-44 所示的网络计划的标号值计算如下：

$b_1=0$

$b_2=b_1+D_{1-2}=0+4=4$

$b_3=\max\{(b_1+D_{1-3}),(b_2+D_{2-3})\}=\max\{(0+18),(4+10)\}=\max\{18,14\}=18$

$b_4=b_3+D_{3-4}=18+19=37$

$b_5=\max\{(b_2+D_{2-5}),(b_3+D_{3-5})\}=\max\{(4+11),(18+20)\}=\max\{15,38\}=38$

$b_6=\max\{(b_4+D_{4-6}),(b_5+D_{5-6})\}=\max\{(37+15),(38+16)\}=\max\{52,54\}=54$

以上计算的标号值及源节点标在如图 3-44 所示位置上，计算工期为 54 天。从终点节点逆向溯源，即将相关源节点连接起来，找出关键线路为①→③→⑤→⑥，关键工作为 A、E、H。

第二步，应缩短工期为

$$\Delta T=T_c-T_r=54-48=6 \text{ 天}$$

第三步，依题意，先将 H 工作持续时间压缩 3 天至最短持续时间，再用标号法找出关键工作为 A、F、G，如图 3-45 所示。

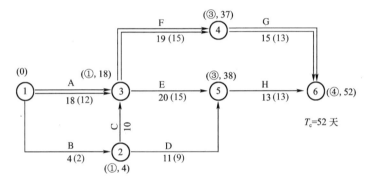

图 3-45　将 H 工作压缩至 13 天后的网络计划

此时，H 工作压缩 3 天致使其成为非关键工作。为此，减小 H 工作的压缩幅度（此谓"松弛"），最终压缩 2 天，使之仍为关键工作，如图 3-46 所示。

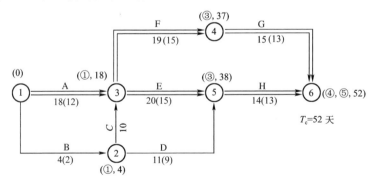

图 3-46　将 H 工作压缩至 14 天（"松弛"1 天）后的网络计划

第四步，同步压缩①→③→⑤→⑥和①→③→④→⑤两条关键线路。依题目所给工作压缩次序，按工作允许压缩限度，H、E 分别压缩 1 天、3 天，F 压缩 4 天。如图 3-47 所示，工期满足要求。

本例中如果不考虑压缩时间对每项工作的质量、安全等的影响，则可选方案有多种，例如，方案一，A 压缩 4 天；方案二，F、E 同时压缩 4 天；方案三，F、E 同时压缩 3 天，H、G 同时压缩 1 天。

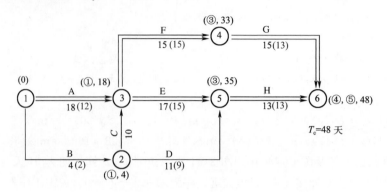

图 3-47　优化后的网络计划

3.5.2　费用优化

费用优化又称为工期-成本优化,是寻求最低成本对应的工期安排,或按要求工期寻求最低成本的计划的过程。

1.工程费用与时间的关系

(1)工程费用与工期的关系

工程总成本由直接费用和间接费用组成。直接费用由人工费、材料费、机械费等组成,间接费用主要是管理费。随着工期的延长,工程直接费用支出减少而间接费用支出增加;反之则直接费用支出增加而间接费用支出减少。如图 3-48 所示,如果能够确定一个合理的工期,就能使总费用降到最小,这也就是费用优化的目标。

(2)工作直接费用与持续时间的关系

由于网络计划的工期取决于关键工作持续时间,为了进行工期优化必须分析网络计划中各项工作的直接费用与持续时间的关系,它是网络计划工期成本优化的基础。工作的直接费用随着持续时间的缩短而增加,如图 3-49 所示。

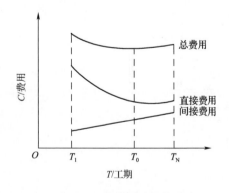

图 3-48　费用-工期曲线

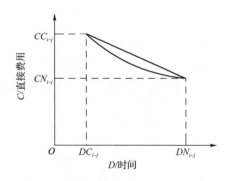

图 3-49　工作直接费用与持续时间的关系曲线

为简化计算,工作的直接费用与持续时间之间的关系被近似地认为是线性关系。工作的持续时间每缩短单位时间而增加的直接费用称为直接费用率,直接费用率可按下面的公式计算

$$\Delta C_{i-j} = (CC_{i-j} - CN_{i-j}) / (DN_{i-j} - DC_{i-j}) \qquad (3-39)$$

式中　ΔC_{i-j}——工作 $i-j$ 的直接费用率；

　　　CC_{i-j}——按最短（极限）持续时间完成工作 $i-j$ 时所需的直接费用；

　　　CN_{i-j}——按正常持续时间完成工作 $i-j$ 时所需的直接费用；

　　　DN_{i-j}——工作 $i-j$ 的正常持续时间；

　　　DC_{i-j}——工作 $i-j$ 的最短（极限）持续时间。

2. 费用优化方法

费用优化的基本思路：不断地在网络计划中找出直接费用率（或组合直接费用率）最小的关键工作，缩短其持续时间，同时考虑间接费用随工期缩短而减少的数量，利用直接费用的增加小于间接费用的减少的有利条件，从而降低成本，最后求得工程总成本最低时的最优工期安排或按要求工期求得最低成本的计划安排。

按照上述基本思路，费用优化可按以下步骤进行：

（1）按工作的正常持续时间计算工期和确定关键线路。

（2）计算各项工作的直接费用率。

（3）当只有一条关键线路时，应找出直接费用率最小的一项关键工作，作为缩短持续时间的对象；当有多条关键线路时，应找出组合直接费用率最小的一组关键工作，作为缩短持续时间的对象。

（4）对于选定的压缩对象（一项关键工作或一组关键工作），首先要比较其直接费用率或组合直接费用率与工程间接费用率的大小，然后再进行压缩。压缩方法有：

①如果被压缩对象的直接费用率或组合直接费用率小于工程间接费用率，说明压缩关键工作的持续时间会使工程总费用减少，故应缩短关键工作的持续时间。

②如果被压缩对象的直接费用率或组合直接费用率等于工程间接费用率，说明压缩关键工作的持续时间不会使工程总费用增加，故应缩短关键工作的持续时间。

③如果被压缩对象的直接费用率或组合直接费用率大于工程间接费用率，说明压缩关键工作的持续时间会使工程总费用增加，此时应停止缩短关键工作的持续时间，当前的方案即最优方案。

（5）当需要缩短关键工作的持续时间时，其缩短值大小的确定必须遵循下列两条原则：

①缩短后工作的持续时间不能小于其最短持续时间。

②关键工作缩短持续时间后不能变成非关键工作。

（6）计算关键工作持续时间缩短后相应的总费用。

优化后工程总费用＝初始网络计划的费用＋直接费用增加额－间接费用减少额。

（7）重复上述（3）～（6）步，直至计算工期满足要求工期或被压缩对象的直接费用率或组合直接费用率大于工程间接费用率为止。

（8）计算优化后的工程总费用。

3. 网络计划费用优化实例

【例3-10】　某初始网络计划如图3-50所示。箭线上方为直接费用变化的斜率，亦称直接费用率，即每压缩该工作一天其直接费用平均增加的数额（千元）。箭线下方括号内外分别为极限持续时间和正常持续时间。各工作正常持续时间（DN_{i-j}）、极限持续时间（DC_{i-j}）及与其相对应的直接费用（CN_{i-j} 和 CC_{i-j}）、计算后所得的直接费用率（ΔC_{i-j}）见表3-9。假定间接费

用率为 $D=0.13$ 千元/天。试进行费用优化。

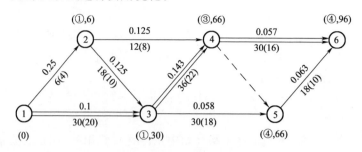

图 3-50 某初始网络计划

表 3-9 各工作持续时间及直接费用率

工 作	正常持续时间		极限持续时间		直接费用率(ΔC_{i-j})
	时间/天	费用/元	时间/天	费用/元	
1—2	6	1 500	4	2 000	250
1—3	30	7 500	20	8 500	100
2—3	18	5 000	10	6 000	125
2—4	12	4 000	8	4 500	125
3—4	36	12 000	22	14 000	143
3—5	30	8 500	18	9 200	58
4—6	30	9 500	16	10 300	57
5—6	18	4 500	10	5 000	63

解:首先,计算各工作以正常持续时间施工时的计算工期,并找出关键线路,如图 3-50 所示。且知工程总直接费用、总成本为

总直接费用($\sum D$) $= 1.5+7.5+5+4+12+8.5+9.5+4.5 = 52.5$ 千元

总成本($\sum C$) $=$ 直接成本 + 间接成本 $= 52.5+0.13\times96 = 64.98$ 千元

第一次工期压缩:先压缩关键线路①→③→④→⑥上直接费用率最小的工作 4—6 至极限持续时间(16 天),再用标号法找出关键线路。由于原关键工作 4—6 变成了非关键工作,须将其"松弛"至 18 天,使其仍为关键工作,如图 3-51 所示。

降低成本 $= 12\times(0.13-0.057) = 0.876$ 千元

第二次工期压缩:有三个方案,具体方案和相应直接费用率见表 3-10。

表 3-10 关键线路工作组合

序 号	工作组合($i-j$)	直接费用率/(千元·天$^{-1}$)
I	1—3	0.100
II	3—4	0.143
III	4—6 和 5—6	0.120

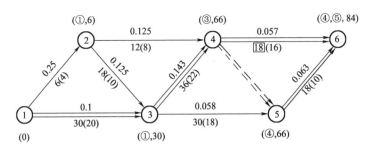

图 3-51 第一次工期压缩后的网络计划

故决定缩短工作1—3,并使之仍为关键工作,则其持续时间只能缩短至 24 天,如图 3-52 所示。

$$降低成本=6×(0.13-0.1)=0.18 千元$$

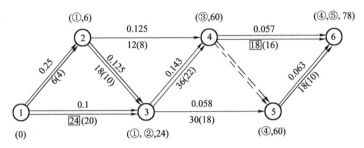

图 3-52 第二次工期压缩后的网络计划

第三次工期压缩:有四个方案,具体方案和相应直接费用率见表 3-11。

表 3-11 关键线路工作组合

序 号	工作组合($i-j$)	直接费用率/(千元·天$^{-1}$)
Ⅰ	1—2 和 1—3	0.350
Ⅱ	2—3 和 1—3	0.225
Ⅲ	3—4	0.143
Ⅳ	4—6 和 5—6	0.120

决定采用直接费用率最低的方案Ⅳ,结合工作 4—6 的极限持续时间为 16 天,现将工作 4—6 和 5—6 均压缩 2 天,如图 3-53 所示。

$$降低成本=2×(0.13-0.12)=0.02 千元$$

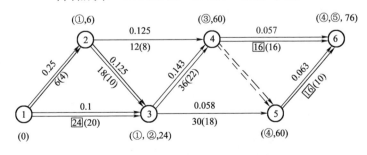

图 3-53 优化后的网络计划

此后,由于④→⑥已不能再缩短,故令其直接费用率为无穷大。再压缩工期,应采用方案Ⅲ。就此例而言,工作3—4的直接费用率为0.143千元/天,大于间接费用率0.13千元/天,费用率差成为正值,意味着增加的费用大于减少的费用。再压缩的话,总费用反而会增加,故第三次压缩后的工期就是本例的最优工期。

优化过程中的工期-成本情况见表3-12。经过优化调整,工期缩短了20天,而成本降低了1.076千元。

表 3-12　　　　　　　　　　　　　优化过程的工期-成本情况

缩短次数	被压缩工作代号	直接费用率或组合费用率	费用率差	直接费用/千元	间接费用/千元	总费用/千元	工期/天
0				52.500	12.480	64.980	96
1	4—6	0.057	−0.073	53.184	10.920	64.104	84
2	1—3	0.100	−0.030	53.784	10.140	63.924	78
3	4—6,5—6	0.120	−0.010	54.024	9.880	63.904	76
4	3—4	0.143	+0.013				

注:费用率差=(直接费用率或组合费用率)−(间接费用率)。

3.5.3　资源优化

1. 资源优化的概念

资源是指完成一项计划任务所需投入的人力、材料、机械设备和资金等。施工过程就是消耗这些资源的过程,编制网络计划必须解决资源供求矛盾,实现资源的均衡利用,以保证工程项目的顺利建设,并取得良好的经济效益。资源优化的目的是通过改变工作的开始时间和完成时间,使资源消耗均衡并且不超出日最大供应量的限定指标。

2. 资源优化的前提条件

资源优化的前提条件是:

(1)在优化过程中,不改变网络计划中各项工作之间的逻辑关系。

(2)在优化过程中,不改变网络计划中各项工作的持续时间。

(3)网络计划中各项工作的资源强度(单位时间所需资源数量)为常数,即资源均衡,而且是合理的。

(4)除规定可中断的工作外,一般不允许中断工作,应保持其连续性。

(5)为简化问题,这里假定网络计划中的所有工作需要同一种资源。

3. 资源优化的分类

在通常情况下,网络计划的资源优化分为两种,即资源有限-工期最短、工期固定—资源均衡。前者是通过调整计划安排,在满足资源限制条件下,使工期延长值最短的过程,而后者是通过调整计划安排,在工期保持不变的前提下,使资源需要量尽可能均衡的过程。

4. 资源有限-工期最短的优化

(1)第一种方法

资源有限-工期最短的优化一般可按以下步骤进行:

①将初始网络计划绘成时标网络图,计算并绘出资源消耗量曲线。

②从左到右检查资源消耗量曲线的各个时段(日资源需要量不变且连续的一段时间),如遇某时段所需资源超过限制数量,就对与此时段有关的工作排队编号,并按排队编号的顺序依次给各工作分配所需的资源数。对于编号排队靠后、分不到资源的工作,就顺推到下一时段。

③对工作进行排队,是以资源调整对工期影响最小为出发点的,体现了资源优化配置的原则。排队时遵循的原则是:在本时段之前已经开始作业的工作应保证其资源供应,使之能够连续作业;当关键工作有多项时,每天所需资源数量大的排前,数量小的排后;本时段内开始的非关键工作,当有多项时,总时差小的排前,大的排后;若遇工作总时差相等时,则每天所需资源量大的排前,小的排后。

(2)第二种方法

资源有限-工期最短的优化也可按以下步骤进行:

①首先根据网络计划及各工作的资源需用量,按节点的最早开始时间绘制初始时标网络计划及资源需用量动态曲线。

②从计划开始日期起,逐个检查每个时段(每个时间单位资源需要量相同的时间段)资源需要量是否超过资源供应量 R_a。

Ⅰ.若整个工期内每个时段的资源需要量均能满足资源供应量的要求,即 $R_t \leqslant R_a$,则该方案即优化方案。

Ⅱ.若发现 $R_t > R_a$ 的时段,则进入步骤③,进行计划调整。

③找出超过资源供应量时段内的各项工作,做出新的顺序安排,目标是满足资源供应量要求,且工期延长时间最短。调整方法如下:

如果在该时段内有几项工作平行进行,则采取将一项工作安排在与之平行的另一项工作之后进行的方法,以降低该时段的资源需要量。对于两项平行作业的工作 A 和工作 B 来说,为了降低对应时段的资源需要量,先将工作 B 安排在 A 之后进行,则网络计划的工期延长值为

$$\Delta T_{A,B} = EF_A + D_B - LF_B = EF_A - (LF_B - D_B) = EF_A - LS_B \tag{3-40}$$

式中　$\Delta T_{A,B}$——将工作 B 安排在工作 A 之后进行时,网络计划的工期延长值。

这样,在资源需要超过资源供应量时段内,对平行作业的各工作两两组合计算其 $\Delta T_{A,B}$,即可得出若干个 $\Delta T_{A,B}$,选择其中 $\Delta T_{A,B}$ 最小的工作 B 安排在工作 A 之后进行。

以上两种优化方法的原理相同,下面以第二种方法为例说明优化过程。

【例 3-11】　如图 3-54 所示的网络计划中,箭线上方△内的数字表示该工作每天的资源需要量,箭线下面的数字为该工作的持续时间。现假定每天可供应的资源数量为 16 个单位,工作不允许中断,试进行资源有限-工期最短的优化。

解:(1)绘出该网络计划的时标网络计划图,确定关键工作,统计每天资源需要量。如图 3-55 所示。

(2)从计划开始日起检查[1,3]、[4,5]、[6]时段每天资源需要量分别是 17、21、22,都超过了每天资源供应量 16,因此,该计划必须进行调整。

首先调整第一时段,即[1,3]时段。

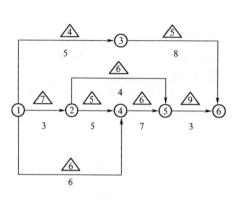

图 3-54 资源优化初始网络计划　　　　　　图 3-55 初始网络计划的时标网络图

（3）在[1,3]时段有三项工作 1—2、1—3、1—4 平行作业，计算 ΔT，其结果见表 3-13。

表 3-13　　　　　　　　　　　　　[1,3]时段 ΔT 值计算表

工作序号	工作代号	EF	LS	$\Delta T_{1,2}$	$\Delta T_{1,3}$	$\Delta T_{2,1}$	$\Delta T_{2,3}$	$\Delta T_{3,1}$	$\Delta T_{3,2}$
1	1—2	3	0	−2	1				
2	1—3	5	5			5	3		
3	1—4	6	2					6	1

由表 3-9 看出，$\Delta T_{1,2}=EF_{1-2}-LS_{1-3}=3-5=-2$ 最小且为负值，说明将工作 1—3 安排在工作 1—2 之后进行，工期不延长。因此将工作 1—3 安排在工作 1—2 之后进行，工期不增加，仍为 18 天，绘出调整后的时标网络计划，如图 3-56 所示。

（4）检查调整后的网络计划，[4,6]时段每天资源需要量为 21，超过资源供应量，需要调整。在[4,6]时段有 1—3、2—5、2—4、1—4 四项工作，其 ΔT 值计算见表 3-14。

表 3-14　　　　　　　　　　　　　[4,6]时段 ΔT 值计算表

工作序号	工作代号	EF	LS	$\Delta T_{1,2}$	$\Delta T_{1,3}$	$\Delta T_{1,4}$	$\Delta T_{2,1}$	$\Delta T_{2,3}$	$\Delta T_{2,4}$	$\Delta T_{3,1}$	$\Delta T_{3,2}$	$\Delta T_{3,4}$	$\Delta T_{4,1}$	$\Delta T_{4,2}$	$\Delta T_{4,3}$
1	1—3	8	5	−3	5	6									
2	2—5	7	11				2	4	5						
3	2—4	8	3							3	−3	6			
4	1—4	6	2										1	−5	3

由表 3-14 看出，$\Delta T_{4,2}=EF_{1-4}-LS_{2-5}=6-11=-5$ 最小且为负值，说明将工作 2—5 安排在工作 1—4 之后进行，工期不延长。因此将工作 2—5 安排在工作 1—4 之后进行，工期不增加，仍为 18 天，绘出调整后的时标网络计划，如图 3-57 所示。

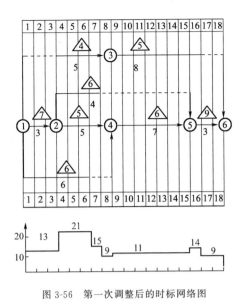

图 3-56　第一次调整后的时标网络图

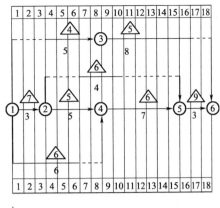
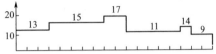

图 3-57　第二次调整后时标网络图

（5）检查调整后的网络计划，[9,10]时段每天资源需要量为17，超过资源供应量，还要进行调整。在[9,10]时段内有 3—6、2—5、4—5 三项工作，其 ΔT 值计算见表 3-15。

表 3-15　　　　　　　　　　　　　　　[9,10]时段 ΔT 值计算表

工作序号	工作代号	EF	LS	$\Delta T_{1,2}$	$\Delta T_{1,3}$	$\Delta T_{2,1}$	$\Delta T_{2,3}$	$\Delta T_{3,1}$	$\Delta T_{3,2}$
1	3—6	16	10	5	8				
2	2—5	10	11			0	2		
3	4—5	15	8					5	4

由表 3-15 看出，$\Delta T_{2,1} = EF_{2-5} - LS_{3-6} = 10 - 10 = 0$ 最小，说明将工作 3—6 安排在工作 2—5 之后进行，工期不延长。因此，将工作 3—6 安排在工作 2—5 之后进行，工期不增加，仍为 18 天，绘出调整后的时标网络计划，如图 3-58 所示。

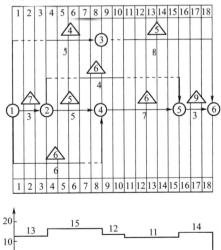

图 3-58　优化调整后的网络图

(6)检查调整后的网络计划,此时整个工期范围内的资源需要量均未超过资源供应数量,故图 3-58 所示方案即最优方案,其最短工期为 18 天。

5. 工期固定-资源均衡的优化

安排建设工程进度计划时,需要使资源需要量尽可能均衡,即整个施工过程中,单位时间的资源需要量不出现较明显的高峰和低谷,这样不仅有利于工程建设的组织与管理,而且可以降低工程费用。工期固定-资源均衡的优化就是在工期不变的情况下,利用时差对网络计划做适当调整,使每天的资源需要量尽可能地接近于平均值。

工期固定-资源均衡的优化方法有多种,如方差值最小法、极差值最小法和削高峰法等,这里仅介绍方差值最小法。

(1)方差值最小法的基本原理

现假设已知某工程网络计划的资源需要量,则其方差为

$$\sigma^2 = \frac{1}{T}\sum_{i=1}^{T}(R_i - \overline{R})^2$$

$$= \frac{1}{T}[(R_1 - \overline{R})^2 + (R_2 - \overline{R})^2 + \cdots + (R_i - \overline{R})^2 + \cdots + (R_T - \overline{R})^2]$$

$$= \frac{1}{T}[\sum_{i=1}^{T}R_i^2 - 2\overline{R}\sum_{i=1}^{T}R_i + T\overline{R}^2]$$

因为
$$\overline{R} = \frac{1}{T}(R_1 + R_2 + \cdots + R_T) = \frac{1}{T}\sum_{i=1}^{T}R_i \tag{3-41}$$

所以
$$\sigma^2 = \frac{1}{T}[\sum_{i=1}^{T}R_i^2 - 2\overline{R}\sum_{i=1}^{T}R_i + T\overline{R}^2] = \frac{1}{T}\sum_{i=1}^{T}R_i^2 - \overline{R}^2 \tag{3-42}$$

式中　　σ^2——资源需要量的方差;

　　　　T——网络计划的计算工期;

　　　　R_i——资源在第 i 天的需要量;

　　　　$\overline{R}$——资源的平均需要量。

由式(3-42)可以看出:T 和 $\overline{R}$ 为常量,欲使 σ^2 最小,必须使 $\sum_{i=1}^{T}R_i^2$ 最小。

对于网络计划中某项工作 k 而言,其资源强度为 r_k。在调整计划前,工作 k 从第 i 个时间单位开始,到第 j 个时间单位完成,则此时网络计划资源需要量的平方和为

$$\sum_{i=1}^{T}R_i^2 = R_1^2 + R_2^2 + \cdots + R_i^2 + R_{i+1}^2 + \cdots + R_j^2 + R_{j+1}^2 + \cdots + R_T^2$$

当工作 k 的开始时间右移一个时间单位时,有

$$\sum_{i=1}^{T}R_i^2 = R_1^2 + R_2^2 + \cdots + (R_i - r_k)^2 + R_{i+1}^2 + \cdots + R_j^2 + (R_{j+1} + r_k)^2 + \cdots + R_T^2$$

上面两式之差即当工作 k 的开始时间右移一个时间单位时,网络计划资源需要量平方和的增量 Δ,计算结果如下式

$$\Delta = (R_i - r_k)^2 - R_i^2 + (R_{j+1} + r_k)^2 - R_{j+1}^2 = 2r_k(R_{j+1} + r_k - R_i)$$

如果资源需要量平方和的增量 Δ 为负值,说明工作 k 的开始时间右移一个时间单位能使资源需要量的平方和减小,也就使资源需要量的方差减小,从而使资源需要量更均衡。因此,

工作 k 的开始时间能够右移的判别式是

$$\Delta=2r_k(R_{j+1}+r_k-R_i)\leqslant 0$$

由于工作 k 的资源强度 r_k 不可能为负值,故判别式可以简化为

$$R_{j+1}+r_k-R_i\leqslant 0 \tag{3-43}$$

$$R_{j+1}+r_k\leqslant R_i \tag{3-44}$$

此判别式表明,当网络计划中工作 k 完成时间之后的一个时间单位所对应的资源需要量 R_{j+1} 与工作 k 的资源强度 r_k 之和不超过工作 k 开始时所对应的资源需要量 R_i 时,将工作 k 右移一个时间单位能使资源需要量更加均衡。此时,就应将工作 k 右移一个时间单位。

如果工作 k 不满足上述判别式,说明工作 k 右移一个时间单位不能使资源需用量更加均衡,这时可以考虑在其总时差允许的范围内,将工作 k 右移 n 个时间单位。

（2）优化步骤

①按照各工作的最早开始时间绘制初始时标网络计划图,确定关键线路,并计算每个时间单位的资源需要量 R_i。

②从网络计划的终点节点开始,按工作完成节点编号值从大到小的顺序自右向左依次进行资源均衡调整。当某一节点同时为多项工作的完成节点时,应先调整开始时间较迟的工作。

由于是工期固定的优化,关键工作不能调整。调整移动规则如下:

Ⅰ.工作具有机动时间,在不影响工期的前提下可以右移。

Ⅱ.工作 k 满足式（3-44）的要求。

只有同时满足以上两个条件,才能调整该工作,将其右移一个时间单位。

Ⅲ.如果工作 k 不能满足式（3-44）的要求,说明 k 右移一个时间单位不能使资源需要量更加均衡。这时,可考虑在其总时差允许的范围内,将工作 k 右移 n 个时间单位,但需要满足下式要求

$$[(R_{j+1}+r_k)+(R_{j+2}+r_k)+\cdots+(R_{j+n}+r_k)]\leqslant[R_i+R_{i+1}+\cdots+R_{i+(n-1)}] \tag{3-45}$$

Ⅳ.当所有工作按上述方法自右向左调整一次后,为使资源需要量更加均衡,再按上述顺序自右向左进行调整,循环反复,直至所有工作的位置都不能再移动为止。

【例 3-12】 已知其初始网络计划如图 3-59 所示。图中箭线上方△甲的数字表示该工作每天的资源需要量,箭线下方的数字为该工作的持续时间。试对其进行工期固定-资源均衡的优化。

解:（1）绘出该网络计划的时标网络计划图,如图 3-60 所示,确定关键工作,统计每天资源需要量,绘制资源需要量动态曲线。

初始资源的平均需要量为

$$\overline{R}=(3\times17+2\times21+1\times22+1\times16+1\times10+5\times11+2\times6+3\times9)\div18=235\div18=13.06$$

初始不均衡系数为

$$K_{初}=R_{\max}/\overline{R}=22\div13.06=1.7$$

初始资源需要量的方差为

$$\sigma_{初}^2=\frac{1}{18}(3\times17^2+2\times21^2+1\times22^2+1\times16^2+1\times10^2+5\times11^2+2\times6^2+3\times9^2)-13.06^2=24$$

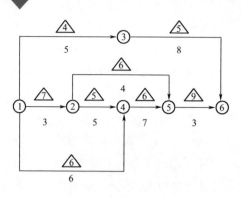

图 3-59 初始网络计划图

（2）第一轮调整

①第一次调整

如图 3-60 所示，以节点⑥为完成节点的工作有 3—6、5—6 两个，其中工作 5—6 为关键工作，不能调整，所以只能对工作 3—6 进行调整：

Ⅰ．由于 $R_{14}+r_{3-6}=6+5=11$，$R_6=22$，$R_{14}+r_{3-6}<R_6$，故工作 3—6 可右移一个时间单位。

Ⅱ．由于 $R_{15}+r_{3-6}=6+5=11$，$R_7=16$，$R_{15}+r_{3-6}<R_7$，故工作 3—6 可再右移一个时间单位。

Ⅲ．由于 $R_{16}+r_{3-6}=9+5=14$，$R_8=10$，$R_{16}+r_{3-6}>R_8$，故工作 3—6 不可再右移。

工作 3—6 调整以后的时标网络计划如图 3-61 所示。

同理，工作 3—6 不可向右移动 2,3 个时间单位。

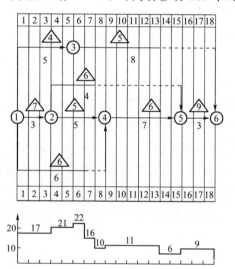

图 3-60 初始网络计划的时标网络图

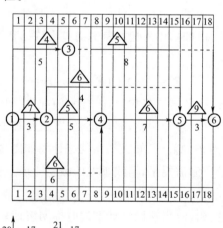

图 3-61 第一轮第一次调整后的时标网络计划图

②第二次调整

如图 3-61 所示，以节点⑤为完成节点的工作有 2—5、4—5 两个，其中工作 4—5 为关键工作，不能调整，所以只能对工作 2—5 进行调整：

Ⅰ．由于 $R_8+r_{2-5}=10+6=16$，$R_4=21$，$R_8+r_{2-5}<R_4$，故工作 2—5 可右移一个时间

单位。

Ⅱ.由于 $R_9+r_{2-5}=11+6=17$，$R_5=21$，$R_9+r_{2-5}<R_5$，故工作 2－5 可再右移一个时间单位。

Ⅲ.由于 $R_{10}+r_{2-5}=11+6=17$，$R_6=17$，$R_{10}+r_{2-5}=R_6$，故工作 2－5 可再右移一个时间单位。

Ⅳ.由于 $R_{11}+r_{2-5}=11+6=17$，$R_7=11$，$R_{11}+r_{2-5}>R_7$，故工作 2－5 不可再右移。

工作 2－5 调整以后的时标网络计划如图 3-62 所示。

同理可判断工作 3－5 不能右移 2,3,4,5 个时间单位。

（3）第三次调整

如图 3-62 所示，以节点④为完成节点的工作有 2－4、1－4 两个，其中工作 2－4 为关键工作，不能调整，所以只能对工作 1－4 进行调整：

Ⅰ.由于 $R_7+r_{1-4}=11+6=17$，$R_1=17$，$R_7+r_{1-4}=R_1$，故工作 1－4 可右移一个时间单位。

Ⅱ.由于 $R_8+r_{1-4}=16+6=22$，$R_2=17$，$R_8+r_{1-4}>R_2$，故工作 1－4 不可再右移。

工作 1－4 调整以后的时标网络计划如图 3-63 所示。

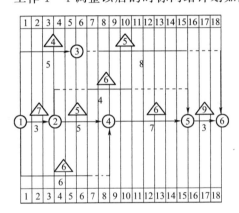

图 3-62　第一轮第二次调整后的时标网络计划

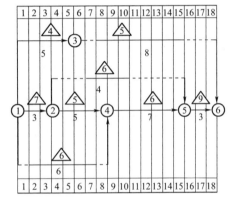

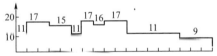

图 3-63　第一轮第三次调整后的时标网络计划

④第四次调整

如图 3-63 所示，以节点③为完成节点的工作只有 1－3，现对工作 1－3 进行调整：

Ⅰ.由于 $R_6+r_{1-3}=11+4=15$，$R_1=11$，$R_6+r_{1-3}>R_1$，故工作 1－3 不可右移一个时间单位。

Ⅱ.由于 $R_6+r_{1-3}+R_7+r_{1-4}=11+4+17+4=36$，$R_1+R_2=11+17=28$，$R_6+r_{1-3}+R_7+r_{1-4}>R_1+R_2$，故工作 1－3 不可右移两个时间单位。

以③为完成节点的工作 1－3 不可右移，因此时标网络计划仍如图 3-63 所示。

⑤第五次调整

如图 3-63 所示，以节点②为完成节点的工作只有 1－2 且是关键工作，不能移动，至此第一轮调整结束。

（3）第二轮调整

①第一次调整

如图 3-63 所示，对以节点⑥为完成节点的工作 3-6 进行调整：

Ⅰ.由于 $R_{16}+r_{3-6}=9+5=14$，$R_8=16$，$R_{16}+r_{3-6}<R_8$，故工作 3-6 可右移一个时间单位。

Ⅱ.由于 $R_{17}+r_{3-6}=9+5=14$，$R_9=17$，$R_{17}+r_{3-6}<R_9$，故工作 3-6 可再右移一个时间单位。

Ⅲ.由于 $R_{18}+r_{3-6}=9+5=14$，$R_{10}=17$，$R_{18}+r_{3-6}<R_{10}$，故工作 3-6 可再右移一个时间单位。

由于不可延长工期，故工作 3-6 不能再右移。则工作 3-6 调整后的时标网络计划如图 3-64 所示。同理可判断工作 2-5 不可再右移 2，3，4 个时间单位。

②第二次调整

如图 3-64 所示，对以节点⑤为完成节点的工作 2-5 进行调整：

Ⅰ.由于 $R_{11}+r_{2-5}=11+6=17$，$R_7=17$，$R_{11}+r_{2-5}=R_7$，故工作 2-5 可右移一个时间单位。

Ⅱ.由于 $R_{12}+r_{2-5}=11+6=17$，$R_8=11$，$R_{12}+r_{2-5}>R_8$，故工作 2-5 不可再右移一个时间单位。

工作 2-5 调整以后的时标网络计划如图 3-65 所示。

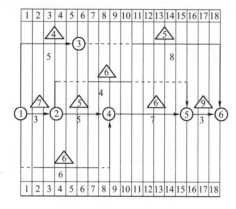

图 3-64　第二轮第一次调整后的时标网络计划

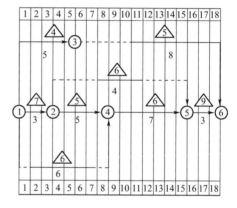

图 3-65　第二轮第二次调整后的时标网络计划

③第三次调整

如图 3-65 所示，以节点④为完成节点的工作有 2-4、1-4 两个，其中工作 2-4 为关键工作，不能调整，所以只能对工作 1-4 进行调整：

由于 $R_8+r_{1-4}=11+6=17$，$R_2=17$，$R_8+r_{1-4}=R_2$，故工作 1-4 可右移一个时间单位。

此后，由于工作 1-4 无机动时间，故工作 1-4 不可再右移。则工作 1-4 调整后的时标网络计划如图 3-66 所示。

④第四次调整

如图 3-66 所示，以节点③为完成节点的工作只有 1-3，现对工作 1-3 进行调整：

Ⅰ.由于 $R_6+r_{1-3}=11+4=15$，$R_1=11$，$R_6+r_{1-3}>R_1$，故工作 1-3 不可右移一个时间单位。

Ⅱ.由于 $R_6+r_{1-3}+R_7+r_{1-3}=11+4+11+4=30$，$R_1+R_2=11+17=28$，$R_6+r_{1-3}+$

$R_7 + r_{1-3} > R_1 + R_2$,故工作 1-3 不可右移两个时间单位。

同理可判断,以③为完成节点的工作 1-3 不可右移 3,4,5 个时间单位,因此时标网络计划仍如图 3-66 所示。

(3)第三轮调整

①第一次调整

如图 3-66 所示,以节点⑥为完成节点的工作 3-6 由于已无机动时间,故不能调整。

②第二次调整

如图 3-66 所示,对以节点⑤为完成节点的工作 2-5 进行调整:

由于 $R_{12} + r_{2-5} = 11 + 6 = 17$,$R_8 = 17$,$R_{12} + r_{2-5} = R_8$,故工作 2-5 可右移一个时间单位。

由于 $R_{13} + r_{2-5} = 11 + 6 = 17$,$R_9 = 12$,$R_{13} + r_{2-5} > R_9$,故工作 2-5 不可再右移一个时间单位。

工作 2-5 调整以后的时标网络计划如图 3-67 所示。

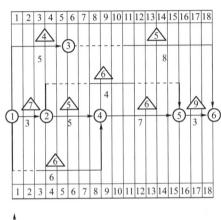

图 3-66 第二轮第三次调整后的时标网络计划

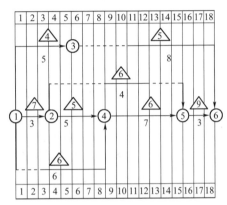

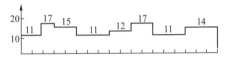

图 3-67 第三轮第二次调整后的时标网络计划

③第三次调整

如图 3-67 所示,以节点④为完成节点的工作 1-4 已无机动时间,故工作 1-4 不可再右移。

④第四次调整

如图 3-67 所示,以节点③为完成节点的工作只有 1-3,现对工作 1-3 进行调整:

Ⅰ. 由于 $R_6 + r_{1-3} = 11 + 4 = 15 > R_1 = 11$,故工作 1-3 不可右移一个时间单位。

Ⅱ. 由于 $R_6 + r_{1-3} + R_7 + r_{1-3} = 11 + 4 + 11 + 4 = 30 > R_1 + R_2 = 11 + 11 = 22$,故工作 1-3 不可右移两个时间单位。

同理可判断,以③为完成节点的工作 1-3 不可右移 3,4,5 个单位,因此时标网络计划仍如图 3-67 所示。

⑤第五次调整

如图 3-67 所示,以节点②为完成节点的工作只有 1-2 且是关键工作,不能调整,至此第三轮调整结束。

优化后资源的平均需要量为

$$\bar{R} = (2 \times 11 + 1 \times 17 + 2 \times 15 + 3 \times 11 + 2 \times 12 + 2 \times 17 + 3 \times 11 + 3 \times 14) \div 18 = 235 \div 18 = 13.06$$

优化后不均衡系数为

$$K_{优}=R_{\max}/\overline{R}=17\div13.06=1.3$$

优化后资源需要的方差为

$$\sigma_{优}^2=\frac{1}{18}(2\times11^2+1\times17^2+2\times15^2+3\times11^2+2\times12^2+2\times17^2+3\times11^2+3\times14^2)-13.06^2=5$$

优化结果评价：

不均衡系数 $K_{优}=1.3$，$K_{初}=1.7$，$K_{优}<K_{初}$，接近于1，方差降低率$(24-5)\div24\times100\%=79\%$，取得了很好的优化效果。

复习思考题

3-1 什么是网络图？什么是网络计划？网络图的三要素是什么？

3-2 什么是逻辑关系？工作和虚工作有何不同？虚工作的作用是什么？请举例说明。

3-3 单、双代号网络图的绘图规则有哪些？

3-4 网络计划要计算哪些时间参数？简述各时间参数的意义。

3-5 什么是总时差？什么是自由时差？两者有何关系？它们的特性如何？

3-6 什么是关键线路？对于双代号网络计划和单代号网络计划如何判断关键线路？

3-7 简述双代号网络计划中工作时间计算法及计算时间参数的步骤。

3-8 简述单代号网络计划与双代号网络计划的异同。

3-9 时标网络计划有哪些特点？

3-10 简述网络计划优化的分类。

3-11 某工程涉及的各项主要工作相互间逻辑关系见表3-16，试分别绘制其双代号、单代号网络图。

表 3-16　　　　　　　　　　　工作逻辑关系表

本工作	A	B	C	D	E	F	G	H	I
紧前工作	—	—	A	A、B	A	C、D	C	G、E	G、F

3-12 根据表3-17给出的各项工作相互间逻辑关系，试绘制其双代号网络图。

表 3-17　　　　　　　　　　　工作逻辑关系表

本工作	A	B	C	D	E	F	G	H
紧后工作	C、D、E	E	F	H	G	—	—	—

3-13 (1)利用工作时间计算法计算下图各工作的时间参数，并确定关键线路和工期；

(2)将图3-68转绘成单代号网络图后计算各工作的时间参数，并确定关键线路和工期。

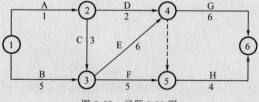

图 3-68　习题 3-13 图

3-14 已知某工程的双代号网络计划如图 3-69 所示,试用节点标号法确定工期和关键线路。

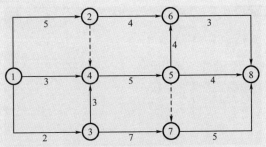

图 3-69 某工程双代号网络计划

3-15 将下面的非时标网络图转绘为时标网络计划。

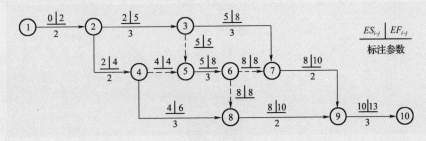

图 3-70 习题 3-15 图

3-16 已知网络计划如图 3-71 所示,图中箭线下方括号外的数字为正常持续时间,括号内的数字为最短持续时间。假定要求工期为 12 天,试对其进行工期优化。

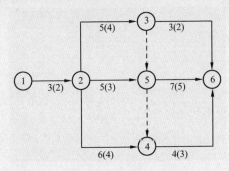

图 3-71 习题 3-16 图

3-17 某网络计划如图 3-72 所示,图中箭线上方数字为直接费用率,箭线下方括号外的数字为该工作正常持续时间,括号内的数字为该工作最短持续时间,间接费用率为 0.7 千元/天。试进行工期-费用优化。

3-18 某网络计划如图 3-73 所示,图中箭线上方数字为工作资源强度,箭线下方的数字为该工作持续时间。

(1)试进行工期固定-资源均衡的优化;

（2）若单日资源限量为 $R_a = 12$，试进行资源有限-工期最短的优化。

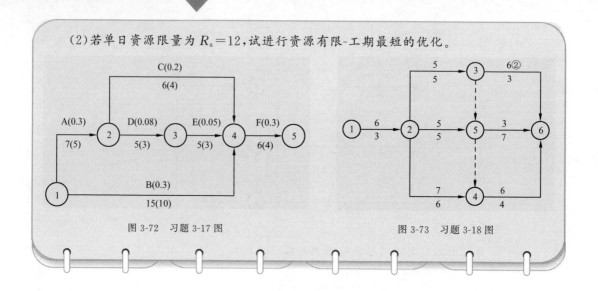

图 3-72　习题 3-17 图　　　　图 3-73　习题 3-18 图

网络计划

模块 4 施工准备工作

4.1 施工准备工作的意义、要求和分类

4.1.1 施工准备工作的意义

施工准备工作是为拟建工程的施工创造必要的技术、物质条件,统筹安排施工力量和部署施工现场,确保顺利开工和工程施工的顺利进行,是建筑业企业生产经营管理的重要组成部分。

现代建筑施工是一项复杂的生产活动,它不仅要消耗大量的材料,使用多种施工机械,还要组织大量的施工人员,处理各种技术问题,协调各种协作关系,涉及面广,情况复杂。施工准备工作是施工企业搞好目标管理、推行技术经济承包的重要前提条件,同时还是土建施工和设备安装顺利进行的根本保证。因此,认真地做好施工准备工作,对于发挥企业优势、合理供应能源、加快施工速度、提高工程质量、降低工程成本、增加经济效益和提高企业现代化管理水平都具有重要意义。

实践证明,凡是重视和做好施工准备工作,能事先细致地为施工创造一切必要的条件,则工程就能顺利完成。反之,凡是违背施工程序,不重视施工准备工作,工程仓促开工,又不做好施工开始以后各施工阶段的准备工作,就会给该工程带来严重损失,其后果不堪设想。因此,严格遵守施工程序,按照客观规律组织施工,做好各项施工准备工作,是施工顺利进行的根本保证。

4.1.2 施工准备工作的要求

1. 施工准备工作应有组织、有计划、分阶段、有步骤地进行

(1)建立施工准备工作的组织机构,明确相应的管理人员。

(2)编制施工准备工作计划表,保证施工准备工作按计划落实。

(3)将施工准备工作按工程的具体情况划分为开工前、地基基础工程、主体工程、屋面与装

饰工程等时间区段,分期分阶段、有步骤地进行。

2. 建立严格的施工准备工作责任制及相应的检查制度

由于施工准备工作项目多、范围广,所以必须建立严格的责任制,按计划将责任落实到有关部门及个人,明确各级技术负责人在施工准备中应负的责任,使各级技术负责人认真做好施工准备工作。在施工准备工作的实施过程中,应定期进行检查,可按周、半月、月度进行检查,主要检查施工准备工作计划的执行情况。如果没有完成计划的要求,应进行分析,找出原因,排除障碍,协调施工准备工作进度或调整施工准备工作计划。检查的方法可采用实际与计划对比法,或采用相关单位、人员责任制,检查施工准备工作情况,当场分析产生问题的原因,提出解决问题的方法。后一种方法解决问题及时,见效快,现场常采用。

3. 坚持按基本建设程序办事,严格执行开工报告制度

当施工准备工作情况达到开工条件要求时,应向监理工程师报送工程开工报审表及开工报告等有关资料,由总监理工程师签发并报建设单位后,在规定的时间内开工。

4. 施工准备工作必须贯穿施工全过程

施工准备工作不仅要在开工前集中进行,而且工程开工后,也要及时全面地做好各施工阶段的准备工作,施工准备工作贯穿整个施工过程。

5. 施工准备工作应取得各协作单位的支持与配合

由于施工准备工作涉及面广,因此,除了需要施工单位自身努力做好外,还要取得建设单位、监理单位、设计单位、供应单位、银行、行政主管部门和交通运输等单位的协作,以缩短施工准备工作的时间,争取早日开工。

4.1.3 施工准备工作的分类

1. 按准备工作范围分类

(1)全场性施工准备

它是以一个建设项目为对象而进行的各项施工准备,其目的和内容都是为全场性施工服务的,它不仅要为全场性的施工活动创造有利条件,而且要兼顾单项(单位)工程施工条件的准备。

(2)单项(单位)工程施工条件准备

它是以一个建筑物或构筑物为对象而进行的施工准备,其目的和内容都是为该单项(单位)工程服务的,它既要为单项(单位)工程做好开工前的一切准备,又要为其分部、分项工程施工进行作业条件的准备。

(3)分部、分项工程作业条件准备

它是以一个分部、分项工程或冬、雨季施工工程为对象而进行的作业条件准备。

2. 按工程所处施工阶段分类

(1)开工前的施工准备工作

它是在拟建工程正式开工前所进行的一切施工准备,其目的是为工程正式开工创造必要的施工条件。它既包括全场性的施工准备,又包括单项(单位)工程施工条件的准备。

（2）开工后的施工准备工作

它是在拟建工程开工后，每个施工阶段正式开始之前所进行的施工准备。如砖混结构住宅的施工，通常分为基础工程、主体结构工程和装饰工程等施工阶段，每个阶段的施工内容不同，其所需物资技术条件、组织要求和现场布置等方面也不同。因此，必须做好相应的施工准备。

4.2 施工准备工作的内容

建设项目由于本身的规模和复杂程度不同，工程需要以及所具备的建设条件也不同。因此，施工准备工作的内容应根据具体工程的需要和条件，按照施工项目的规划来确定，一般包括：原始资料的调查分析、技术准备、施工物资准备、劳动组织准备、施工现场准备、施工场外准备和季节性施工准备等。

微视频

施工准备和
施工部署

4.2.1 原始资料的调查分析

原始资料是工程设计及施工组织设计的重要依据之一。原始资料的调查主要是对工程条件、工程环境特点和施工条件等施工技术与组织的基础资料进行调查，以此作为施工准备工作的依据。原始资料调查工作应有计划、有目的地进行，且事先要拟订明确、详细的调查提纲。

原始资料调查的主要目的是查明工程环境特点和施工的自然、技术经济条件，为选择合理的施工技术与建立有效的施工组织方案收集基础资料，并以此作为确定准备工作项目的依据。为获得预期效果、提高效率和质量，必须采取正确的调查方法和调查程序。调查内容包括以下几个方面：

1. 调查与工程项目特征和要求有关的资料

（1）根据可行性研究报告或设计任务书、工程地址选择、扩大初步设计等方面的资料，了解建设目的、任务和设计意图。

（2）弄清设计规模、工程特点。

（3）了解生产工艺流程、工艺设备特点、来源、供应时间及分批和全部到货时间。

（4）摸清对工程分期、分批施工、配套交付使用的顺序要求，图纸交付时间及工程施工的质量要求和技术难点等。

2. 调查建设地区的自然条件

（1）气象条件

①气温：要收集年平均温度，最高、最低温度，最冷、最热月份的平均温度；结冰期、解冻期温度；冬、夏季室外计算温度；小于或等于−5 ℃、0 ℃、5 ℃的天数及起止时间等资料。目的是更好地采取防暑降温、冬季施工的措施，估计混凝土、砂浆强度增长情况，了解全年正常施工天数。

②雨（雪）：收集雨季起止时间、月平均降水（雪）量、一日最大降水（雪）量及雷暴时间、全年雷暴天数等。目的是为安排雨季施工措施，确定工地排涝防洪方案，为防雷工作提供依据。

③风：收集主导风向及频率（风玫瑰图）、每年大于或等于5级、8级风的天数等资料，为布置临时设施，采取高空作业及吊装措施提供依据。

（2）工程地形、地质与环境条件

收集工程所在区域的地形图、工程建设地区的城市规划图、工程位置图、控制桩、水准点等资料，掌握障碍物状况，摸清建筑红线、施工边界、地上地下工程技术管线分布情况等，以便规划施工用地；布置施工总平面图；计算现场土方量，制订清除障碍物的实施计划。调查包括施工区域现有建筑物、构筑物、沟渠、水井、树木、土堆、电力架空线路、地下沟道、人防工程、上下水管道、埋地电缆、煤气及天然气管道、地下杂填土、积坑和枯井等情况。这些资料要通过实地勘探，并向建设单位、设计单位等调查获得，可作为布置现场施工平面的依据。

在城镇居民密集区施工时，要详细调查施工现场周围道路、房屋、居民活动和交通情况，因为在这种环境的施工现场一般较狭窄，环境状况将对机械布置、材料构件的运输与堆放，甚至于对施工方法和进度安排产生不同程度的影响或限制。

（3）地质条件

收集钻孔布置图、地质剖面图、各层土类别及厚度、土的物理力学指标（如天然含水率、孔隙比、塑性指标、渗透系数及地基土强度等）、地质稳定性、最大冻结深度、地下各种障碍物、坑井等资料，以便研究土方施工方法、地基处理方法、基础施工方法及地下障碍物拆除和问题土处理方法。

（4）工程水文地质条件

①地下水：了解施工区域的最高、最低水位及时间；水的流向、流速及流量；水质分析，抽水试验等情况，以确定基础施工方案是否降低地下水位，拟订防止侵蚀性介质的措施。

②地面水：了解附近江河湖泊与施工地点的距离，洪水、平水、枯水期的水位流量及航道深度，水质分析，最大、最小冻结深度及冻结时间，以确定临时供水方案、运输方式、水工工程施工方案及施工防洪措施。

（5）地震级别

了解工程建设地区的地震等级、地震烈度。

3. 调查建设地区的技术经济条件

技术经济调查的目的是查明建设地区地方工业、资源、交通运输、动力资源、生活福利设施等地区经济因素，获取建设地区技术经济条件资料，以便在施工组织中尽可能利用地方资源为工程建设服务，同时也可作为选择施工方法和确定费用的依据。

（1）地方建材生产企业情况，主要包括钢筋混凝土构件、商品混凝土、钢结构、门窗及水泥等制品的加工条件。

（2）地方资源情况，如砖、砂、石等的价格和供应情况。

（3）钢材、水泥、木材、特殊材料、装饰材料的价格和供应调查。

（4）交通运输条件：交通运输方式一般有铁路、公路、水路、航空等。交通运输资料可向当地铁路、交通运输和民航等管理局的业务部门进行调查。收集交通运输资料是调查主要材料及构件运输通道的主要方式，包括途经道路、桥梁宽度、高度、允许载重量和转弯半径限制等。超大型构件或超大型机械需整体运输时，还要调查沿途高空电线、天桥的高度。

（5）机械设备供应情况，包括建筑机械供应与维修，运输服务，脚手架、定型模板等大型工具租赁所能提供的服务项目和数量。

（6）水、电、汽供应条件：城市自来水干管的供水能力、水质情况，接管距离、地点和接管条件；采用临时取水与供水系统时，要调查附近地面水体或地下水源的水质，排水的去向、距离、坡度等;可供施工使用的电源位置、引入路径和条件、可提供的容量和电压;通信条件;冬季施工时,附近蒸汽的供应量、价格、接管条件等。

(7)参加施工的各单位能力及社会劳动力状态调查。

(8)环境保护与防治公害的标准。

4.调查施工现场情况

调查施工现场情况包括施工用地范围、是否有周转场地、现场地形、可利用的建筑及设施、附近建筑的情况等。

5.引进项目调查

对引进项目应调查进口设备、零件、配件、材料的供货合同,有关条款、到货情况、质量标准以及相应的配合要求。

4.2.2　技术准备

技术准备是施工准备工作的核心,是现场施工准备工作的基础,它为施工生产提供各种指导性文件,主要内容有:

1.熟悉与审查设计图纸及其他技术资料

熟悉与审查设计图纸是项目施工前的一项重要的准备工作,是为了能够在工程开工之前,使从事建筑施工技术和管理的工程技术人员充分了解和掌握设计图纸的设计意图、结构与构造特点和技术要求。通过审查,发现图纸中存在的问题和错误并予以改正。在施工开始之前,为拟建工程的施工提供一份准确、齐全的设计施工图纸,从而保证能按设计图纸的要求顺利施工、生产出符合设计要求的建筑产品。

熟悉与审查设计图纸时应注意以下几个方面:

(1)设计图纸是否符合国家有关规范、技术规范及技术政策的要求。

(2)核对设计图纸及说明书是否完整、明确,设计图纸与说明等其他各组成部分之间有无矛盾和错误。

(3)核对建筑图与其结构图在主要轴线、几何尺寸、坐标、标高、说明等方面是否一致,有无错误,技术要求是否正确。

(4)总图的建筑坐标位置与单位工程建筑平面图是否一致。

(5)基础设计与实际地质是否相符,建筑物与地下构造物及管线之间有无矛盾,建筑、结构、设备施工图中基础留口、留洞的位置和标高是否相符。

(6)建筑构造与结构构造之间、结构的各种构件之间,以及各种构件、配件之间的关系是否清楚。

(7)了解主体结构各层砖、砂浆、混凝土的强度标号有无变化。从基础到主体、屋面的各种构造做法,装饰与结构施工的关系,防水、防火、保温隔热、高级装饰等特殊要求的技术要点均要了解。

(8)建筑安装与建筑施工的配合上存在哪些技术问题,能否合理解决。

(9)设计中所选用的各种材料、配件、构件等,在组织采购时,其品种、规格、性能、质量、数量等能否满足设计规定的需要。

(10)对设计资料提出合理化建议及指出所存在的问题。通过熟悉图纸、自审图纸,对发现的问题做好标记和记录,在图纸会审时提出,经建设、设计、施工单位充分协商形成图纸会审纪要,参加会审单位盖章,作为设计图纸的修改文件。在施工过程中,若提出一般问题,则可由设计单位同意,办理设计变更联络单进行修改;较大问题则需要建设、设计、施工单位三方协商,由设计单位修改,向施工单位签发设计变更联络单,方能生效。

2.学习、熟悉技术规范、规程和有关规定

技术规范、规程是国家制定的建设法规,在技术管理上具有法律效力。为此各级工程技术人员平时就应认真学习、掌握这些规范知识,在接受施工任务后,一定要结合具体工程再进一步学习,并根据相关规范、规程制订施工技术和组织方案,为保证优质、安全、按时完成工程任务打下坚实的技术基础。

建筑施工中常用的技术规范、规程主要有:

(1)建筑工程施工及验收规范。

(2)建筑安装工程质量检验评定标准。

(3)施工操作规程。

(4)设备维护及维修规程。

(5)安全技术规程。

(6)上级技术部门颁发的其他技术规范和规定等。

微视频

怎样学习标准

3.编制施工图预算和施工预算

(1)编制施工图预算

编制施工图预算是在拟建工程开工前的施工准备时编制的,主要是确定建筑工程造价和主要物资需要量,施工图预算一经审查,就成为签订工程承包合同、进行企业经济核算以及编制施工计划和银行拨贷款的依据。

(2)编制施工预算

施工预算是施工企业在签订工程承包合同后,以施工图预算为基础,结合企业和工程实际,根据施工方案、施工定额等确定的,它是企业内部经济核算和班组承包的依据,是施工企业内部使用的一种预算。

4.签订工程承包合同

建筑安装施工企业在承建工程项目、落实施工任务时,均必须同建设单位签订"建筑安装工程承包合同",明确各自的技术经济责任,合同一经签订,即具有法律效力,建筑承包合同除以上工程承包合同外,还有勘察合同、设计合同等多方面的经济承包合同。

5.编制施工组织设计

施工组织设计是指导施工现场全部生产活动的技术经济文件。它既是施工准备工作的重要组成部分,也是做好其他施工准备工作的依据。它既要体现建设计划和设计的要求,又要符合施工活动的客观规律,对施工项目的全过程起到战略部署和战术安排的作用。由于建筑工程种类繁多,施工方法也多变,因此每个建筑工程项目都需分别编制施工组织设计以组织和指导施工。

4.2.3 施工物资准备

施工物资准备是指施工中必需的劳动手段(施工机械、机具等)和劳动对象(材料、构配件

等)的准备。此项工作要根据各种物资需要量计划,分别落实货源、组织运输和安排储备,以保证连续施工的需要。主要内容有:

1.建筑材料准备

首先根据预算的工料分析,按施工进度计划的要求套用,材料储备定额和消耗定额,分别按材料名称、规格、使用时间进行汇总,编制出材料需要量计划,同时根据不同材料的供应情况,随时注意市场行情,及时组织货源,签订供货合同,保证采购供应计划的准确可靠。对于特殊材料,特别是市场供应量小、要从外地采购的,一定要及早提出供货计划,掌握货源和价格,保证按时供应。国外进口材料须按规定使用外汇和办理国外订货的审批手续,再通过外贸部门谈判、签约。

紧接着的工作就是材料的运输和储备,为保证材料的合理动态配置,材料应按工程进度要求分期分批地进行储运;进场后的材料要严格保管,以保证材料的原有数量和原有的使用价值;现场材料应按施工平面布置图放置,并按照材料的物理、化学性质,合理堆放,避免材料混淆、变质、损坏而造成浪费。

2.各种预制构件和配件的加工准备

构、配件包括各种钢筋混凝土构件、木构件、金属构件、水泥制品、卫生洁具等,这些构、配件要在图纸会审后立即提出预制加工单,确定加工方案、供应渠道及进场后的储存地点和方式。现场预制的大型构件应做好场地规划与台座施工,并提前加工预制。

3.施工机具准备

根据采用的施工方案和施工进度计划,确定施工机具的类型、数量和进场时间;确定施工机具的供应方法和进场后的存放地点和方式;提出施工机具需要量计划,以便企业内平衡或与外签约租赁机械。

4.周转材料准备

周转材料主要指模板和架设工具,此类材料在施工现场使用量大,堆放场地面积大、规格多,对堆放场地的要求较高,应分规模、型号整齐、合理堆放,以便使用及维修。所谓合理堆放,是指按这些周转材料的特点进行堆放,如各种钢模板要防雨以免锈蚀,大模板要立放并防止倾倒。

4.2.4　劳动组织准备

1.组建项目管理的领导班子

项目管理的领导班子组建的原则:根据工程规模、结构特点和复杂程度选择项目经理,再由项目经理按择优聘任、双向选择的原则组建项目管理的领导班子,聘任各级各项业务的技术管理人员,选配各工种专业施工队长。组建时要坚持合理分工和密切协作相结合,因事设职、因职选人,将富有经验、工作效率高、有创新意识的人选入项目管理的领导班子。

2.建立精干的施工队伍并组织劳动力进场

施工队伍的建立要认真考虑专业工种的合理配合,技工和普工的比例要满足劳动组织要求,确定建立混合施工队伍或专业施工队伍及其数量。组建施工队伍要坚持合理、精干原则,同时制订出该工程的劳动力需要量计划,根据开工日期和劳动力需要量计划,组织劳动力进场,并根据工程实际进度需求,动态增减劳动力数量。需要外部施工力量的,可通过签订承包合同或劳务合同联合其他建筑队伍共同完成施工任务。

3.专业施工队伍的确定

大中型工业项目或公用工程,内部的机电、生产设备一般需要专业施工队伍或生产厂家进行安装和调试,某些分项工程也可能需要机械化施工队伍来承担,这些需要外部施工队伍来承担的工作需在施工准备工作中以签订承包合同的形式落实具体的施工队伍。

4.施工队伍的教育

施工前,企业要对施工队伍进行劳动纪律、施工质量和安全的教育。平时企业还应抓好职工、技术人员的培训和技术更新工作,不断提高职工、技术人员的业务技术水平。此外,对于采用新工艺、新结构、新材料、新技术的工程,应将有关管理人员和操作人员组织起来培训,使其达到标准后再上岗操作。

5.向施工队伍进行施工组织和技术交底

进行施工组织和技术交底就是把拟建工程的设计内容、施工计划和施工技术要求等,详尽地向施工队伍讲解说明。此项工程一般在单位工程或分部、分项工程开工前即进行。

交底内容有:工程施工进度计划、月(旬)作业计划;施工组织设计,尤其是施工工艺、质量标准、安全技术措施、降低成本措施和施工验收规范的要求;新结构、新材料、新技术和新工艺的实施方案和保证措施;图纸会审中所确定的有关部位的设计变更和技术核定等事项。交底工作按项目管理系统自上而下逐级进行。交底方式有书面、口头、现场示范等形式。

6.职工生产后勤保障准备

对职工的衣、食、住、行、医疗、文化生活等后勤供应和保障工作,必须在施工队伍集结前做好充分的准备。

4.2.5 施工现场准备

施工现场的准备工作是给拟建工程的施工创造有利的施工条件和物资保证,是保证工程按计划开工和顺利进行的重要环节。因此,必须认真落实好施工现场的准备工作,它一般包括清除障碍物、"三通一平"、施工测量、搭设临时设施等内容。

1.清除障碍物

清除障碍物一般由建设单位完成,但有时也委托施工单位完成。清除时,一定要了解现场实际情况,当原有建筑情况复杂、原始资料不全时,应采取相应的保障措施,防止发生事故。

对于原有电力、通信、给排水、煤气、供热网、树木等设施的拆除和清理,要与有关部门联系,并办好手续后方可进行,此种工作一般由专业公司来处理。房屋只有在水、电、气被切断后,才能进行拆除。

2."三通一平"

"三通一平"是指在工程用地范围内水通、电通、路通和场地平整。

（1）水通

水是施工现场的生产、生活和消防不可缺少的。拟建工程开工之前,必须按照施工平面图的要求,接通施工用水和生活用水的管线,尽可能与永久性的给水系统结合,临时管线的敷设既要满足施工用水的需要量,又要施工方便,管线敷设尽量短,以降低工程的成本。

施工现场的排水也十分重要,特别在雨期,如场地排水不畅,会影响到施工和运输的顺利进行。高层建筑的基坑深、面积大,施工往往要经过雨季,应做好基坑周围的挡土支护工作,防止坑外雨水向坑内汇流,并做好基坑底部雨水的排放工作。

（2）电通

电是施工现场的主要动力来源,施工现场中的电包括施工生产用电和生活用电。由于建筑工程施工供电面积大,启动电流大,负荷变化多和手持式用电机具多,因此施工现场临时用电要考虑安全和节能措施。开工前,要按照施工组织设计的要求,接通电力和电信设施,确保施工现场动力设备和通信设备的正常运行。电源首先应考虑从建设单位给定的电源上获得,如其供电能力不能满足施工生产用电需要,则应考虑在现场建立自备发电系统。

（3）路通

道路是组织物资运输的动脉。拟建工程开工之前,应按照施工平面图的要求,修好施工现场永久性道路和临时性道路,形成完整的运输网络。尽可能利用原有道路,也可以先修永久性道路的路基或在路基上铺简易路面,待施工完毕后,再铺永久性路面。

（4）场地平整

清除障碍物后,即可进行场地平整工作。首先通过测量,按建筑总平面图中确定的标高,计算出挖土和填土的数量,设计土方调配方案,组织人力或机械进行平整场地的工作,对地下管道、电缆等设施要采取拆除或保护等措施。

3.施工测量

按设计单位提供的总平面及给定的永久性经纬坐标控制网和水准控制基桩,进行场区施工测量,设置场区永久性经纬坐标、水准控制基桩和建立场区工程测量控制网。建筑控制网是确定整个工程平面位置的关键环节,施工测量中必须保证精度、杜绝错误,否则出现问题难以处理。

4.搭设临时设施

对指定的施工用地边界,用围栏围挡起来,围挡的形式和材料应符合市容管理的有关规定和要求。在主要出入口处设置标牌,标明工程名称、施工单位、工地负责人等信息。各种生产、生活临时设施应按批准的施工组织设计规定的数量、标准、面积、位置等要求组织修建。在考虑搭设施工现场临时设施时,应尽量利用原有建筑,尽可能减少临时设施数量。

5.施工现场的补充勘探

对施工现场的补充勘探是为了进一步寻找枯井、防空洞、古墓、地下管道、暗沟和枯树根等,以便及时拟订处理方案并实施,以清除隐患,并保证基础工程施工的顺利进行。

6.组织施工机具进场、组装和保养

根据施工总平面图,将施工机具安置在规定的地点或仓库。对于固定的机具要进行就位、搭棚、组装、接电源、保养和调试等工作。对所有施工机具都必须在开工之前进行检查和试运转。

7.建筑材料、构（配）件的现场储存和堆放

按照建筑材料、构（配）件的需要量计划组织进场,根据施工总平面图规定的地点和方式进行储存和堆放。

8. 新技术项目的试制和试验

对施工中的新技术项目,按有关规定和资料,认真进行试制和试验,为正式施工积累经验和培训人才。

4.2.6 施工场外准备

施工现场外部的准备包括:

1. 分包工作

施工单位本身力量所限,有些专业工程的施工、安装和运输等均需委托外单位。因此,必须在施工准备工作中,按了解的情况选择好分包单位,并按工程量、完成日期、工程质量和工程造价等内容,与分包单位签订分包合同,使其保质保量地按时完成。

2. 外购物资的加工和订货

建筑材料、构配件和建筑制品大部分需外购,工艺设备则需全部外购。因此,施工准备工作中应及时与供应单位签订供货合同,并督促其按时供货。

3. 建立施工外部环境

施工是在固定地点进行的,必然要与当地有关部门和单位发生关系,应服从当地政府部门的管理。因此,应积极主动与相关部门和单位联系,办好有关手续。特别是当具备施工条件后要及时填写开工申请报告,上报主管部门批准,为正常施工创造良好的外部环境。

4.2.7 季节性施工准备

建筑工程施工绝大部分工作是露天作业,受气候影响比较大。因此,在雨季、冬季及夏季施工中,必须从具体条件出发,正确选择施工方法,做好季节性施工准备工作,以保证按期、保质、安全地完成施工任务,取得较好的技术经济效果。

1. 冬季施工作业准备

(1)合理安排冬季施工项目和进度。对于冬季施工措施费用增加不大的项目,如吊装、打桩工程等可列入冬季施工范围;而对于冬季施工措施费用增加较大的项目,如土方、基础、防水工程等,尽量安排在冬季之前进行。凡进行冬季施工的工程项目,必须复核施工图纸是否能适应冬季施工要求,如墙体的高厚比、横墙间距等有关的结构稳定性,现浇是否改为预制以及工程结构能否在冷状态下安全过冬等问题,应通过图纸会审解决。

(2)进行冬季施工的工程项目,在入冬前应编制冬季施工方案。根据冬季施工规程,结合工程实际及施工经验等进行,尽可能缩短工期。方案确定后,要组织有关人员学习,并向施工队伍进行交底。

(3)重视冬季施工对临时设施布置的特殊要求。施工临时给排水管网应采取防冻措施,尽量设在冰冻线以下,外露的管网应用保暖材料包扎,避免受冻;注意道路的清理,防止积雪阻塞交通,保证运输畅通。

(4)及早做好物资的供应和储备。及早准备好混凝土防冻剂等特殊施工材料和保温材料以及锅炉、蒸汽管、劳保防寒用品等。

(5)加强冬季防火保安措施,及时检查消防器材和装备的性能。

(6)冬季施工时,要采取防滑措施,防止煤气中毒,防止漏电触电。

2.雨季施工作业准备

在多雨地区,认真做好雨季施工准备,对于提高施工的连续性、均衡性,增加全年施工天数具有重要作用。

(1)首先在施工进度安排上,注意晴雨结合。晴天多进行室外工作,为雨天创造工作面,避免雨季窝工造成损失,不宜在雨天施工的项目应安排在雨季之前或之后进行。

(2)加强施工管理,做好雨季施工的安全教育。要认真编制雨季施工技术措施(如雨季前、后的沉降观测措施,保证防水层雨季施工质量的措施,保证混凝土配合比、浇筑质量的措施,钢筋除锈的措施等),认真组织贯彻实施。加强对职工的安全教育,防止各种事故发生。

(3)做好施工现场排水防洪准备工作。经常疏通排水管沟,防止堵塞。准备好抽水设备,防止场地积水和地沟、基槽、地下室等浸水对工程施工造成损失。

(4)注意道路防滑措施,保证施工现场内外的交通顺畅。

(5)加强施工物资的保管,注意防水和控制工程质量。要准备必要的防雨器材,库房四周要有排水沟渠,防止物资淋雨浸水而变质,仓库要做好地面防潮和屋面防漏的工作。

复习思考题

4-1 试述施工准备工作的意义。

4-2 试述施工准备工作的要求。

4-3 试述施工准备工作的分类。

4-4 施工准备工作的内容是什么?

移动在线自测4

施工准备工作

模块 5 建筑工程安全文明施工

　　建筑工程安全文明施工是"以人为本""生命至上"指导思想的具体表现。开展创建文明工地、标准化文明施工是现代化施工的重要标志,体现了企业的人文关怀,可焕发人员的工作热情,无形中潜移默化地规范行为模式,提高文明意识。建筑工程安全文明施工有利于增强施工人员的凝聚力和集体使命感,也是项目管理水平的标志之一。施工项目的质量与安全是工程建设的核心。

　　生产和安全共处于一体,哪里有生产,哪里就有安全问题存在,而建筑施工现场是各类安全隐患和事故的多发场所之一。保护职工在生产过程中的安全是建筑施工企业不可忽视的重要工作。

　　安全文明施工包括:安全施工、文明施工和施工环境保护。这三个方面各成体系、各有侧重,而又相互联系、影响和作用,是不能割裂的组成部分。遵守安全文明施工的规定要求,采用安全文明施工的技术措施,创建安全文明的建设工地、施工场所及其周围环境,是安全文明施工的目标。

5.1 建筑工程安全施工

5.1.1 建筑工程安全施工概述

　　建筑施工也是生产,其产品就是房屋或其他建筑项目。

　　建筑施工安全就是在建筑工程相应的施工要求和施工条件下,对施工过程中所涉及的人员和财产的安全保障。它包括施工作业安全、施工设施(备)安全、施工现场(通行、停留)安全、消防安全以及其他意外情况出现时的安全。

　　安全施工就是依据工程情况、设计要求和现场条件,创建安全的施工现场,采用安全的施工安排和技术措施,实行严格的安全管理,遵守安全的作业和操作要求而进行的、必须确保涉及人员和财产安全的施工活动。

　　安全是指免除不可接受的损害风险的状态。不可接受的损害风险(危险)通常是指:超出了法律、法规和规定等的要求;超出了组织的方针、目标和规章等;超出了人们普遍接受的(通常是隐含的)要求。

安全施工要求使生产过程处于避免人身伤害、设备损坏及其他不可接受的损害风险(危险)的状态。

我国安全施工的方针是"安全第一,预防为主"。"安全第一"是把人身的安全放在首位,安全为了施工,施工必须保证人身安全,充分体现了"以人为本"的理念。

"预防为主"是采取正确的预防措施和方法进行安全控制,从而减少和消除事故,把事故消灭在萌芽状态,力争零事故。

安全施工是企业组织生产活动和安全工作的指导方针,要确立"施工必须安全,安全促进施工"的思想。安全施工关系到职工的生命安全和国家财产不受损失,是关系到经济建设的大事,要贯彻"安全第一"和"预防为主"的方针。保护劳动者的安全与健康是我们社会主义国家的根本国策。

建筑工程的安全施工执行的是国家监督、企业负责、劳动者遵章守纪的原则。安全施工必须以预防为主,明确企业法定代表人是企业安全施工的第一责任人,项目经理是本项目安全生产第一责任人。为了防止和减少安全事故的发生,要对法定代表人、项目经理、施工管理人员进行定期的安全教育培训考核。对新工人必须实行三级安全教育制度,即建筑企业安全教育、项目安全教育和班组安全教育。

建筑企业安全教育的主要内容是:国家和地方有关安全生产的方针、政策、法规、标准规程和建筑企业的安全规章制度等。项目安全教育的主要内容是:工地安全制度、施工现场环境、工程施工特点及可能存在的不安全因素等。班组安全教育的主要内容是:承担工程的安全操作规程、事故案例剖析、劳动纪律和岗位讲评等。

5.1.2　建筑工程安全保障体系

确保建筑施工安全的工作目标,就是杜绝重大安全意外事故和伤亡事故,避免或减少一般安全意外事故和轻伤事故,最大限度地确保建筑施工中人员和财产的安全,这就需要加强建筑施工安全保障工作。

安全生产保障体系包括组织、制度、措施(技术)、投入和信息五个方面。

1.组织保障体系

安全生产组织保障体系一般包括最高权力机构、专职管理机构(或安全职能部门)和专、兼职安全管理人员。对于监理单位,设置安全生产总监理工程师是安全生产工作与国际接轨的重要要求,也是安全生产管理工作的重要发展,其专职性和权威性使其可在实现安全生产要求中发挥出重大的保障作用。

2.制度保障体系

安全生产制度保障体系是由岗位管理、措施管理、投入和物资管理,以及日常生活管理四个方面的制度组成。在制度的基础上形成相应的标准,成为安全生产实施标准化管理的基础。

3.措施(技术)保障体系

安全生产技术保障体系的核心是安全技术。安全技术的分类可由以下四种方式建立:

（1）按工程技术的领域建立

如土石方工程安全技术、爆破工程安全技术、脚手架工程安全技术、拆除工程安全技术等。此种方式适用于专项工程或技术的安全管理要求。

（2）按管理的对象建立

如机械安全技术、用电安全技术、防火安全技术、施工现场安全技术、高空作业安全技术等。此种方式适用于职能部门和专业的安全管理要求。

（3）按防止伤害的要求建立

如防物体打击安全技术、防高空坠落安全技术、防爆炸伤害安全技术、防坍塌安全技术等。此种方式适用于针对各类安全和伤亡事故的专项治理。

（4）按安全保障的环节建立

从预防为主出发，按安全保障的环节建立各项安全技术，并形成保障体系：安全可靠性技术—安全限控技术—安全保险和排险技术—安全保护技术。其中，安全可靠性技术从安全保证的要求出发研究施工技术和措施设计的可靠性；安全限控技术从保证安全的要求出发，对各种可能引起安全问题的起因物、致害物进行限制和控制；安全保护技术是在工程施工的全过程，针对可能出现的各种职业的和意外的伤害，对现场人员的人身安全和工程与施工设施的安全进行预防性保护的技术。此种方式是从安全保障规律出发建立的技术系列，基本上可以涵盖安全生产技术的各个方面，体现了安全保障技术的内在规律，具有综合性和科学性。

4. 投入保障体系

投入保障体系是确保施工安全和与其要求相适应的人力、物力和财力投入，并发挥其投入效果的保障体系。其中，人力投入的安排详见组织保障体系，物力和财力则是要解决所需资金的问题。安全生产费用又分为政策性和措施性两部分：国家规定的劳动保护用品和劳动保健费用是政策性的安全生产费用，不能取消和降低标准；而措施性的安全生产费用则需要根据工程情况和施工要求确定，由企业掌握。

当前，建设方普遍压低工程造价和非正常支出的情况极易对安全生产费用的投入带来不利影响，从而会减少对施工安全的投入。因此，建立安全施工的投入保障体系非常必要。

安全施工的投入保障体系是由投入项目和费用分析、投入决策、资金来源、投入实施监督和投入效果分析五个方面组成。实际上是建立起一套能够保证投入要求和效果的工作程序、制度以及其他相应的规定，解决不投入、少投入和盲目投入的问题，确保施工安全工作能够得到在资金投入方面的支持。

5. 信息保障体系

安全施工工作中的信息很多，包括文件信息、标准信息、管理信息、技术信息、安全施工状况信息和事故信息等。这些信息中所提供的上级指示和要求，新政策、法令、规范和标准的实施，先进的管理经验，新的安全技术发展，本单位的安全施工工作状况以及近期发生的安全意外事故情况等，对搞好安全施工工作具有重要的指导和参考作用，因此它是基础性工作，需要建立起这一工作的保障体系。

安全施工的信息保障体系是由信息纲目的编制，信息网的建立，信息收集，安全施工状况与事故的报告、统计，信息分析、处置和应用以及信息档案管理六项内容的工作及其制度所组成。这实际上是建立起一套能够保证及时掌握有关安全施工管理和安全技术工作信息的工作程序、制度和规定,信息畅通和满足安全事故工作的需要的系统。

安全生产保障体系是对施工生产所涉及的各个方面的安全保障,缺了哪一方面的保障,都会影响安全工作的质量和效力。目前国内不少施工企业所推行的安全生产保障体系,只是建立了组织保障体系和制度保障体系,而对技术(措施)保障体系、投入保障体系和信息保障体系则多未予考虑或较为忽视,这是不全面的。之所以出现这一较为普遍的情况,是因为对技术(措施)、投入和信息这三方面安全保障的研究和总结不够,一直没有形成一套较为完整的内容和要求,这应是今后需要不断努力完善的工作方面。

5.1.3　建筑工程施工安全技术措施

1.建筑工程施工安全技术措施的概述

安全施工措施是以保护从事工作的员工健康和安全为目的的一切技术措施。在建设工程项目施工中,安全技术措施是施工组织设计的主要内容之一,是改善劳动条件和安全卫生设施、防止工伤事故和职业病、搞好安全施工的一项行之有效的重要措施。

安全技术措施的范围应包括:改善劳动条件、防止伤亡事故、预防职业病和职业中暑等。主要应重视安全技术(如防高空坠落、防坍塌、防触电、防机械伤害、防交通事故、防火和防爆等)、职业卫生(如防尘、防毒、防噪声、通风、照明、取暖、降温等)、劳动休息(如更衣室、休息室、淋浴室、消毒室、妇女卫生室、厕所和冬季作业取暖室等)、宣传教育资料及设施(如职业健康安全教材、资料,安全生产规章制度、安全操作方法训练设施、劳动保护和安全技术的研究与试验)等方面。

安全技术措施的主要内容包括:

(1)对结构复杂、施工难度大、专业性较强的工程项目,除制订项目总体安全保证计划外,还必须制订单位工程或分部、分项工程安全技术方案。

(2)对深基坑、大体积模板支撑、脚手架、大型机械设备拆装、高空作业、井下作业等专业性较强、工艺复杂、危险性大的施工,电焊、架子、起重、机械、电气、压力容器等特殊工种作业,应制订单项安全施工方案,并应对管理人员和操作人员的安全作业资格和身体状况进行合格检查。

(3)完善施工安全操作规程,编制各施工工种,特别是危险性较大工种的安全施工操作要求,作为规范、检查和考核员工安全生产行为的依据。

2.安全技术措施的实施

(1)建立安全生产责任制

建立安全生产责任制是施工安全技术措施实施的重要保证。安全生产责任制是指企业对项目经理部各级领导、各个部门、各类人员所规定的,在各自职责范围内对安全生产应负责任的制度。安全生产责任制是企业岗位责任制的重要组成部分,它把"管生产,必须管安全"的原则以制度的形式固定下来。

建立各级人员安全生产岗位责任制的基本要求是:覆盖面要全,负责的范围要清楚,责任要明确。做到人人都有安全责任,避免"都管、都不管"责任不清的情况出现。在制订安全生产责任制时,应根据企业和工程情况以及要求,加以细化,使其更明确,便于严格地执行。

（2）进行安全教育和培训

安全生产教育的目的是提高全员的安全生产素质，提高安全生产管理和技术措施的编制质量和实施效果，培养和造就大批安全管理人才和懂得安全技术的科技人才。

安全生产教育工作的要求体现在以下六个方面：全员性、全面性、针对性、成效性、经常性（连续性）和发展性。

安全生产教育包括安全生产的思想、知识、技术（能）、事故处理和法制等方面的教育。重视对新员工、转岗人员、特殊工种人员和经理、生产管理人员、安全人员、技术人员、外协队伍管理人员的岗位安全教育工作。因此，在安全生产教育工作中，应做好以下工作：

①广泛开展安全施工的宣传教育，使全体员工真正认识到安全施工的重要性和必要性，懂得安全施工和文明施工的科学知识，牢固树立安全第一的思想，自觉地遵守各项安全生产法律法规和规章制度。

②把安全知识、安全技能、设备性能、操作规程、安全法规等作为安全教育的主要内容。

③建立经常性的安全教育、考核制度，考核成绩要记入员工档案。

④电工、电焊工、架子工、司炉工、爆破工、机操工、起重工、机械司机、机动车辆司机等特殊工种工人，除进行一般安全教育外，还要进行专业安全技能培训，经考试合格持证后，方可独立操作。

⑤采用新技术、新工艺、新设备施工和调换工作岗位时，也要进行安全教育，未经安全教育培训的人员不得上岗操作。

建筑三级安全教育是指公司、项目经理部、施工班组三个层次的安全教育，是工人进场前必备的过程，属于施工现场实名制管理的重要一环，也是工地管理中的核心部分之一。

建筑三级安全教育必须实行先培训后上岗，体现全面、全员、全过程的原则，覆盖施工现场的所有人员（包括分包单位人员），贯穿于从施工准备、工程施工到竣工交付的各个阶段和方面，通过动态控制，确保只有经过安全教育的人员才能上岗。

三级安全教育要有执行制度，培训计划，三级教育内容、时间及考核结果要有记录。按有关规定：

①公司教育内容：国家和地方有关安全生产的方针、政策、法规、标准、规范、规程和企业的安全规章制度等。

②项目经理部教育内容：工地安全制度、施工现场环境、工程施工特点及可能存在的不安全因素等。

③施工班组教育内容：本工种的安全操作规程、事故安全剖析、劳动纪律和岗位讲评等。

（3）安全技术交底

安全技术交底的基本要求：项目经理部必须实行逐级安全技术交底制度，纵向延伸到班组全体作业人员。交底必须具体、明确、针对性强。交底的内容针对分部、分项工程施工中，给作业人员带来的潜在危险的问题，优先采取新的安全技术措施，应将工程概况、施工方法、施工程序、安全技术措施等向工长、班组长进行详细交底，定期向有两个以上作业队伍和多工种进行交叉施工的作业队伍进行书面交底。所有的安全技术交底均应有书面签字记录。

安全技术交底主要内容：本工程项目的施工作业特点和危险点；针对危险点的具体预防措施；应注意的安全事项；相应的安全操作规程和标准；发生事故后应及时采取的避难和急救措施。

（4）施工现场安全管理

①施工单位应当在施工现场入口处、施工起重机械、临时用电设施、脚手架、出入通道口、楼梯口、电梯井口、孔洞口、桥梁口、隧道口、基坑边沿、爆破物及有害危险气体和液体存放处等危险部位，设置明显的安全警示标志。安全警示标志必须符合国家标准。

②现场的办公区、生活区和作业区分开设置，并保证安全距离。办公区、生活区的选址应当符合安全性要求。职工的膳食、饮水、休息场所等应当符合卫生标准。施工单位不得在尚未竣工的建筑内设置员工集体宿舍。

③施工单位应当在施工现场建立消防安全责任制度，确定消防安全责任人。制定用火、用电、使用易燃易爆材料等各项消防安全管理制度和操作规程。设置消防通道、消防水源，配置消防设施和足够有效的灭火器材，安排专门人员定期维护以保持设备良好。在施工现场入口处设置明显标志，建立消防安全组织，坚持对员工进行防火安全教育。

④施工现场安全用电规定：施工现场内一般不得架设裸导线。原架空线路为裸线时，要根据施工情况采取措施。架空线路与建筑水平距离一般不小于 10 m；与地面垂直距离不小于 6 m；与建筑顶部垂直距离不小于 2.5 m。

各种绝缘导线应架空敷设，没有条件架设的应采用护套缆线，缆线易损线段要加以保护。各种配电线路严禁敷设在树上。各种绝缘导线的绑扎，不得使用裸导线，配电线路每一支路的始端要装设断路开关，并采取有效的短路、过载保护。

高层建筑的施工动力线路和照明线路垂直敷设时，应采用护套电缆。当每层设有配电箱时，电缆的固定点每层不得少于两处；当电缆直接引至最高层时，每层不少于一处。

所有电气设备的金属外壳，以及与电气设备连接的金属架必须采取保护接地或保护接零措施。接地线和接零线应使用多股铜线，严禁使用单股铝线。零线不得装设开关及熔断器，接地线或接零线中间不得有接头，与设备及端子连接必须牢固可靠，接触良好，压接点一般在明处，导线不应承受拉力。

施工现场和生活区的下列设施应装设防雷保护措施：高度在 20 m 以上的井字架、高大架子、正在施工的高大建筑工程、塔吊及高大机具、高烟囱、水塔等。

凡移动式设备及手持电动工具必须装设漏电保护装置。

各种电动工具使用前均应进行严格检查，其电源线不应有破损、老化等现象。其自身附带的开关必须安装牢固，动作灵活可靠。严禁使用金属丝绑扎开关或有明露的带电体。

施工现场及设施的照明灯线路的架设，除护套缆线外，应分开设置或穿管敷设。

凡未经检查合格的设备不得安装和使用。使用中的电气设备应保持正常工作状态，绝对禁止带故障运行。

非专业电气工作人员，严禁在施工现场实施架设线路、安装灯具、手持电动工具等作业。

凡露天使用的电气设备，应有良好的防雨性能或妥善的防雨措施。

综上所述，根据《建筑施工安全检查标准》（JGJ 59—2011）对施工现场易出现事故的主要危险源，如脚手架工程、基坑工程、模板工程、高空作业、施工用电、起重机械及运输设备、施工机具等方面，编制了针对性的检查评分表，逐项、逐条量化评分，并集中汇总，以判定施工现场安全管理水平。

（5）施工现场安全纪律

不戴安全帽不准进入施工现场；不准带无关人员进入施工现场；不准赤脚或穿拖鞋、高跟鞋进入施工现场；作业前和作业中不准饮用含酒精的饮料；不准违章指挥和违章作业；特种作业人员无操作证，不准独立从事特种作业；无安全防护措施，不准进行危险作业；不准在易燃易爆场所吸烟；不准在施工现场嬉戏打闹；不准破坏和污染环境。

（6）劳动保护和安全防护用品的使用规定

进入施工工地必须戴安全帽；高处作业人员必须系安全带；电焊工必须穿阻燃和防辐射工作服，焊接时必须戴电焊面罩；电工作业时必须穿绝缘鞋、戴绝缘手套；用砂轮机切（磨）金属时应戴护目镜；从事粉尘作业时应戴防尘口罩、护目镜和带披肩的防尘帽；从事有毒有害作业应戴护目镜、防毒口罩或防毒面具；在噪声环境中作业应戴耳塞；射线检测应穿铅防护服或使用铅防护板；不得在尘毒作业场所吸烟、饮水、吃食物；班后、饭前必须洗漱。

5.1.4　建筑工程施工安全管理检查

工程项目安全管理检查的目的是清除隐患、防止事故、改善劳动条件以及提高员工安全施工意识。安全管理检查是安全控制工作的一项重要内容。通过安全管理检查可以发现工程中存在的危险因素，以便有计划地采取措施，保证安全施工。施工项目的安全管理检查应定期进行。

1. 安全管理检查的主要内容

（1）查思想。检查企业的领导和职工对安全施工的认识。

（2）查制度。检查工程承包企业结合自身的实际情况，建立健全一整套本企业的安全生产规章制度的情况。

（3）查管理。检查工程的安全施工管理是否有效。主要检查内容包括：安全施工责任制、安全技术措施计划、安全组织机构、安全保证措施、安全技术交底、安全教育、安全持证上岗、安全设施、安全标志、操作行为、违规管理和安全记录等。

（4）查隐患。检查作业现场是否符合安全施工、文明施工的要求。

（5）查整改。检查对过去提出问题的整改情况。

（6）查事故处理。对安全事故的处理应达到查明事故原因，明确责任者做出处理，明确和落实整改措施等要求。同时还应检查对伤亡事故是否及时报告，认真调查，严肃处理。

安全管理检查的重点是违章指挥和违章作业。在安全管理检查过程中应编制安全管理检查报告，说明已达标项目、未达标项目、存在问题、原因分析、纠正和预防措施。

2. 安全管理检查的类型

安全管理检查可分为全面安全检查、经常性安全检查、专业或专职安全管理人员的专业安全检查、季节性安全检查、节假日检查和要害部门重点安全检查。

（1）全面安全检查

全面安全检查应包括职业健康安全管理方针、管理组织机构及其安全管理职责、安全设施、操作环境、防护用品、卫生条件、运输管理、危险品管理、火灾预防、安全教育和安全检查制度等内容。

（2）经常性安全检查

经常性安全检查是为及时排除事故隐患,工程项目和班组应开展经常性安全检查。必须在工作前,对所用机械设备、工具或设施等进行仔细的检查,发现问题立即上报。下班后,还必须进行班后检查,做好设备维修保养和场地清理等工作,保证交接安全。

（3）专业或专职安全管理人员的专业安全检查

专业或专职安全管理人员的专业安全检查简称专业性检查。专业性检查是针对特种作业、特种设备、特殊场所进行的检查,如电焊、气焊、起重设备、运输车辆、锅炉压力容器、易燃易爆场所等。

（4）季节性检查

季节性检查是根据各个季节自然灾害发生规律,为保障安全施工的特殊要求所进行的检查。如大风季节防火、防爆;高温季节防暑、降温;多雨季防汛、防雷电、防触电;冬期防寒、防冻等。

（5）节假日检查

节假日检查是针对节假日前后和期间,现场人员较少和容易产生麻痹思想的特点而进行的安全检查,包括节日前进行安全施工综合检查;节假日期间必须安排专业安全管理人员进行安全检查,对重点部位要进行巡视;节日后要进行遵章守纪的检查等。

（6）要害部门重点安全检查

要害部门重点安全检查是对企业要害部门和重要设备,以及一旦发生意外,会造成较大伤害的部位、设施等,必须进行重点检查。

3. 安全管理检查的注意事项

（1）建立检查的组织领导机构,配备适当的检查力量,挑选具有较高技术业务水平的专业人员参加。

（2）安全检查要深入基层,坚持领导和群众相结合原则组织检查工作。

（3）做好检查的各项准备工作,包括思想、业务知识、法规政策和物资、奖金等。

（4）明确检查的目的和要求。既要严格要求,又要防止一刀切,要从实际出发,分清主次矛盾,力求实效。

（5）把自查与互查有机结合起来。基层以自查为主,企业内相应部门间互相检查,取长补短,相互学习和借鉴。

（6）坚持查改结合。检查不是目的,只是一种手段,整改才是最终目的。发现问题,要及时采取切实有效的防范措施。

（7）建立检查档案。结合安全管理检查评分表的实施,逐步建立健全检查档案,收集基本的数据,掌握基本安全状况,为及时消除隐患提供依据。

为推动建筑工程安全施工,应对现场的安全管理情况进行检查、评比,不合格的工地令其限期整改,甚至予以适当的经济处罚。安全管理的检查、评比一般是由企业管理部门按安全管理的要求,将其内容分解为安全生产责任制、目标管理、施工组织设计、分部、分项工程安全技术交底、安全检查、安全教育、班前安全活动、特种作业持证上岗、工伤事故处理和安全标志等,逐项检查、评分,最后汇总得出总分。《建筑施工安全检查标准》(JGJ 59—2011)中的安全管理检查评分表见表5-1。

表 5-1   安全管理检查评分表

序号	检查项目		扣分标准	应得分数	扣减分数	实得分数
1	保证项目	安全生产责任制	未建立安全生产责任制,扣10分 安全生产责任制未经责任人签字确认,扣3分 未备有各工种安全技术操作规程,扣2~10分 未按规定配备专职安全员,扣2~10分 工程项目部承包合同中未明确安全生产考核指标,扣5分 未制定安全生产资金保障制度,扣5分 未编制安全资金使用计划或未按计划实施,扣2~5分 未确定伤亡控制、安全达标、文明施工等管理目标,扣5分 未进行安全责任目标分解,扣5分 未建立对安全生产责任制和责任目标的考核制度,扣5分 未按考核制度对管理人员定期考核,扣2~5分	10		
2		施工组织设计及专项施工方案	施工组织设计中未采取安全技术措施,扣10分 危险性较大的分部、分项工程未编制安全专项施工方案,扣10分 未按规定对超过一定规模危险性较大的分部、分项工程专项施工方案进行专家论证,扣10分 施工组织设计、专项施工方案未经审批,扣10分 安全技术措施、专项施工方案无针对性或缺少设计计算,扣2~8分 未按施工组织设计、专项施工方案组织实施,扣2~10分	10		
3		安全技术交底	未进行书面安全技术交底,扣10分 未按分部、分项进行交底,扣5分 交底内容不全面或针对性不强,扣2~5分 交底未履行签字手续,扣4分	10		
4		安全检查	未建立安全检查制度,扣10分 未有安全检查记录,扣5分 事故隐患的整改未做到定人、定时间、定措施,扣2~6分 对重大事故隐患整改通知书所列项目未按期整改和复查,扣5~10分	10		
5		安全教育	未建立安全教育培训制度,扣10分 施工人员入场未进行三级安全教育培训和考核,扣5分 未明确具体安全教育培训内容,扣2~8分 变换工种或采用新技术、新工艺、新设备、新材料施工时未进行安全教育,扣5分 施工管理人员、专职安全员未按规定进行年度教育培训和考核,每人扣2分	10		
6		应急救援	未编制安全生产应急救援方案,扣10分 未建立应急救援组织或未按规定配备救援人员,扣2~6分 未定期进行应急救援演练,扣5分 未配置应急救援器材和设备,扣5分	10		
		小计		60		

续表

序号	检查项目		扣分标准	应得分数	扣减分数	实得分数
7	一般项目	分包单位安全管理	分包单位资质、资格、分包手续不全或失效,扣10分 未签订安全生产协议书,扣5分 分包合同、安全生产协议书,签字盖章手续不全,扣2~6分 分包单位未按规定建立安全机构或未配备专职安全员,扣2~6分	10		
8		持证上岗	未经培训从事施工、安全管理和特种作业,每人扣5分 项目经理、专职安全员和特种作业人员未持证上岗,每人扣2分	10		
9		生产安全事故处理	生产安全事故未按规定报告,扣10分 生产安全事故未按规定进行调查分析,采取防范措施,扣10分 未依法为施工作业人员办理保险,扣5分	10		
10		安全标志	主要施工区域、危险部位未按规定悬挂安全标志,扣2~6分 未绘制现场安全标志布置图,扣3分 未按部位和现场设施的变化调整安全标志设置,扣2~6分 未设置重大危险源公示牌,扣5分	10		
		小　计		40		
	检查项目合计			100		

注:1. 每项最多扣减分数不大于该项应得分数。

2. 保证项目有一项不得分或保证项目小计得分不足40分,检查评分表得零分。

5.1.5　安全隐患的处理

1. 建设工程安全隐患

建设工程安全隐患的不安全因素包括:人的不安全因素、物的不安全状态和组织管理上的不安全因素三部分。

(1)人的不安全因素

人的不安全因素包括有:能够使系统发生故障或发生性能不良事件的个人的不安全因素和违背安全要求的错误行为。个人的不安全因素又包括人员的心理、生理、能力中所具有不能适应工作、作业岗位要求的影响安全的因素。个人的不安全行为是指能造成事故的人为错误,是人为地使系统发生事故或发生性能不良事件,是违背设计和操作规程的错误行为。

(2)物的不安全状态

物的不安全状态是指能导致事故发生的物质条件,包括机械设备或环境所存在的不安全因素。

(3)组织管理上的不安全因素

组织管理上的缺陷,作为间接的因素有:技术、教育、生理、心理、管理工作、学校教育和社会、历史上的原因造成的缺陷等。

2. 建设工程安全隐患处理

(1)安全事故隐患治理原则

① 冗余安全度治理原则:在治理事故隐患时应考虑设置多道防线,即使有一两道防线无

效,还有冗余的防线可以控制事故隐患。

② 单项隐患综合治理原则:人、材、机、方法和环境任一一个环节产生事故隐患,都要从五方面安全匹配的角度考虑,调整匹配的方法、提高匹配的可靠性。也就是单项隐患问题整改需要综合治理。

③ 事故直接隐患与间接隐患并治原则:对人、机、环境进行安全治理的同时,还需治理安全管理措施。

④ 重点治理原则:按对隐患分析评价结果实行危险点分级治理。

⑤ 动态治理原则:对生产过程进行动态随机安全治理,发现问题及时治理,既可及时消除隐患,又可避免小隐患发展成大隐患。

(2)安全事故隐患处理

安全事故隐患发现可来自于建设工程参与各方,仅从施工单位角度对安全事故隐患处理方法有:

① 当场指正,限期整改、预防隐患发生。

② 做好记录、及时整改、消除隐患。

③ 分析统计,查找原因,采取预防措施。

5.2 劳动保护与伤亡事故处理

劳动保护就是保护劳动者在进行生产活动中的安全,避免或者显著减轻事故和职业危害对劳动者的伤害。对于事故伤害应以预防和保护为主,对于职业伤害则需控制与保护并重。劳动保护就广义而言,它是保护现场人员以及施工设备(施)和工程安全的技术;就狭义而言,它是保护劳动者安全的技术,即劳动保护技术。

劳动伤害分为事故伤害和职业伤害两大类。前者具有突发性、瞬时性和激烈性;后者具有隐蔽性、日常性和持久性。所以劳动保护技术分为安全防护技术和职业卫生、劳动卫生技术。

当前,建筑工程市场竞争日益加剧,企业往往为追求低成本、高利润而忽视劳动者的劳动条件和工作环境的改善,甚至以牺牲劳动者的健康、安全和破坏人类赖以生存的自然环境为代价,使得安全生产事故频发,职业病和工伤死亡人数不断上升,给人民的生命和财产造成了重大损失,所以劳动保护工作应予以足够重视。

5.2.1 劳动保护

劳动保护是指根据国家法律、法规,依据技术进步和科学管理,采取组织措施和技术措施,消除危及人身安全健康的不良条件和行为,防止职业病和工伤事故,保护劳动者在劳动过程中的安全和健康。

1.劳动保护的意义

我国是实行社会主义制度的国家,劳动人民是国家的主人,劳动条件的好坏直接关系到劳动者生活的质量,关系到劳动者的切身利益。我们的一切工作都要从人民的利益出发,因此,必须把保护劳动者在生产中的安全和健康放在第一位,这是我们党和国家的一贯方针,是社会主义企业管理的一项基本原则。

2. 劳动保护的要求和组成

劳动保护要求制订对现场人员不受或少受事故性和职业性伤害的全过程、全方位的预防性保护要求及其方案；要保证保护措施的可靠性、可行性与经济性；处理好保护工程、设备（施）安全与保护劳动者安全的有机协调关系；实现设施、用品保护和劳动者自我保护的良好结合。

劳动保护由制度保护、设施保护和自我保护组成。

（1）制度保护就是按安全制度的规定所执行的安全保护措施和规定，包括使用安全防护用品、特种作业安全保护和危险场所、作业的监控保护等保护制度。

（2）设施保护就是按照施工安全技术措施设置的安全保护措施，即在制订安全技术方案时，针对有可能出现的意外事态或有可能发生的事故所采取的安全防护设施。

（3）自我保护是劳动者自我采取的安全保护措施。

3. 劳动保护的内容

（1）劳动保护管理

劳动保护管理是从立法上和组织上研究劳动保护的科学管理办法，以确保劳动者在劳动生产过程中的安全和健康为目的的各种组织措施。研究的范围包括：劳动保护的方针、政策；劳动保护立法（法律、法规、条例、规程等）；对劳动保护法律、法规的贯彻实施进行国家监察、行政管理和群众监督；职工的工作、休息时间与休息制度；女工的特殊保护；职工工伤事故的调查登记报告、统计、分析制度；分析事故原因、掌握发生事故的规律；加强对事故发生的预测，防止事故的发生；加强对劳动保护方面的科学研究；各级领导在劳动保护方面的责任制度；劳动保护基金的提取与劳动保护措施计划的编制与实施；职工在劳动保护方面的知识培训与教育；劳动保护方面的监督与检查；个人防护用品和保健食品的发放和管理等。

（2）安全技术

安全技术是预防、控制事故的物质性手段和措施。

所谓安全技术的本质，是指安全技术内在所具有的预防、控制事故功能。而人们为了防止事故所采取的技术措施，则是安全技术的外延现象。

安全技术是从生产技术中分离出来的一种具有预防、控制事故功能的技术。

（3）劳动卫生

劳动卫生是研究防止劳动者在劳动生产过程中发生职业中毒和职业病危害，以保护劳动者身体健康为目的的各种组织技术措施。研究的范围包括物理、化学、生物学等不卫生因素造成的慢性职业病的预防。它与安全技术的差别在于：它是以预防慢性的职业病为研究对象。例如，放射性物质（镭、铀、放射性同位素，X、α、β、γ射线）对人体危害的预防；预防高频、微波、紫外线、激光对人体的危害；预防粉尘对劳动者的危害；在异常气压（高压与低压）、高山与深水、高温、高湿、低温、低湿作业条件下对劳动者健康的防护等。

5.2.2　伤亡事故处理

伤亡事故是指人们在生产劳动过程中，危险源的能量或物质突然发生意外散发，从而对人体造成打击、高空坠落、触电、机械损伤、坍塌和中毒等伤害，造成人体生理暂时或永久丧失机能的现象。发生伤亡事故要及时进行事故调查和事故处理。

1.职业伤亡事故划分

(1)按照事故发生的原因分类

职业伤害事故分为20类,其中与建筑企业有关的有12类,具体是:物体打击、车辆伤害、机械伤害、起重伤害、触电、灼烫、火灾、高处坠落、坍塌、火药爆炸、中毒和窒息、其他伤害(包括扭伤、跌伤、冻伤、野兽咬伤等)。

(2)按事故严重程度分类

按事故严重程度分类,事故分为:

①轻伤事故:造成职工肢体或某些器官功能性或器质性轻度损伤,表现为劳动能力轻度或暂时丧失的伤害,一般每个受伤人员损失工作日为1个工作日以上(含1个工作日),105个工作日以下的失能伤害。

②重伤事故:一般指受伤人员肢体残缺或视觉、听觉等器官受到严重损伤,能引起人体长期存在功能障碍或劳动能力有重大损失的伤害,或者造成损失工作日为105工作日以上(含105个工作日),6 000个工作日以下的失能伤害。

③死亡事故:一次事故中死亡1~2人的事故。造成损失工作日为6 000工作日以上(含6 000工作日)的失能伤害。

(3)按事故造成的人员伤亡或者直接经济损失分类

依据2007年6月1日起实施的《生产安全事故报告和调查处理条例》规定,按生产安全事故(以下简称事故)造成的人员伤亡或者直接经济损失,事故分为:

①特别重大事故,是指造成30人以上死亡,或者100人以上重伤(包括急性工业中毒,下同),或者1亿元以上直接经济损失的事故;

②重大事故,是指造成10人以上30人以下死亡,或者50人以上100人以下重伤,或者5 000万元以上1亿元以下直接经济损失的事故;

③较大事故,是指造成3人以上10人以下死亡,或者10人以上50人以下重伤,或者1 000万元以上5 000万元以下直接经济损失的事故;

④一般事故,是指造成3人以下死亡,或者10人以下重伤,或者1 000万元以下直接经济损失的事故。

2.伤亡事故报告、调查和处理

事故一旦发生,可以通过应急预案尽可能防止事态扩大和减少事故损失。通过事故处理程序,查明原因,制订相应的纠正和预防方案,避免类似事故再次发生。国家对事故处理的原则(又称"四不放过"原则)是:事故原因未查清不放过、事故责任人未受到处理不放过、施工责任人和周围群众没有受到教育不放过、事故没有采取切实可行的整改措施不放过。

依据国务院颁布的《企业职工伤亡事故报告和处理规定》,职工在劳动中发生的人身伤害、急性中毒事故称为伤亡事故。

伤亡事故发生后,负伤者或者事故现场有关人员应当立即直接或者逐级报告企业负责人。企业负责人接到重伤、死亡、重大死亡事故报告后,应当立即报告企业主管部门和企业所在地劳动部门、公安部门、人民检察院、工会。

　　企业主管部门和劳动部门接到死亡、重大死亡事故报告后,应当立即按系统逐级上报。死亡事故报至省、自治区、直辖市企业主管部门和劳动部门。重大死亡事故报至国务院有关主管部门、劳动部门。

　　轻伤、重伤事故由企业负责人或其指定人员组织生产、技术、安全等有关人员以及工会成员参加的事故调查组进行调查。

　　死亡事故由企业主管部门会同企业所在地设区的市(或者相当于设区的市一级)劳动部门、公安部门、工会组成事故调查组,进行调查。

　　重大死亡事故按照企业的隶属关系由省、自治区、直辖市企业主管部门或者国务院有关主管部门会同同级劳动部门、公安部门、监察部门、工会组成事故调查组,进行调查。

　　因忽视安全生产、违章指挥、违章作业、玩忽职守或者发生事故隐患、危害情况,而不采取有效措施以致造成伤亡事故的,由企业主管部门或者企业按照国家有关规定,对企业负责人和直接责任人员给予行政处分;构成犯罪的,由司法机关依法追究刑事责任。

　　在伤亡事故发生后,隐瞒不报、谎报、故意迟延不报、故意破坏事故现场,或者无正当理由,拒绝接受调查,以及拒绝提供有关情况和资料的,由有关部门按照国家有关规定,对有关单位负责人和直接责任人员给予行政处分;构成犯罪的,由司法机关依法追究刑事责任后,应当公开宣布处理结果。

5.3　安全防护

　　安全防护根据实施保护的方式可分为以下七类:

　　(1)围挡措施。即围护和挡护措施,包括对施工区域、危险作业区域和有危险因素的作业面进行单面的、多面的围护和挡护措施。

　　(2)掩盖措施。即盖护、棚护和遮护,以防止施工人员发生误入"四口"(指楼梯口、电梯井口、预留洞口和通道口)等掉落危险,防止来自上面的落物击伤危险和护住危险源(如在机电设备上加安全罩),以避免危险源出现险情时对人员造成伤害。

　　(3)支护措施。即对可能发生坍方和倒塌事故的危险源采取支撑、稳固措施,使其不出现事变,以保护作业人员的安全。

　　(4)加固措施。即对施工中承载力不足和不稳定的结构、设备以及其他设施(包括施工设施)进行加固,以避免发生意外。

　　(5)解危措施。即"转危为安""化险为夷"措施,即当危险来临时,通过解危措施现场消除危险,如用电安全中的安全接零、接地、漏电保护、避雷接地和采用安全网、防护棚(罩)等。

　　(6)监护措施。即对不安全和危险性大的作业进行人员监护、设备监护和检测监护。

　　(7)警示措施。即警示和提醒人们不要进入危险区域和触及伤害物的措施。在已设有围挡、掩盖、支护等措施的情况下,加上警示措施可以进一步确保安全;在不可采取其他安全保护措施的情况下,警示措施就成为唯一可行的安全保护措施。

　　因为安全防护的内容较为广泛,以下仅重点介绍常见的安全防护。

5.3.1 安全帽、安全带、安全网

为了预防高空坠落和物体打击事故的发生,在建筑施工现场极为强调和广泛使用避免人员受伤害的三件劳动保护用品:安全帽、安全带和安全网。这三种劳动保护用品简称为"三宝"。

1. 安全帽

安全帽是用来保护使用者头部的防护用品。安全帽是由帽壳(帽外壳、帽舌、帽檐)、帽衬(帽箍、顶衬、后箍等)、下颏带三部分组成。制造安全帽的材料有很多种,帽壳可用玻璃钢、塑料等制作,帽衬可用塑料或棉织带制作。

安全帽的防护性能主要是对外来冲击的吸收性能和耐穿透性能。根据特殊用途和实际需要也可以增加一些其他性能要求,如耐低温性能、耐燃烧性能、电绝缘性能、侧向刚性性能等。

在人的头部遭受物体打击的情况下,如果正确戴好安全帽,安全帽就会发挥其保护作用,减轻或避免发生伤亡事故。如果没有戴好安全帽就会失去对头部的防护作用,使人受到伤害,甚至造成死亡。正确使用安全帽应注意:

(1)选用与自己头型适合的安全帽,帽衬顶端与帽壳内顶必须保持 25~50 mm 的空间。有了这个空间,才能形成一个能量吸收系统,才能使冲击力分布在头盖骨的整个面积上,减轻对头部的伤害。

(2)必须戴正安全帽。如果戴歪了,一旦头部受到物体打击,就不能有效减轻对头部的伤害。

(3)必须扣好下颏带。如果不扣好下颏带,一旦发生坠落或遭受物体打击,安全帽就会离开头部,这样起不到保护作用,或达不到最佳效果。

(4)安全帽在使用过程中会逐渐损坏,要经常进行外观检查。如果发现帽壳与帽衬有异常损伤、裂痕等现象,或水平垂直间距达不到标准要求的,就不能使用。

(5)安全帽如果较长时间不用,则需存放在干燥通风的地方,远离热源,避免受日光直射。

(6)安全帽使用期限:塑料的不超过两年半;玻璃钢的不超过三年半。到期的安全帽要进行抽查测试。另外,过去使用的藤条安全帽目前已经被淘汰。

2. 安全带

安全带是高处作业预防坠落的防护用品,由带子、绳子和金属配件组成。高处作业的工人由于环境的不安全状态或人的不安全行为,会造成坠落事故的发生,但有安全带的保护,就能避免造成严重伤害。

正确使用安全带必须注意:

(1)新使用的安全带必须有产品检验合格证明。安全带在实际使用中应高挂低用,注意防止摆动碰撞。安全带长度一般在 1.5~2 m。使用 3 m 以上长绳应加缓冲器。

(2)不准将绳打结使用。不准将钩直接挂在安全绳上使用,应挂在连接环上使用。

(3)安全带上的各种部件不得任意拆掉,要防止日晒雨淋。

(4)存放安全带的位置要干燥、通风良好,不得接触高温、明火、强酸等。

(5)使用频繁的安全带要经常作外观检查,发现异常时应立即更换,安全带使用期为3~5年。一般情况下,安全带使用 2 年后,按批量购入的情况抽验一次。安全带各部件及安全带整体要做静负荷试验和冲击试验。

3. 安全网

安全网是预防坠落伤害的一种劳动保护用品,安全网不仅能防止高处作业的人或处于高处作业面的物体发生坠落,而且当人或物体发生坠落时,可以避免坠落事故的发生,或减轻伤害。

安全网一般由网体、边绳、系绳、筋绳、网绳和试验绳等组成。

(1)安全网安装后,必须经专人检查验收合格签字后才能使用。

(2)在使用过程中,不能把网拖过粗糙的表面或有尖锐棱角的地方;不准在网内或网下方堆积物品;不得把物品等投入网内;不得让焊接或其他火星落入网里;不许受到严重的酸、碱、烟雾的熏烘。

(3)对使用中的安全网,必须每星期进行一次定期检查。当受到较大冲击(人体或相当于人体的其他物体)后,应及时检查其是否有严重的变形、磨损、断裂,连接部位是否有松脱,以及是否有霉变等情况,以便及时更换或修整。

(4)如使用中对局部要进行修理时,所用材料、编结方法应与原网相同。修理完后必须经专人检查合格后才可继续使用。

(5)要经常清理网上落物。当安全网受到化学品的污染,或网绳嵌入粗砂粒及其他可能引起磨损的异物时,应及时处理和清洗,洗后让其自然干燥。

(6)必须保证试验绳始终穿在网上。安全网使用后,每隔3个月必须进行试验绳强力试验,试验完毕,应填写试验记录。如多张网一起使用,只需从其中任意抽取不少于5根试验绳进行试验即可。当安全网上没有试验绳供试验时,安全网即应报废。

5.3.2　洞口、临边防护措施

1. 预留洞口防护

1.5 m×1.5 m以下的孔洞应预埋通长钢筋网或加固定盖板。1.5 m×1.5 m以上的孔四周必须设两道护身栏杆,中间支挂水平安全网。

2. 电梯井口防护

电梯井口防护必须设高度不低于1.2 m的金属防护门。电梯井内首层和首层以上每隔四层设一道水平安全网,安全网应封闭严密,未经上级主管技术部门批准,电梯井不得作垂直运输通道和垃圾通道。

3. 楼梯踏步及休息平台口防护

楼梯踏步及休息平台处必须设两道牢固防护栏杆或用立挂安全网作防护。回转式楼梯间应支设首层水平安全网。

(1)阳台边防护

阳台栏板应随层安装,不能随层安装的,必须设两道防护栏杆或立挂安全网封闭。

(2)建筑楼层临边四周防护

建筑楼层临边四周无围护结构时,必须设两道防护栏杆或立挂安全网加一道防护栏杆。

4. 建筑及通道防护

建筑的出入口应搭设长3～6 m、宽于出入通道两侧各1 m的防护棚,棚顶应满铺不小于5 cm厚的脚手板,非出入口和通道两侧必须封严。

临近施工区域、对人或物构成威胁的地方,必须搭设防护棚,确保人、物的安全。

5.4　文明施工与环境保护

随着建筑施工生产技术水平的不断发展和提高,现场施工生产条件和生活条件也将逐步得到改善,在建筑施工现场越来越重视文明施工与环境保护。

文明施工是指在施工生产过程中,现场施工人员的生产活动和生活活动必须符合正常的秩序和规范,以减少对现场周围的自然环境和社会环境的不利影响,杜绝野蛮施工和粗鲁行为,从而使工程项目能够顺利完成。

文明施工就是体现出现代施工文明,即符合合理施工程序、不扰民、环保、安全和卫生以及体现企业文化的施工。安全施工是文明施工的重要组成部分,而文明施工则是实现施工安全的重要保障。

施工现场环境保护是按照法律法规、各级主管部门和企业的要求,保护和改善作业现场的环境,控制现场的各种粉尘、废水、废气、固体废弃物、噪声、振动等对环境的污染和危害。环境保护也是文明施工的重要内容之一。我国制定了《建设工程施工现场环境与卫生标准》(JGJ 146—2013)。

5.4.1　文明施工

1. 文明施工的重要性

实践证明,安全须得文明,文明促使安全。现在的许多施工企业都已认识到,必须把创建文明工地和文明作业作为确保施工生产安全、树立企业良好形象的基础性工作来抓。

创建文明工地、推行文明施工和文明作业,不仅是管理性很强的工作,而且也是技术性很强的工作,同时,它还要求职工具有相应的安全文明生产素质作为其基础。因此,它包括了管理、技术和职工素质培养三方面工作,而安全文明施工技术是它的重要内涵组成部分。

安全与文明密不可分,组成了安全文明的共同体;创建安全文明工地与推行安全文明施工技术也密不可分,组成了安全文明施工的共同体。

2. 文明施工的内容

现场文明施工的内容主要是包括:现场围挡、封闭管理、施工场地、材料堆放、现场住宿、现场防火、治安综合治理、施工现场标牌、生活设施、保健急救和社区服务等。

3. 文明施工的措施

(1)现场围挡

①围挡的高度:市区主要路段的工地周围设置的围挡高度不低于 2.5 m;一般路段的工地周围设置的围挡高度不低于 1.8 m。

②围挡材料应选用砌体、金属板材等硬质材料,做到坚固、平稳、整洁、美观,禁止使用彩条布、竹笆、安全网等易变形材料。

③围挡的设置必须沿工地四周连续布置,不能留有缺口。

（2）封闭管理

①加强现场管理,施工工地应有固定的出入口,并设置大门便于管理。

②出入口处应设有专职门卫人员,制定完善的门卫管理制度。

③加强对出入现场人员的管理,规定进入施工现场的人员都应实行认证管理。

④现场门口的形式各企业应按自己的特点设置,大门上应有企业名称或企业标志。

（3）施工场地

①工地的地面应采用混凝土地面或其他硬化地面的措施,使现场地面平整坚实。

②施工场地应有循环道路,且保持经常畅通,无大面积积水,有良好的排水设施,保证畅通排水。

③施工中产生的废水、泥浆应经流水槽或管道排入工地集水池统一沉淀处理,不得随意排放和污染施工区域以外的河道、路面。

④施工现场应该禁止吸烟,防止发生危险,或设置固定的吸烟室或吸烟处,吸烟室应远离危险区,并设置必要的灭火器材。

⑤工地应尽量布置绿化,栽种花草树木。

（4）材料堆放

①施工现场工具、构件、各种材料必须按照总平面图规定的位置,按品种、分规格堆放,并设置明显标牌。

②施工场地及建筑物楼层内,应随完工随清理,建筑垃圾不得长期堆放于楼层内,应及时运走,施工现场的垃圾也应分门别类集中堆放。

③易燃易爆物品不能混放,除现场有集中存放处外,班组使用的零散的各种易燃易爆物品,必须按有关规定存放。

（5）现场住宿

①施工现场必须将施工作业区与生活区严格分开不能混用。在建工程不得兼作宿舍,因为在施工区内住宿会带来各种危险,如落物伤人、触电或洞口临边防护不严而造成事故,两班作业时施工噪声会影响工人的休息。

②施工作业区与办公区及生活区应有明显划分,有隔离和安全防护措施,防止发生事故。

③寒冷地区冬季住宿应有保暖措施和防煤气中毒的措施;炎热季节宿舍应有消暑和防蚊虫叮咬措施,保证施工人员有充足的睡眠。

④宿舍外周围环境卫生干净。宿舍内床铺及各种生活用品放置整齐,室内应限定人数,有安全通道,宿舍门向外开,被褥叠放整齐、干净,室内无异味。

（6）现场防火

①施工现场应根据施工作业条件制定消防制度。

②按照不同作业条件,合理配备灭火器材。如电气设备附近应设置干粉类不导电的灭火器材;对于设置的泡沫灭火器应有换药日期和防晒措施。灭火器材设置的位置和数量等均应符合有关的消防规定。

③当建筑施工高度超过 30 m 时,为解决单纯依靠消防器材灭火的问题,要求配备有足够的消防水源和自救的用水量。

④应建立明火审批制度。凡有明火作业的必须经主管部门审批(审批时应写明要求和注意事项)。作业时,应按规定设监护人员;作业后,必须确认无火源危险时方可离开。

(7)治安综合治理

①在生活区内设置工人业余学习和娱乐场所,使工人劳动后也能有合理的休息。

②施工现场应建立治安保卫制度和责任分工,并有专人负责检查落实情况。

(8)施工现场标牌

①施工现场的大门口应有整齐明显的"五牌一图"。"五牌"包括工程概况牌、管理人员名单及监督电话牌、消防保卫牌、安全生产牌、文明施工牌;"一图"是指施工现场总平面图。

②标牌是施工现场重要标志的一项内容,所以不但内容应有针对性,同时标牌制作、标挂也应规范整齐、字体工整。

③在施工现场的显著位置设置必要的安全施工内容的标语。

④设置读报栏、宣传栏和黑板报等宣传园地,丰富生活内容,表扬好人好事。

(9)生活设施

①施工现场应设置符合卫生要求的厕所,有条件的应设水冲式厕所,厕所应有专人负责管理。

②建筑内和施工现场应保持卫生,不准随地大小便。高层建筑施工时,可隔几层设置移动式简易厕所。

③食堂卫生必须符合有关的卫生要求。如炊事员必须有卫生防疫部门颁发的体检合格证,生熟食应分别存放,食堂炊事人员应穿白色工作服,食堂卫生应定期检查。食堂应在显著位置张挂卫生责任制公告栏并落实到个人。

④施工作业人员应能喝到符合卫生要求的开水,有固定的盛水容器,并有专人管理。

⑤施工现场应按作业人员的数量设置足够使用的淋浴设施,淋浴室在寒冷季节应有暖气、热水,淋浴室应有专人管理。

⑥生活垃圾应及时清理,集中运送装入容器,不能与施工垃圾混放,并设专人管理。

(10)保健急救

①工地应有保健药箱并备有常用药品,有医生巡回医疗。

②临时发生的意外伤害,现场应备有急救器材(如急救包、担架等),以便及时抢救。

③施工现场应有经培训合格的急救人员,懂得一般的急救处理知识。

④为保障作业人员健康,应在流行病易发季节及平时定期开展卫生防病的宣传教育。

(11)社区服务

①工地施工不扰民,应针对施工工艺设置防尘和防噪声设施,做到不超标。

②夜间施工应有主管部门的批准手续,并做好周围居民和单位的工作。

③有毒、有害物质应该按照有关规定进行处理,现场不得焚烧。

④现场应建立不扰民措施,有责任人管理和检查。

4. 现场文明施工的检查评定

为推动建筑工地的文明施工,应对现场的文明施工管理情况进行检查、评比,优秀的工地授予文明工地的称号;不合格的工地,令其限期整改,甚至予以适当的经济处罚。文明施工的检查、评比一般是由工程管理部门依据文明施工的要求,按其内容的性质分解为现场围挡、封闭管理、施工场地、材料堆放、现场住宿、现场防火、治安综合治理、施工现场标牌、生活设施、保健急救和社区服务等管理分项,逐项检查、评分,最后汇总得出总分。《建筑施工安全检查标准》(JGJ 59—2011)中文明施工检查评分表见表 5-2。

表 5-2　　　　　　　　　　　　　　　　　文明施工检查评分表

序号	检查项目		扣分标准	应得分数	扣减分数	实得分数
1	保证项目	现场围挡	市区主要路段的工地未设置封闭围挡或围挡高度小于 2.5 m,扣 5~10 分 一般路段的工地未设置封闭围挡或围挡高度小于 1.8 m,扣 5~10 分 围挡未达到坚固、稳定、整洁、美观,扣 5~10 分	10		
2		封闭管理	施工现场进出口未设置大门,扣 10 分 未设置门卫室扣 5 分 未建立门卫值守管理制度或未配备门卫值守人员,扣 2~6 分 施工人员进入施工现场未佩戴工作卡,扣 2 分 施工现场出入口未标有企业名称或标识,扣 2 分 未设置车辆冲洗设施扣 3 分	10		
3		施工场地	施工现场主要道路及材料加工区地面未进行硬化处理,扣 5 分 施工现场道路不畅通、路面不平整坚实,扣 5 分 施工现场未采取防尘措施,扣 5 分 施工现场未设置排水设施或排水不通畅、有积水,扣 5 分 未采取防止泥浆、污水、废水污染环境措施,扣 2~10 分 未设置吸烟处、随意吸烟,扣 5 分 温暖季节未进行绿化布置,扣 3 分	10		
4		材料管理	建筑材料、构件、料具未按总平面布局码放,扣 4 分 材料码放不整齐、未标明名称、规格,扣 2 分 施工现场材料存放未采取防火、防锈蚀、防雨措施,扣 3~10 分 建筑物内施工垃圾的清运未使用器具或管道运输,扣 5 分 易燃易爆物品未分类储藏在专用库房、未采取防火措施,扣 5~10 分	10		
5		现场办公与住宿	施工作业区、材料存放区与办公、生活区未采取隔离措施,扣 6 分 宿舍、办公用房防火等级不符合有关消防安全技术规范要求,扣 10 分 在施工程、伙房、库房兼做住宿,扣 10 分 宿舍未设置可开启式窗户,扣 4 分 宿舍未设置床铺、床铺超过 2 层或通道宽度小于 0.9 m,扣 2~6 分 宿舍人均面积或人员数量不符合规范要求,扣 5 分 冬季宿舍内未采取采暖和防一氧化碳中毒措施,扣 5 分 夏季宿舍内未采取防暑降温和防蚊蝇措施,扣 5 分 生活用品摆放混乱、环境卫生不符合要求,扣 3 分	10		
6		现场防火	施工现场未制定消防安全管理制度,扣 10 分 施工现场的临时用房和作业场所的防火设计不符合规范要求,扣 10 分 施工现场消防通道、消防水源的设置不符合规范要求,扣 5~10 分 施工现场灭火器材布局、配置不合理或灭火器材失效,扣 5 分 未办理动火审批手续或未指定动火监护人员,扣 5~10 分	10		
		小计		60		

续表

序号	检查项目		扣分标准	应得分数	扣减分数	实得分数
7	一般项目	综合治理	生活区未设置供作业人员学习和娱乐场所,扣2分 施工现场未建立治安保卫制度或责任未分解到人,扣3~5分 施工现场未采取治安防范措施,扣5分	10		
8		公示标牌	大门口处设置的公示标牌内容不齐全,扣2~8分 标牌不规范、不整齐,扣3分 未设置安全标语,扣3分 未设置宣传栏、读报栏、黑板报,扣2~4分	10		
9		生活设施	未建立卫生责任制度,扣5分 食堂与厕所、垃圾站、有毒有害场所的距离不符合规范要求,扣2~6分 食堂未办理卫生许可证或未办理炊事人员健康证,扣5分 食堂使用的燃气罐未单独设置存放间或存放间通风条件不良,扣2~4分 食堂未配备排风、冷藏、消毒、防鼠、防蚊蝇等设施,扣4分 厕所内的设施数量和布局不符合规范要求,扣2~6分 厕所卫生未达到规定要求,扣4分 不能保证现场人员卫生饮水,扣5分 未设置淋浴室或淋浴室不能满足现场人员需求,扣4分 生活垃圾未装容器或未及时清理,扣3~5分	10		
10		社区服务	夜间未经许可施工,扣8分 施工现场焚烧各类废弃物,扣8分 施工现场未采取防粉尘、防噪声、防光污染等措施,扣5分 未采取施工不扰民措施,扣5分	10		
		小计		40		
检查项目合计				100		

注:1.每项最多扣减分数不大于该项应得分数。

2.保证项目有一项不得分或保证项目小计得分不足40分,检查评分表记零分。

5.4.2 环境保护

1.环境保护的内容

施工现场环境保护的内容主要是:防止空气污染、水污染、施工噪声污染、光污染和固体废弃物处理以及环境卫生等方面。

2.环境保护措施

(1)防止空气污染

施工现场对大气产生污染的主要污染物有:装卸运输过程中产生的扬尘;焚烧含有有毒、有害化学成分的废料;锅炉、熔化炉、厨房烧煤产生的烟尘;建材破碎、加工过程中产生的飘尘;施工动力机械尾气的排放等。

施工现场空气污染的防治措施:

①施工现场的主要道路应进行硬化处理。裸露的场地和堆放的土方应采取覆盖、固化或绿化等措施。

②施工现场土方作业应采取防止扬尘措施,主要道路应定期清扫、洒水。

③土方和建筑垃圾的运输必须采用封闭式运输车辆或采取覆盖措施。施工现场出口处应设置车辆冲洗设施,并应对驶出车辆进行清洗。

④建筑内垃圾应采用容器或搭设专用封闭式垃圾道的方式清运,严禁凌空抛掷。

⑤施工现场严禁焚烧各类废弃物。

⑥在规定区域内的施工现场应使用预拌混凝土及预拌砂浆。现场搅拌场所应采取封闭、降尘、降噪措施。细颗粒建筑材料应密闭存放或采取覆盖等措施。

⑦当环境空气质量指数达到中度及以上污染时,施工现场应增加洒水频次,加强覆盖措施,减少易造成大气污染的施工作业。

（2）防止水污染

施工现场对水产生的污染有:废水和固体废物随水流流入水体,包括泥浆、有机溶剂、重金属、酸碱盐、食堂和生活污水等。

施工现场水污染的防治措施:

①施工现场应设置排水沟及沉淀池,施工污水应经沉淀处理达到排放标准后,方可排入市政污水管网。

②废弃的降水井应及时回填,并应封闭井口,防止污染地下水。

③施工现场临时厕所的化粪池应进行防渗漏处理。

④施工现场存放的油料和化学溶剂等物品应设置专用库房,地面应进行防渗漏处理。

⑤施工现场的危险废物应按国家有关规定处理,严禁填埋。

（3）防止施工噪声及光污染

施工现场噪声污染有:运输噪声,施工机械噪声,生活噪声。噪声是影响与危害非常广泛的环境污染问题。噪声环境可以干扰人的睡眠与工作,影响人的心理状态与情绪,造成人的听力损失,甚至引起许多疾病。施工现场光污染主要有:电焊、夜间施工照明等。

施工现场噪声污染防治措施:

①施工现场应对场界噪声排放进行监测、记录和控制,并应采取降低噪声的措施。

②施工现场宜选用低噪声、低振动的设备,强噪声设备宜设置在远离居民区的一侧,并应采用隔声、吸声材料搭设防护棚或屏障。

③进入施工现场的车辆严禁鸣笛。装卸材料应轻拿轻放。

④因生产工艺要求或其他特殊需要,确需进行夜间施工的,施工单位应加强噪声控制,并应减少人为噪声。

⑤施工现场应对强光作业和照明灯具采取遮挡措施,减少对周边居民和环境的影响。

（4）固体废弃物处理

施工现场常见的固体废弃物有:建筑渣土（砖瓦、碎石、渣土、混凝土碎块等）、废弃的散装建筑材料（废水泥、废石灰）、生活垃圾（包括炊厨废物、丢弃食品、废纸、生活用具等）、设备、材料等的包装物。

施工现场固体废弃物处理措施:

①物理处理:包括压实浓缩、破碎、分选、脱水干燥等。

②化学处理:包括氧化还原、中和、化学浸出等。

③回收利用:包括回收利用和集中处理等资源化、减量化的方法。

④填埋处置:包括覆盖填埋、指定地点抛卸等。

（5）环境卫生

施工环境卫生主要包括临时设施和卫生防疫两个方面要求。

临时设施设置主要应做到以下要求：

①施工现场应设置办公室、宿舍、食堂、厕所、盥洗设施、淋浴房等临时设施。尚未竣工的建筑内严禁设置宿舍。

②施工现场应设置封闭式建筑垃圾站。办公区和生活区应设置封闭式垃圾容器。生活垃圾应分类存放，并应及时清运、消纳。食堂的餐饮器具应及时清洗定期消毒。

③宿舍内应保证必要的生活空间，室内净高不得小于 2.5 m，通道宽度不得小于 0.9 m，人员人均面积不得小于 2.5 m²，每间宿舍居住人员不得超过 16 人。宿舍应有专人负责管理，床头宜设置姓名卡。

④施工现场生活区宿舍、休息室必须设置可开启式外窗，床铺不应超过 2 层，不得使用通铺。

⑤宿舍内应有防暑降温措施。宿舍应设置生活用品专柜、鞋柜或鞋架、垃圾桶等生活设施。生活区应提供晾晒衣物的场所和晾衣架。宿舍照明电源宜选用安全电压，采用强电照明的宜使用限流器。生活区宜单独设置手机充电柜或充电房间。

⑥食堂应设置在远离有污染源的地方。并设置隔油池，定期清理。食堂应设置独立的制作间、储藏间，门扇下方应设不低于 0.2 m 的防鼠挡板。制作间灶台及其周边应采取易清洁、耐擦洗措施，墙面处理高度应大于 1.5 m，地面应做硬化和防滑处理。食堂应配备必要的排风和冷藏设施，油烟净化装置应定期清洗。

⑦食堂制作间、锅炉房、可燃材料库房及易燃易爆危险品库房等应采用单层建筑，应与宿舍和办公用房分别设置，并应按相关规定保持安全距离。临时用房内设置的食堂、库房和会议室应设在首层。

⑧施工现场应设置水冲式或移动式厕所，厕所地面应硬化，门窗应齐全并通风良好。厕位宜设置门及隔板，高度不应小于 0.9 m。厕所应设专人负责，定期清扫、消毒，化粪池应及时清掏。高层建筑施工超过 8 层时，宜每隔 4 层设置临时厕所。

卫生防疫方面主要有以下要求：

①食堂应取得市场管理部门颁发的食品经营许可证，并应悬挂在制作间醒目位置。炊事人员必须经体检合格并持证上岗。

②炊事人员上岗应穿戴洁净的工作服、工作帽和口罩，并应保持个人卫生。非炊事人员不得随意进入食堂制作间。

③施工现场应加强食品、原料进货管理，建立食品、原料采购台账，保存原始采购单据。严禁购买无照、无证商贩的食品和原料。

④生熟食品应分开加工和保管，存放成品或半成品的器皿应有耐冲洗的生熟标识。成品或半成品应遮盖，遮盖物品应有正反面标识。各种佐料和副食应存放在密闭器皿内，并应有标识。

⑤存放食品原料的储藏间或库房应有通风、防潮、防虫、防鼠等措施，库房不得兼作他用。粮食存放台距墙和地面应大于 0.2 m。

⑥当施工现场遇突发疫情时，应及时上报，并应按卫生防疫部门相关规定进行处理。

5.5　绿色施工

5.5.1　绿色施工的概念

绿色施工是在保证质量、安全等基本要求的前提下,通过科学管理和技术进步,最大限度地节约资源,减少对环境负面影响,实现节能、节材、节水、节地和环境保护("四节一环保")的建筑工程施工活动。

5.5.2　绿色施工的作用

绿色施工是企业转变发展理念、提高综合效益的重要手段。首先,绿色施工是在向技术、管理和节约要效益。其次,环境效益是可以转化为经济效益、社会效益。建筑业企业在工程建设过程中,注重环境保护,势必树立良好的社会形象,进而形成潜在效益;并且绿色施工有利于保障城市的硬环境和保障带动城市良性发展。

5.5.3　绿色施工的要求

为保证绿色施工的实施,国家颁布了《建筑工程绿色施工规范》(GB/T 50905—2014)和《建筑工程绿色施工评价标准》(GB/T 50640—2010)。要求在建设工程施工组织设计中应列入相应内容。在施工过程中,建设、设计、监理、施工等单位积极履行各自的职责。

实际上,绿色施工的实施主体是施工企业。这就要求施工单位应组织绿色施工的全面实施。总承包单位应对绿色施工负总责。总承包单位应对专业承包单位的绿色施工实施管理,专业承包单位应对工程承包范围的绿色施工负责。施工单位应建立以项目经理为第一责任人的绿色施工管理体系,制定绿色施工管理制度,负责绿色施工的组织实施,进行绿色施工教育培训,定期开展自检、联检和评价工作。绿色施工组织设计、绿色施工方案或绿色施工专项方案编制前,应进行绿色施工影响因素分析,并据此制定实施对策和编制绿色施工评价方案。

5.5.4　绿色施工的措施

绿色施工的实质就是实现施工活动的节能、节材、节水、节地和环境保护("四节一环保")。

1.节能及能源利用措施

(1)应合理安排施工顺序及施工区域,减少作业区机械设备数量。

(2)应选择功率与负荷相匹配的施工机械设备,机械设备不宜低负荷运行,不宜采用自备电源。

(3)应制定施工能耗指标,采取节能措施。

(4)应建立施工机械设备档案和管理制度,机械设备应定期保养维修。

(5)生产、生活、办公区域及主要机械设备宜分别进行耗能、耗水及排污计量,并做好相应记录。

（6）应合理布置临时用电线路，选用节能器具，采用声控、光控和节能灯具；照明照度宜按最低照度设计。

（7）宜利用太阳能、地热能、风能等可再生能源。

（8）施工现场宜错峰用电。

2．节材及材料利用措施

（1）应根据施工进度、材料使用时点、库存情况等制订材料的采购和使用计划。

（2）现场材料应堆放有序，并满足材料储存及质量保持的要求，以降低损耗。

（3）工程施工使用的材料宜选用距施工现场 500 km 以内生产的建筑材料。

3．节水及水资源利用措施

（1）现场应结合给排水点位置进行管线线路和阀门预设位置的设计，并采取管网和用水器具防渗漏的措施。

（2）施工现场办公区、生活区的生活用水应采用节水器具。

（3）宜建立雨水、中水或其他可利用水资源的收集利用系统。

（4）应按生活用水与工程用水的定额指标进行控制。

（5）施工现场喷洒路面、绿化浇灌不宜使用自来水。

4．节地及土地资源保护措施

（1）应根据工程规模及施工要求布置施工临时设施。

（2）施工临时设施不宜占用绿地、耕地以及规划红线以外场地。

（3）施工现场应避让、保护场区及周边的古树名木。

5．环境保护措施

（1）施工现场扬尘控制应符合以下规定：

①施工现场宜搭设封闭式垃圾站。

②细散颗粒材料、易扬尘材料应封闭堆放、存储和运输。

③施工现场出口应设冲洗池，施工场地、道路应采取定期洒水抑尘措施。

④土石方作业区内扬尘目测高度应小于 1.5 m，结构施工、安装、装饰阶段目测扬尘高度应小于 0.5 m，不得扩散到工作区域外。

⑤施工现场使用的热水锅炉等宜使用清洁燃料。不得在施工现场融化沥青或焚烧油毡、油漆以及其他产生有毒、有害烟尘和恶臭气体的物质。

（2）噪声控制应符合下列规定：

①施工现场宜对噪声进行实时监测；施工场界环境噪声排放昼间不应超过 70 dB(A)，夜间不应超过 55 dB(A)。

②施工过程宜使用低噪声、低振动的施工机械设备，对噪声控制要求较高的区域应采取隔声措施。

③施工车辆进出现场，不宜鸣笛。

（3）光污染控制应符合下列规定：

①应根据现场和周边环境采取限时施工、遮光和全封闭等避免或减少施工过程中光污染的措施。

②夜间室外照明灯应加设灯罩，光照方向应集中在施工范围内。

③在光线作用敏感区域施工时，电焊作业和大型照明灯具应采取防光外泄措施。

（4）水污染控制应符合下列规定：

①污水排放应符合现行行业标准《污水排入城镇下水道水质标准》(CJ 343—2010)的有关要求。

②使用非传统水源和现场循环水时，宜根据实际情况对水质进行检测。

③施工现场存放的油料和化学溶剂等物品应设专门库房，地面应做防渗漏处理。废弃的油料和化学溶剂应集中处理，不得随意倾倒。

④易挥发、易污染的液态材料，应使用密闭容器存放。

⑤施工机械设备使用和检修时，应控制油料污染；清洗机具的废水和废油不得直接排放。

（5）施工现场垃圾处理应符合下列规定：

①垃圾应分类存放、按时处置。

②应制订建筑垃圾减量计划，建筑垃圾的回收利用应符合《工程施工废弃物再生利用技术规范》的规定。

③有毒有害废弃物的分类率应达到100％；对有可能造成二次污染的废弃物应单独储存，并设置醒目标识。

④现场清理时，应采用封闭式运输，不得将施工垃圾从窗口、洞口、阳台等处抛撒。

（6）危化险品管理措施：要求施工使用的乙炔、氧气、油漆、防腐剂等危险品、化学品的运输和储存应采取隔离措施。

另外，对于施工准备、施工场地、地基与基础工程、主体结构工程(包括混凝土结构工程、砌体结构工程、钢结构工程等)、装饰工程(包括地面工程、门窗及幕墙工程等)、保温和防水工程、机电安装工程和拆除工程等，都做了详细的规定，具体可详见《建筑工程绿色施工规范》(GB/T 50905—2014)。

复习思考题

5-1　简述建筑工程安全施工的意义。

5-2　什么是三级安全教育制度？

5-3　建筑工程施工安全技术的主要内容是什么？

5-4　简述建筑工程施工安全技术交底的基本要求。

5-5　安全管理检查的主要内容是什么？

5-6　简述安全防护的要点。

5-7　简述劳动保护的意义。

5-8　简述伤亡事故的报告程序。

5-9　建筑工程现场文明施工的内容是什么？

5-10　简述建筑工程现场文明施工的主要措施。

5-11　建筑施工环境保护的内容是什么？

5-12　简述建筑施工环境保护的主要措施。

模块 6　单位工程施工组织设计

施工组织是一种管理过程,而施工组织设计是针对建设项目的实施方案或计划,也是管理过程实施的具体计划。在制订施工组织设计时,应尊重科学规律,一切从实际出发,实事求是,具体问题具体分析。

6.1　单位工程施工组织设计概述

单位工程施工组织设计是以单位工程为对象编制的,具体指导其施工全过程各项活动的技术经济文件。具体可分为用于承包方投标的单位工程施工组织设计和用于具体指导施工过程的单位工程施工组设计。前者是为了承揽施工任务,重点放在施工单位资质条件、施工技术力量和队伍素质上。后者是组织施工的依据,重点放在施工组织的合理性与技术的可行性上。本章重点介绍指导施工过程而编制的单位工程施工组织设计。

6.1.1　单位工程施工组织设计的编制依据

(1)施工组织总设计。当单位工程从属于某个建设项目时,必须把该建设项目的施工组织总设计中的施工部署及对单位工程施工的有关规定和要求作为编制依据。

(2)施工合同。主要包括工程范围和内容,工程开、竣工日期,设计文件,预算,技术资料,材料和设备的供应情况等。

(3)经过会审的施工图。主要包括工程全部施工图、会审记录和标准图等资料。

(4)业主提供的条件。包括业主提供的临时房屋数量,水、电供应量,水压、电压等。

(5)工程预算文件及有关定额。应有详细的分部、分项工程工程量,必要时应有分层、分段或分部位的工程量及预算定额和施工定额,以便在编制单位工程进度计划时参考。

(6)工程资源配备情况。包括施工所需的劳动力、材料、机械供应情况及生产能力。

(7)施工现场勘察资料。包括施工现场地形、地貌资料,地上与地下障碍物资料,工程地质和水文地质资料,气象资料,交通运输道路及场地面积资料等。

(8)《建筑施工组织设计规范》(GB/T 50502—2009)和有关国家规定及标准,包括施工及验收规范,安全操作规程等。

(9)有关参考资料及工程施工组织设计实例。

6.1.2　单位工程施工组织设计的内容

1.工程概况

工程概况主要包括工程特点、建设地点和施工条件,以及参建各方的具体情况等。有时为了阐述全面可增加编制说明和编制依据等。

2.施工部署

施工部署主要包括施工目标(如质量目标、安全目标、工期目标、成本目标、文明施工目标和服务目标等)、施工准备计划(如项目部组成、施工技术准备、现场准备、外部环境准备等)、拟采用主要施工工艺和施工顺序及施工流向安排等。对于大型、复杂工程可将施工部署内容详细介绍。

3.施工总进度计划

施工总进度计划应依据施工合同、施工进度目标、有关技术经济资料,并按照总体施工部署确定的施工顺序和空间组织等进行编制。施工总进度计划可采用网络图或横道图表示,并附必要说明。主要包括分部分项工程的工程量、劳动量或机械台班量、工作延续时间、施工班组人数及施工进度安排等内容。

4.施工准备工作及施工资源需要量计划

施工准备应包括技术准备、物资准备、劳动组织准备、现场准备和资金准备等。应根据施工开展顺序和主要工程项目施工方法,编制施工准备工作计划。技术准备包括施工过程所需技术资料的准备、施工方案编制计划、试验检验及设备调试工作计划等;物资准备包括建筑材料、构(配)件物品加工、建筑安装机具、生产工艺设备等;劳动组织准备包括项目机构、施工队伍和现场时间、数量等的计划;现场准备包括现场生产、生活等临时设施,如临时生产、生活用房,临时道路,材料堆放场,临时用水、用电和供热、供气等的计划;资金准备应根据施工总进度计划编制资金使用计划。

施工资源需要量计划又称施工资源配置计划,应包括劳动力配置计划和物资配置计划等。主要包括劳动力、施工机具、主要材料、构件和半成品需要量计划等。

5.施工方案和施工方法

施工方案和施工方法主要包括各分部分项工程或专项工程的施工方法与施工机械的选择,技术组织措施的编制等内容。确定主要工程项目施工方案的目的是进行技术和资源的准备工作,同时也为了施工进程的顺利开展和现场的合理布置,对施工方案的确定要兼顾技术工艺的先进性和可操作性以及经济上的合理性。

6.施工现场平面布置

施工现场平面布置是在施工用地范围内,对各项生产、生活设施及其他辅助设施等进行规划和布置。合理布置施工现场,对保证工程施工顺利进行具有重要意义。施工现场平面布置应遵循方便、经济、高效、安全、环保、节能的原则,主要包括起重运输机械、搅拌站、加工棚、仓库及材料堆场、运输道路、办公室、宿舍、供水、供电管线等位置的确定和布置。

7.安全文明施工技术组织措施

安全文明施工技术组织措施主要包括安全管理组织,专职安全管理人员,特殊作业人员操作要求,安全设施配置要求,安全防护措施,大、中型施工机械管理,文明施工技术组织措施,安全、文明施工责任奖惩办法,危险源因素识别评价及控制措施,重大环境因素确定及控制措施等方面。

8.工程质量技术组织措施

工程质量技术组织措施主要包括质量管理体系、制度及质量保证体系,关键部位质量控制措施,工种岗位技术培训,先进施工工艺,送样检测,见证取样保证措施,分部分项分阶段验收步骤及方法,完成质量目标奖惩办法等。

9.进度计划管理和保障措施

进度计划管理和保障措施主要包括施工进度管理方法,对进度控制采取的组织措施,对人员、材料、机械设备和资金等方面的保障措施。

10.关键施工技术和工艺及工程项目实施重点、难点分析及解决方案

主要包括基础施工阶段关键点及处理措施、主体施工阶段关键点及处理措施、装饰阶段关键点及处理措施、安装阶段关键点及处理措施、项目实施重点及解决措施等。

11.绿色施工技术和组织措施

绿色施工技术和组织措施主要包括实现绿色施工的管理体制,施工中针对工程特点所采取的绿色施工节能、节材、节地和环境保护措施等。

12.主要技术经济指标

主要技术经济指标主要包括工期指标、质量和安全指标、实物量消耗指标、成本指标和投资额指标等。因为此部分内容多与上述内容重复,或为内部管理目标,故可不单独列出。

对于常见的建筑结构类型或规模不大的单位工程,施工组织设计可编制得简单些,内容一般以施工方案、施工进度计划、施工平面图(简称"一案一表一图")为主,辅以简要的文字说明即可。对于较为复杂且标准要求较高的建筑工程,需要详细编制,为顺利施工提供指导。以上编制的内容可根据实际情况和叙述的逻辑性,前后调整次序。

6.1.3 单位工程施工组织设计的编制程序

单位工程施工组织设计的编制程序是指编制组织设计中各工作的先后顺序及对相互间制约关系的处理,如图 6-1 所示。

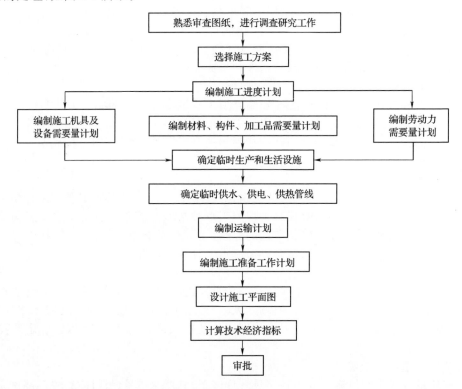

图 6-1 单位工程施工组织设计的编制程序

6.2　工程概况

工程概况应尽可能全面、详细地描述有关工程情况,应对拟建工程的工程特点、地点特征和施工条件等做简洁的文字介绍。因此,编写人员必须熟悉设计图纸和工程资料及信息。

6.2.1　工程特点

工程特点的内容主要是结合调查资料,针对工程找出关键性问题加以说明。对新材料、新技术、新结构、新工艺("四新")及施工难点应重点说明。

1.工程建设概况

工程建设概况主要介绍拟建工程的建设单位,工程名称、用途、资金来源及工程造价(投资额),开、竣工日期,施工单位(总、分包情况),其他参加单位(如监理等)情况,施工图纸情况(如会审等),施工合同内容要求,上级有关文件或要求等。

2.建筑设计特点

建筑设计特点主要介绍拟建工程的建筑面积、平面形状和平面组合情况,层数、层高、总高度、总长度和总宽度等尺寸,室内外装饰等情况。这些内容可在建筑施工图中获取。

3.结构设计特点

结构设计特点主要介绍基础结构特点及埋置深度,设备基础形式,桩基础根数及深度,主体结构类型、墙、柱、板材料及截面尺寸,预制构件类型、数量、质量及安装位置,楼梯结构及形式等。这些内容可在结构施工图中获取。

4.建筑设备安装设计特点

建筑设备安装设计特点主要介绍建筑给水、排水及采暖工程,建筑电气工程,智能建筑工程,通风与空调工程,消防和电梯等的设计要求。这些内容可在相关专业施工图中获取。

5.工程施工特点

工程施工特点主要介绍工程的施工重点,以便抓住关键,使施工顺利进行,提高施工单位的经济效益和管理水平。

6.2.2　地点特征

地点特征主要反映拟建工程的位置、地形、地质(不同深度的土质分析、冻结期及冰冻层厚度等)、地下水位、水质、气温、冬雨期时间、主导风向、风力和地震烈度等特征。

6.2.3　施工条件

施工条件主要介绍"三通一平"的情况,当地交通运输条件,资源生产及供应,施工现场大小及周围环境,预制构件生产及供应,施工单位机械、设备、劳动力及落实,内部承包方式和劳动组织形式及施工管理水平等,提出现场临时设施、供水、供电问题的解决方法等。

6.3 施工部署与施工方案

　　施工部署是对项目实施过程做出的统筹规划和全面安排,包括项目施工主要目标、施工顺序及空间组织、施工组织安排等,是施工组织设计的纲领性内容。施工进度计划、施工准备与资源配置计划、施工方法、施工现场平面布置和主要施工管理计划等施工组织设计的组成内容都应该围绕施工部署的原则编制。所以施工部署也是施工方案和主要施工方法的总体概述。

　　施工方案是以分部(分项)工程或专项工程为主要对象编制的施工技术与组织方案,用以具体指导其施工过程。施工方案与施工方法是单位工程施工组织设计的核心部分,将直接影响单位工程的施工质量、工期和效益。施工方案主要包括三方面内容:确定施工方案、选择施工方法、制定主要技术组织措施。

6.3.1 确定施工方案

　　施工方案的确定应着重考虑施工程序、施工起点和流向、分项工程施工顺序等内容。

1. 施工程序

　　施工程序是单位工程中各分部工程或施工阶段的先后顺序及其制约关系,主要是解决时间上搭接的问题。应注意以下几点:

　　(1)遵守"先地下后地上、先土建后设备、先主体后围护、先结构后装修"的原则

　　①先地下后地上是指地上工程开始之前,尽量先把管线等地下设施、土方工程和基础工程完成或基本完成,以免对地上部分施工产生干扰,既给施工带来不便,又会造成浪费,影响工程质量和进度。

　　②先土建后设备是指土建施工一般应先于水、电、暖、通信等建筑设备的安装。一般在土建施工的同时要配合有关建筑设备安装的预埋工作,大多是穿插配合关系。尤其在装修阶段,要从保质量、讲成本的角度,处理好相互间的关系。

　　③先主体后围护是指混凝土结构的主体结构与围护结构要有合理的搭接。一般多层建筑以少搭接为宜,而高层建筑则应尽量搭接施工,以有效缩短工期。

　　④先结构后装修是先完成主体结构施工,再进行装饰工程施工。但有时为了压缩工期,也可部分搭接施工。

　　上述程序是对一般情况而言。在特殊情况下,程序不会一成不变,如在冬季施工时,应尽可能先完成主体和围护结构,以利于防寒和室内作业的开展。

　　(2)做好土建施工与设备安装施工的程序安排

　　工业建设项目除了土建施工及水、电、暖、通信等建筑设备外,还有工业管道和工艺设备及生产设备的安装,此时应重视合理安排土建施工与设备安装之间的施工程序。一般有封闭式施工、敞开式施工、同时施工等方式。

　　①封闭式施工,即土建施工完成后,再进行设备安装。它适用于一般轻型工业厂房(如精密仪器厂房)。

　　②敞开式施工,即先安装设备,再土建施工,它适用于重型工业厂房(如冶金工业厂房中的高炉间)。

③同时施工,即安装设备与土建施工同时进行。当设备基础与结构基础连成一片时,设备基础二次施工会影响结构基础,这时可采取同时施工方式。这样土建施工可以为设备安装创造必要的条件。

2. 施工起点和流向

施工起点和流向是指单位工程在平面上或空间上开始施工的部位及其流动方向。一般来说,对单层建筑只要按其施工段确定平面上的施工起点和流向即可;对多层建筑除确定每层平面上的施工起点和流向外,还要确定其层间或单元空间上的施工流向。确定单位工程主体施工起点和流向,一般应考虑以下因素:

(1)施工方法是确定施工起点和流向的关键因素。如高层建筑若采用顺作法施工,地下为两层的结构,其施工流向为:定位放线→边坡支护→开挖基坑→地下结构施工→回填土→上部结构施工。若采用逆作法施工地下两层结构,其施工起点和流向可做如下表达:定位放线→地下连续墙施工→中间支承桩施工→地下室一层挖土、地面一层梁板钢筋混凝土结构施工,同时进行地上结构施工→地下室二层挖土、地下一层钢筋混凝土结构施工,同时进行地上结构施工。

(2)生产工艺或使用要求。一般对急于生产或使用的工段或部位应先施工。

(3)单位工程各部分的施工繁简程度。一般对技术复杂、施工进度慢、工期较长的工段或部位应先施工。

(4)有高低层或高低跨并列时,应从高低层或高低跨并列处开始施工。例如在高低跨并列的结构安装工程中,应先从高低跨并列处开始吊装柱。屋面防水应按先高后低的方向施工,同一屋面则由檐口到屋脊方向施工。基础深浅不同应按先深后浅的顺序施工。

(5)工程现场条件和施工机械。例如,土方工程中,边开挖边土方外运,则施工起点应确定在远离道路的部位,由远及近展开施工;同样,土方开挖采用反铲挖土机时,应后退挖土;采用正铲挖土机时,则应前进挖土。

(6)施工组织的分层分段。常用来划分施工层、施工段的部位,如伸缩缝、沉降缝、施工缝等,也是施工流向应考虑的因素。

(7)分部工程或施工阶段的特点及其相互关系。基础工程由施工机械和施工方法决定平面施工流向。主体工程从平面上看,任意一边先开始都可以;从竖向看,一般应自下而上施工(逆作法地下室施工除外)。

装修工程竖向施工流向比较复杂。室外装修工程可采用自上而下的流向;室内装修工程则可以采用自上而下,自下而上,自中而下、再自上而中三种流向。

(1)自上而下是指主体结构封顶、屋面防水层完成后,装修工程由顶层开始逐层向下的施工流向,一般由水平向下和垂直向下两种形式,如图6-2所示。其优点是待主体结构完成后有一定沉降时间,能保证装饰工程质量;屋面防水层完成后,可防止因雨水渗漏而影响装饰工程质量;由于主体施工和装饰施工分别进行,因此各施工过程之间交叉作业较少,便于组织施工。其缺点是不能与主体结构施工搭接,工期较长。

(2)自下而上是指主体结构施工到三层以上时(上有二层楼板,确保底层施工安全),装修工程从底层开始逐层向上的施工流向,一般有水平向上和垂直向上两种形式,如图6-3所示。为了防止上层板缝渗漏而影响装修质量,应先做好上层楼板面层抹灰,再进行本层墙面、天棚、地面抹灰施工。这种流向优点是可与主体结构平行搭接施工,能相应缩短工期,当工期紧迫时,可考虑采用这种流向。其缺点是交叉施工多,现场施工组织管理比较复杂。

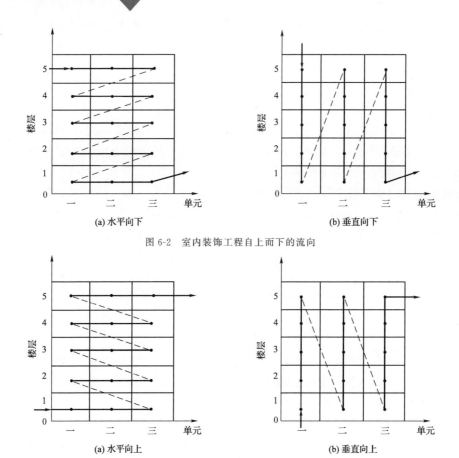

(a) 水平向下　　　　　　　　　(b) 垂直向下

图 6-2　室内装饰工程自上而下的流向

(a) 水平向上　　　　　　　　　(b) 垂直向上

图 6-3　室内装饰工程自下而上的流向

（3）自中而下再自上而中的施工流向,综合了前两种流向的优点。一般适用于高层建筑的装修施工,即当裙房主体工程完工后,便可自中而下进行装修。当主楼主体工程结束后,再自上而中进行装修,如图 6-4 所示。

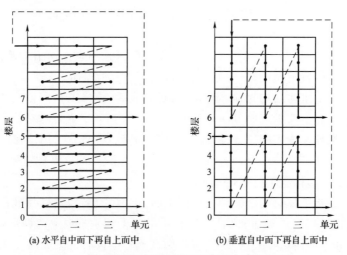

(a) 水平自中而下再自上而中　　　　(b) 垂直自中而下再自上而中

图 6-4　高层建筑装饰工程自中而下再自上而中的流向

3.分项工程施工顺序

(1)确定施工顺序的基本原则

①必须符合施工工艺的要求。因为施工工艺中存在的客观规律和相互制约关系,一般是不可违背的。如现浇钢筋混凝土柱施工顺序为:绑扎钢筋→支模板→浇筑混凝土→养护→拆模。

②应与施工方法协调一致。采用不同施工方法,则施工顺序也有所不同。如预应力混凝土构件,先张法和后张法的施工顺序相差较大。

③应符合施工组织的要求。例如,地面工程可以安排在顶板施工前进行,也可以在顶板施工后进行。前者施工方便,利于顶板施工材料运输和脚手架搭设,但易损害地面层。后者易保护地面面层,但地面材料运输和施工比较困难。

④必须考虑施工质量的要求。例如,内墙面及天棚抹灰,应待上一层楼地面完成后再进行,否则,抹灰面易受上层水的渗漏影响。楼梯抹面应在全部墙面、地面和天棚抹灰完成后,自上而下一次完成。

⑤应考虑当地气候条件。例如,在冬季与雨季之前,应先完成室外各项施工内容,在冬季和雨季时进行室内施工。

⑥应考虑施工安全要求。例如,多层结构施工与装饰搭接施工时,只有完成两层楼板的铺放,才允许在底层进行装饰施工。

(2)多层砖混结构施工顺序

多层砖混结构施工,一般可划分为地基及基础工程,主体结构工程,屋面、装饰及设备安装工程等施工阶段,其施工顺序如图6-5所示。

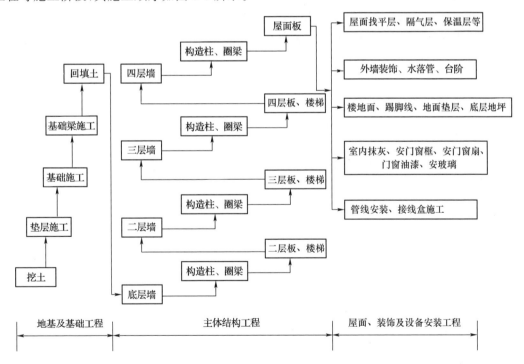

图6-5 四层混合结构施工顺序

①地基及基础工程施工顺序。挖土→垫层施工→基础施工→基础梁施工→回填土。如为桩基础,则在挖土前进行桩基础施工;如有地下室,则在挖土后进行地下室底板、墙板和顶板的

施工。

基础工程施工阶段应注意挖土和垫层的施工应搭接紧凑,防止基槽(坑)被雨水浸泡,影响地基承载力;垫层施工后要留有技术间歇时间,使其具有一定强度后再进行基础施工;埋入地下的上水管、下水管、暖气管等管沟的施工应尽可能与基础配合,平行搭接施工;回填土[包括房心回填土及基槽(坑)回填土],一般在基础完成后一次分层夯填完毕,以便为后道工序(砌筑砖墙)施工创造操作面。当工程量较大且工期较紧时,也可将填土分段与主体结构搭接组织流水施工,或安排在室内装饰施工前进行。

②主体结构工程的施工顺序。多层砖混结构大多设有构造柱、圈梁、现浇楼梯、预应力空心楼板(卫生间、厨房处为现浇板),其施工顺序为绑扎构造柱钢筋→砌墙→安装构造柱模板→浇筑构造柱混凝土→安装预应力空心板→安装上层圈梁、楼梯模板→绑扎圈梁、楼板、楼梯钢筋→浇筑圈梁、楼板、楼梯混凝土→安装上层预应力空心板。应注意脚手架搭设应与墙体砌筑密切结合,保证墙体砌筑连续施工。

③屋面工程阶段施工顺序。屋面工程一般按设计构造层次依次施工,施工顺序一般为:找平层施工→隔气层施工→保温层施工→找平层施工→结合层施工→防水层施工→隔热层施工。防水层应在保温层和找平层干燥后才能施工。结合层施工完毕后应尽快施工防水层,防止结合层表面积灰,以保证防水层粘结强度;防水层应在主体结构完成后尽快开始,以便为室内装饰创造条件。一般情况下,屋面工程可以与室外装饰工程平行施工。

④装饰工程阶段施工顺序。装饰工程可分为室内装饰工程和室外装饰工程。装饰工程施工顺序通常有先内后外、先外后内、内外同时进行三种顺序,具体确定应视施工条件和气候条件而定。通常室外装饰应避开冬期或雨期;当室内为水磨石楼地面,为防止施工用水渗漏对外墙面装饰的影响,应先完成水磨石施工,再进行外墙面装饰;如果为了加速脚手架周转或赶在冬、雨期前完成室外装修,则应采取先外后内的顺序。

室内抹灰在同一层内的顺序有两种:楼地面→天棚→墙面和天棚→墙面→楼地面。前一种顺序便于清理楼地面基层,楼地面质量易于保证,但楼地面施工后需留养护时间及采取保护措施。后一种顺序需要在做楼地面前,将天棚和墙面施工的落地灰和渣滓扫清洗涤后,再做面层,否则会影响楼地面面层与结构层的粘接,引起地面空鼓。室内抹灰时,应先完成楼板上的楼面施工,再进行楼板下天棚、墙面抹灰,以避免楼面渗漏影响墙面、天棚的抹灰质量。

底层地坪一般是在各层装修完成后施工,应注意与管沟的施工相配合。为成品保护,楼梯间和踏步抹灰常安排在各层装修基本完成后。门窗扇安装应在抹灰后进行,但若考虑冬期施工,为防止抹灰层冻结和采取室内升温加速干燥,门窗扇和玻璃可在抹灰前安装完毕。门窗玻璃安装一般在门窗油漆后进行。

室外装修工程一般采取自上而下的施工顺序。在自上而下的施工中该层室外装饰、水落管安装等工程全部完成后,即可拆除该层的脚手架。当脚手架拆除完毕后,进行散水及台阶的施工。

⑤设备安装工程施工顺序。设备安装工程应与土建工程交叉施工,紧密配合。基础施工阶段,应先完成相应管沟埋设,再进行回填土;主体结构施工阶段,应在砌筑或浇筑混凝土时,预留设备安装所需孔洞和预埋件;装修阶段应先安装各种管线和接线盒后,再进行装修施工。水暖电卫安装一般在室内抹灰前后穿插进行。总之,设备安装施工顺序除了符合自身安装工艺顺序外,还应注意与土建施工间的配合,保证安装工程与土建工程的施工方便和成品保护。

（3）多层现浇钢筋混凝土框架结构施工顺序

多层钢筋混凝土框架结构施工一般可划分为地基及基础工程、主体结构工程、围护工程和装饰工程等四个阶段。如图6-6所示为某现浇钢筋混凝土框架结构施工顺序。

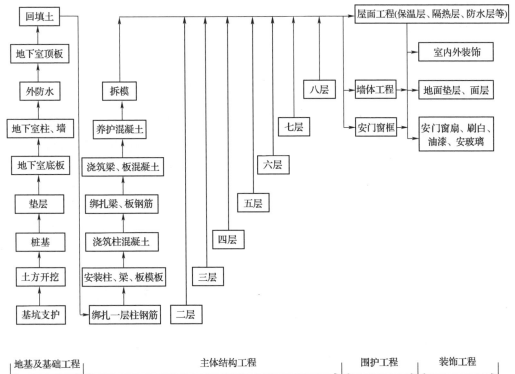

注：主体二～八层的施工顺序同一层

图6-6　多层现浇钢筋混凝土框架结构施工顺序

（地下室一层、桩基础）

①地基及基础工程施工阶段的施工顺序。现浇钢筋混凝土框架结构±0.000以下施工阶段，一般可分为有地下室和无地下室两种。当无地下室，且基础为浅基础时，施工顺序一般为：挖土→垫层施工→回填土施工。当有地下室，且基础为桩基础时，其施工顺序一般为：基坑支护→土方开挖→桩基→垫层→地下室底板（防水处理）→地下室柱、墙（防水处理）→外防水→地下室顶板→回填土。

②主体结构工程施工顺序。主体结构工程施工顺序为：绑扎一层柱钢筋→安装柱、梁、板模板→浇筑柱混凝土→绑扎梁、板钢筋→浇筑梁、板混凝土→养护混凝土→拆模。为了组织流水施工，需把多层框架在竖向上分层施工，在平面上分施工段施工。

③围护工程施工顺序。围护工程包括墙体工程、安门窗框和屋面工程。墙体工程包括砌筑用脚手架搭拆、内外墙及女儿墙砌筑等分项工程，是围护工程的主导施工，应与主体结构工程、屋面工程和装饰工程密切配合，交叉施工，以加快施工进度。主体结构达到龄期便可墙体砌筑，即墙体砌筑可与主体结构搭接施工；墙体砌筑后可进行室内装饰工程；主体结构和女儿墙施工完毕后，可进行屋面工程。屋面工程施工顺序与砖混结构屋面工程施工顺序相同。

④装饰工程施工顺序。装饰工程施工分为室内装饰工程和室外装饰工程。室内装饰工程

既可待主体和围护工程全部结束后开始,也可以与围护工程搭接施工。室外装饰应待主体围护工程结束后,自上而下逐层进行。装饰工程施工顺序与砖混结构房屋施工顺序基本相同。

(4)单层装配式工业厂房的施工顺序

单层装配式工业厂房施工,一般可分为基础工程、构件预制工程、结构吊装工程、围护工程、屋面及装饰工程、设备安装工程等施工阶段。各阶段的施工顺序如图 6-7 所示。

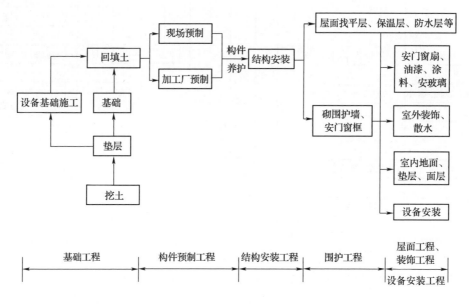

图 6-7 单层装配式工业厂房施工顺序

①基础工程的施工顺序。这个阶段的施工过程和顺序是:挖土→垫层→基础→回填土。如采用桩基础,则在挖土之前施工桩基础。

工业厂房基础有厂房柱基础和设备基础两类。根据两种基础埋深关系,可采用封闭式或敞开式施工。当厂房柱基础埋置深度大于设备基础时,则采用"封闭式"施工,即厂房柱基础先施工,设备基础后施工。当设备基础埋置深度大于厂房柱基础,且两类基础之间距离过近时,为防止设备基础基坑开挖时影响厂房柱基础的持力层,应采取"敞开式"施工,即设备基础与厂房柱基础同时施工。

②构件预制工程施工顺序。单层厂房结构构件预制通常采用现场预制和加工厂预制相结合的方法。对于尺寸和自重大的构件(如屋架、排架柱、抗风柱等),因运输困难,所以多采用在拟建厂房内部现场预制;对于数量较多的中、小构件(如吊车梁、连系梁、屋面板),可在加工厂预制,根据厂房结构安装工程的进度,陆续运往现场堆放或安装。

单层工业厂房钢筋混凝土预制构件现场预制施工顺序为:场地平整夯实→支模板→绑扎钢筋→浇筑混凝土(对于后张法预应力构件应同时预留孔道)→混凝土养护→拆模板→张拉预应力钢筋并锚固→孔道灌浆。

③结构安装工程施工顺序。安装阶段施工顺序取决于施工方案。采用分件吊装法时,一般施工顺序是:第一次开行吊装柱,并校正和固定;第二次开行吊装吊车梁、连系梁、基础梁等,使柱和梁形成空间结构;第三次开行吊装屋架、屋面板和屋盖支撑系统。采用综合吊装法时,一般施工顺序是:先吊装 1~2 个开间的 4~6 根柱,再吊装该开间内的吊车梁、连系梁、基础梁,最后吊装该开间内的屋架、屋面板、屋盖支撑,如此逐间依次进行,直至全部厂房吊装完毕。

厂房两端抗风柱安装顺序有两种：一种是在吊装排架柱的同时，先吊装该跨一端抗风柱，待厂房屋盖系统全部吊装完毕后，再吊装另一端的抗风柱；另一种是待厂房屋盖系统全部吊装完毕后，最后吊装抗风柱。

④围护工程、屋面及装饰工程施工顺序。总体来说，这一阶段施工顺序是：围护工程→屋面工程→装饰工程。围护工程与屋面工程施工顺序与现浇钢筋框架结构施工顺序基本相同。装饰工程包括室内装饰（包括地面、门窗扇、玻璃安装、油漆、刷白等）和室外装饰（包括勾缝、抹灰、勒脚、散水等），两者可平行施工，也可依次施工。室内抹灰一般自上而下进行；涂料应在墙面干燥和大型屋面板灌缝后雨水不再渗漏后进行。

⑤设备安装工程施工顺序。除满足自身工艺要求外，还要重视与土建施工相互配合，特别是大、中型生产设备的安装更是如此。

建筑施工是一个复杂的过程，上述三种类型建筑施工过程和施工顺序仅是指一般情况。在具体施工过程中，应针对建筑结构、现场条件、施工环境的具体特点，合理确定施工顺序，达到建设工程质量、进度、成本和安全目标的统一。

6.3.2 选择施工方法

同一项施工可采取不同的施工方法和施工机械来完成。例如，土方开挖可用人工开挖，也可机械开挖；采用机械开挖时，又可采用不同的挖土机械。因此，应根据结构特点，如建筑平面形状、长度、宽度、高度、工程量及工期，劳动力及资源供应情况，气候及地质情况，现场及周围环境，施工单位技术、管理水平和施工习惯等，进行综合分析，选择合理的施工方法，实现技术与经济的统一。

1.选择施工方法的基本要求

首先，应着重考虑主导施工过程的要求。主导施工过程一般是指工程量大、工期长，在施工中占主要地位的施工过程；或者施工技术复杂或采用新技术、新工艺、新结构、新材料，对工程质量起关键作用的施工过程。在选择施工方法时，应着重考虑影响施工进度的主导施工过程，而对于工程量小，按常规施工和工人熟悉的施工过程，则可不必详细说明，只需提出注意的问题和要求即可，做到突出重点。

其次，应满足施工组织总设计要求，符合施工技术、提高工厂化和机械化程度，做到方法先进、合理、可行、经济。

2.主导施工过程施工方法选择的内容

（1）土石方工程

①计算土石方工程量，进行土石方调配，绘制土方调配图。

②确定土方边坡坡度或土壁支撑形式。

③确定土方开挖方法或爆破方法，选择挖土机械或爆破机具、材料。

④选择排除地表水、降低地下水位的方法，确定排水沟、集水井的位置和构造，确定井点降水的高程布置和平面布置，选择所需水泵及其他设备的型号及数量。

（2）基础工程

①确定地基处理方法及技术要点。

②确定地下室防水要点。如防水卷材铺贴方法；防水混凝土施工缝留置及做法。

③确定预制桩打入方法及设备选择;或灌注桩成孔方法及设备选择等。

（3）砌筑工程

①选择砖墙的组砌方法及质量要求。

②弹线及皮数杆的控制要求。

（4）钢筋混凝土工程

①选择模板类型及支模方法,对于特殊构件应进行模板设计及绘制模板排列图。

②选择钢筋加工、绑扎、焊接方法。

③选择混凝土搅拌、运输、浇筑、振捣、养护方法,确定所需设备类型及数量,确定施工缝留设位置及施工缝处理方法。

④选择预应力混凝土施工方法和所需设备类型及数量。

（5）结构安装工程

①选择吊装机械种类、型号及数量。

②确定构件预制及堆放要求,确定结构吊装方法及起重机开行路线,绘制构件平面布置及起重机开行路线图。

（6）屋面工程

确定各个构造层次的施工操作要求及各种材料的使用要求。

（7）装饰工程

①确定各种装饰操作要求及方法。

②确定工艺流程和施工组织,尽可能组织结构与装饰工程穿插施工,室内、外装饰交叉施工,以缩短工期。

（8）现场垂直、水平运输及脚手架搭设

①选择垂直、水平运输方式,验算起重参数,确定起重机位置或开行路线。

②确定脚手架种类、搭设方法及安全网挂设方法。

6.3.3 制定主要技术组织措施

技术组织措施是指在技术和组织方面对保证工程质量、施工安全、节约和文明施工所采用的方法。应在严格执行施工验收规范、检验标准、操作规程前提下,针对工程施工特点,创造性地采取技术组织措施。对于复杂、要求较高的工程,则应分别单列编制。对于简单工程,以上内容可在相关的施工方案与施工方法中一并编制,并包括以下方面:

1.工程质量保证措施

工程质量保证措施是针对工程经常发生的质量通病采取的防治措施,可以根据关键施工技术、工艺及工程项目实施重点、难点,按照各主要分部、分项工程,或各工种工程分别提出质量要求。一般有以下几方面:

（1）保证拟建工程定位、放线、标高测量等准确的措施。

（2）保证地基承载力符合设计要求而采取的措施。

（3）保证各种基础、地下结构、地下防水施工质量的措施。

（4）保证主体结构中关键部位施工质量的措施。

（5）保证屋面工程、装饰工程施工质量的措施。

(6)保证冬、雨期施工质量措施。

(7)保证质量的组织措施,如人员构成、培训、质量责任制、质量检查验收制度等。

2.安全施工保证措施

安全施工保证措施对施工中可能发生的安全问题进行预测,有针对性地提出预防措施。一般从以下几方面考虑:

(1)保证土石方边坡稳定的措施。

(2)脚手架、安全网设置及各类洞口(如预留洞口、电梯口、楼梯口、通道口)防止坠落的措施。

(3)施工电梯、井架、龙门架及塔吊等垂直运输机具与主体结构连接要求和防倒塌措施。

(4)安全用电和机电设备防短路、防触电的措施。

(5)雨期防洪、防雨,夏期防暑降温,冬期防滑、防火等措施。

(6)现场周围通行道路及居民保护隔离措施。

(7)高空作业、结构吊装、空间交叉施工时的安全要求及措施。

(8)各种机械、机具安全操作要求。

(9)保证安全施工的组织措施,如安全宣传教育及检查制度等。

3.降低成本保证措施

降低成本保证措施是针对施工中降低成本可能性大的项目,在不影响工程质量和施工安全的前提下提出节约措施。一般从以下几个方面考虑:

(1)合理的劳动组织,提高劳动生产率,减少总的用工数。

(2)从材料采购、运输、现场管理及材料回收等方面,最大限度地降低原材料、成品和半成品的成本。

(3)采用新技术、新工艺,以提高工效,降低材料用量,节约施工总费用。

(4)保证工程质量,减少返工损失。

(5)保证安全生产,减少事故频率,避免意外工伤事故带来的损失。

(6)提高机械利用率,减少机械费的开支。

(7)增收节支,减少施工管理费的开支。

(8)工程建设提前完工,以节省各项费用开支。

总之,降低成本措施应从人工费、材料费、施工机械使用费、临时设施费、现场管理费、间接费等方面考虑。

4.现场文明施工保证措施

文明施工或场容管理措施一般包括以下内容:

(1)施工现场的围栏与标牌设置,保证出入口交通安全、道路畅通,保证场地平整。

(2)临时设施的规划与搭设,办公室、更衣室、食堂、厕所的安排与环境卫生。

(3)各种材料、半成品、构件的堆放与管理。

(4)散碎材料、施工垃圾的运输及防止各种环境污染的措施。

(5)成品保护措施。

(6)施工机械保养与安全使用。

(7)安全与消防设施。

6.4 施工进度计划

单位工程施工进度计划是在确定施工方案的基础上，根据计划工期和各种资源供应条件，按照工程施工顺序，用图表形式（横道图或网络图）表示各分部、分项工程搭接关系及工程开、竣工时间的计划安排。

6.4.1 施工进度计划概述

1.施工进度计划的作用

单位工程施工进度计划是单位工程施工组织设计的重要内容，它的主要作用是：

(1)控制各分部、分项工程的施工进度，保证在规定工期内完成工程任务。

(2)确定各分部、分项工程施工顺序、施工持续时间及相互衔接、配合关系。

(3)为编制季度、月度生产作业计划提供依据。

(4)为制订各项资源需要量计划和编制施工准备工作计划提供依据。

(5)具体指导现场的施工安排。

2.施工进度计划的分类

单位工程施工进度计划根据施工项目划分的粗细程度，可分为以下几类：

(1)控制性进度计划

它以分部工程来划分施工项目，控制各分部工程的施工时间及其相互搭接配合关系。它主要适用于工程结构较复杂、规模较大、工期较长，而需跨年度施工的工程，以及工程具体细节不确定的情况。

(2)指导性施工进度计划

它按分项工程或施工过程来划分施工项目，具体确定各分项工程或施工过程的施工时间及其相互搭接配合关系。它适用于施工任务具体而明确、施工条件基本落实、各种资源供应正常、施工工期不太长的工程。

3.施工进度计划的编制依据

(1)施工组织总设计对本工程的要求。

(2)有关设计文件，如施工图、地形图、工程地质勘查报告等。

(3)施工工期及开、竣工日期。

(4)施工方案及施工方法，包括施工程序、施工段划分、施工流程、施工顺序、施工方法等。

(5)劳动定额、机械台班定额等。

(6)施工条件。如劳动力、施工机械、材料、构件等供应情况。

4.施工进度计划的编制程序

单位工程施工进度计划的编制程序如图6-8所示。

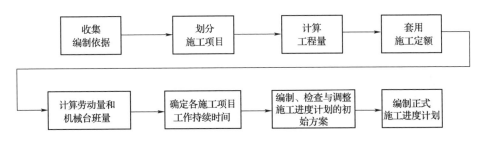

图 6-8　单位工程施工进度计划编制程序

6.4.2　施工进度计划编制步骤及方法

1. 划分施工项目

施工项目是具有一定工作内容的施工过程,是施工进度计划的基本组成单位。划分施工项目是编制施工进度计划的关键工作,所划分出的施工项目,既要涵盖编制对象的主要工作内容,又要突出重点;施工项目数量应合适,太多则进度计划过于繁杂,太少则不能起到进度计划应有的作用。施工项目划分的一般要求和方法如下:

(1)明确施工项目划分的内容。根据施工图纸、施工方案和施工方法,确定拟建工程可划分出的分部、分项工程,以及各分部、分项工程包括的具体施工内容。

(2)掌握施工项目划分的粗细程度。对于控制性进度计划,其施工项目划分可以粗略,一般按分部工程来划分。对于指导性进度计划,其施工项目划分可细一些,一般按分项工程或施工过程来划分,特别是主导施工过程均应详细列出。

(3)应考虑施工方案。同一工作内容,施工方案不同,则项目划分也不同。

(4)应考虑流水施工的要求。为使流水施工顺利进行,组织流水施工时,施工过程数应不大于施工段数,以免出现窝工现象。这就需要划分施工过程数与施工段数相协调。

(5)区分直接施工与间接施工。直接施工是指施工内容发生在现场内的施工过程,间接施工是指施工内容发生在现场外的施工过程。划分施工项目时,只需列入直接施工内容。至于间接施工,则应列入其他施工组织设计中。如场外预制构件制作过程属间接施工,应列入加工厂的施工组织设计中,而预制构件安装属直接施工,应列入施工现场的施工组织设计。

(6)应合理合并施工项目。一个单位工程的施工内容纷繁复杂,为了使设计简明清晰、重点突出,不可能将所有施工内容都列入计划,这就需要将施工过程适当合并。次要的施工项目可合并到主要施工过程中,例如基础防潮层可合并在基础墙砌筑内;有些重要但工程量不大的施工过程也可与相邻施工过程合并,例如,基槽(坑)挖土可与垫层合并为一项;同一期间,由同一工种施工的项目也可合并为一项,例如,门窗、铁栏杆等的油漆工程合并为一项;有些关系比较密切的施工过程也可合并,例如,散水、勒脚等可合并为一项。

(7)某些施工项目应单独列项。凡工程量大、用工多、工期长、施工复杂的项目,应单独列项,如砖混结构的砌筑工程。设备安装工程在土建施工进度计划中可单独列项,但应表明与土建施工的配合关系,具体安装工程施工进度计划由安装单位编制。

综上所述,划分施工项目是一项灵活性很大的工作,应该综合考虑,既要全面,又要重点突出,同时还应该考虑建筑的施工特点。例如,现浇钢筋混凝土结构可分为绑扎柱钢筋、安装模板、绑扎梁板钢筋、浇筑混凝土、养护、拆模等项目。对于砖混结构,则可仅列钢筋混凝土工程一项。对于抹灰工程列项,室外抹灰一般只列一项,室内抹灰则可列为地面抹灰、天棚及墙面抹灰、楼梯踏步抹灰等。

2.计算工程量

计算工程量应根据施工图纸、工程量计算规则及相应的施工方法进行计算。如有预算文件,可直接利用预算文件中的工程量。若某些项目不一致,则应根据实际情况加以调整或补充,甚至重新计算。计算工程量时应注意以下几个问题:

(1)各项目的计量单位应与现行施工定额的计量单位一致,以便计算劳动量、材料、机械台班时直接套用定额。

(2)结合施工方法和技术安全要求计算工程量。例如:挖土时是否放坡,是否增加工作面,坡度和工作面尺寸是多少;开挖方式等都直接影响到工程量的计算。

(3)按照施工组织要求分层、分段计算工程量。

3.套用施工定额,计算劳动量和机械台班量

施工定额是指当地实际采用的劳动定额及机械台班定额,它一般有两种形式:即时间定额和产量定额。时间定额是指某种专业、某种技术等级工人小组或个人在合理的技术组织条件下,完成单位合格产品所必需的工作时间,一般用符号 H_i 表示,它的单位有:工日/m³,工日/m²、工日/m,工日/t 等。产量定额是指在合理的技术组织条件下,某种专业、某种技术等级工人小组或个人在单位时间内所应完成的合格产品数量,一般用符号 S_i 表示,它的单位有:m³/工日、m²/工日、m/工日、t/工日等。时间定额和产量定额是互为倒数的关系,即

$$H_i = \frac{1}{S_i} \text{ 或 } S_i = \frac{1}{H_i} \qquad (6\text{-}1)$$

(1)劳动量的确定

以手工操作完成的施工项目,其劳动量可按式(6-2)计算

$$P_i = \frac{Q_i}{S_i} = Q_i \times H_i \qquad (6\text{-}2)$$

式中　P_i——某施工项目的劳动量(工日);

　　　Q_i——该施工项目的工程量(m³、m²、m、t 等);

　　　S_i——该施工项目采用的产量定额(m³/工日、m²/工日、m/工日、t/工日等);

　　　H_i——该施工项目采用的时间定额(工日/m³、工日/m²、工日/m、工日/t 等)。

(2)机械台班量的确定

以施工机械为主完成的施工项目,按式(6-3)计算机械台班量:

$$D_i = \frac{Q_i}{S_i} = Q_i \times H_i \qquad (6\text{-}3)$$

式中　D_i——某施工项目所需机械台班量(台班);

　　　Q_i——机械完成的工程量(m³、t、件等);

　　　S_i——该机械的产量定额(m³/台班、t/台班、件/台班等);

　　　H_i——该机械的时间定额(台班/m³、台班/t、台班/件等)。

在实际工程中还会遇到施工进度计划所列项目与施工定额所列项目的工作内容不一致的情况,可采取下列方法处理:

①若施工项目是由两个或两个以上的同一工种,但材料、做法或构造都不同的施工过程合

并而成时,可按式(6-4)计算其综合产量定额

$$\bar{S}_i = \frac{\sum Q_i}{\sum P_i} = \frac{Q_1+Q_2+Q_3+\cdots+Q_n}{P_1+P_2+P_3+\cdots+P_n} = \frac{Q_1+Q_2+Q_3+\cdots+Q_n}{\dfrac{Q_1}{S_1}+\dfrac{Q_2}{S_2}+\dfrac{Q_3}{S_3}+\cdots+\dfrac{Q_n}{S_n}} \tag{6-4}$$

式中　$\bar{S}_i$——合并后的施工项目的综合产量定额(m^3/工日、m^2/工日、m/工日、t/工日等);

$\sum Q_i$——合并后总的工程量(计量单位要统一);

$\sum P_i$——合并后总的劳动量(工日);

$Q_1,Q_2,Q_3,\cdots,Q_n$——合并前同工种但施工做法不同的各个施工过程的工程量;

$S_1,S_2,S_3,\cdots,S_n$——合并前与$Q_1,Q_2,Q_3,\cdots,Q_n$相对应的产量定额。

②对"其他工程"所含的劳动量,可根据其内容和数量,结合工地具体情况,以总劳动量的10%~20%计算确定。

③"设备安装工程"在土建施工进度计划中,不计算工程量,仅考虑与一般土建配合施工。

4. 确定各施工项目工作持续时间

施工项目工作持续时间的计算方法一般有定额计算法、倒排计划法和经验估计法三种。

(1)定额计算法

当未规定工期或工期要求比较宽松时,可采取这种方法。当施工项目所需劳动量和机械量确定后,可按式(6-5)、式(6-6)计算其施工持续时间

$$T_i = \frac{P_i}{R_i \times b} \tag{6-5}$$

$$T'_i = \frac{D_i}{G_i \times b} \tag{6-6}$$

式中　T_i——某个以手工操作为主的施工项目持续时间(天);

P_i——该施工项目的劳动量(工日);

R_i——该施工项目的施工班组人数(人);

D_i——该施工项目所需的机械台班量(台班);

b——每天采用的工作班制(1~3班制);

T'_i——某个机械施工为主的施工项目工作持续时间(天);

G_i——某机械项目所配备的机械台数(台)。

应用式(6-5)、式(6-6)时,应首先确定R_i,b,G_i的数值。

①施工班组人数的确定。在确定施工班组人数时,应考虑最少劳动组合人数和最小工作面的要求。最少劳动人数组合,即某一施工过程进行正常施工所必需的最低限度的班组人数及其合理组合。最少劳动组合确定了施工班组人数的最小值。最小工作面,即施工班组为了保证安全生产和高效的操作所必需的工作面。最小工作面确定了施工班组人数的最大值。

按照上述要求,施工班组人数应介于上述最小值和最大值之间,并应考虑施工企业班组的建制人数来确定。

②机械台数G_i的确定。机械台数G_i的确定与施工班组人数R_i的确定相似,也应该考虑各种机械的配套、施工最小工作面等来确定。

③工作班制b的确定。一般情况下,当工期不紧,劳动力和机械周转使用不紧迫、施工工

艺上无连续施工要求时,可采用一班制施工;当组织流水施工时,为了给第二天连续工作创造条件,某些工作可考虑在夜间进行,即采用二班制施工;当工期较紧或为了提高施工机械的使用率及加快机械的周转使用,或工艺上要求连续施工时,某些施工项目可考虑三班制工作。

（2）倒排计划法

当总工期已确定且比较紧张时,可考虑采用这种方法。先根据总工期的要求,确定各分部工程的施工持续时间,再确定各分项工程或施工过程的施工持续时间和工作班制,最后确定施工班组人数或机械台数。其计算公式见式(6-7)、式(6-8)

$$R_i = \frac{P_i}{T_i \times b} \tag{6-7}$$

$$G_i = \frac{D_i}{T'_i \times b} \tag{6-8}$$

式中符号同式(6-5)、式(6-6)。

（3）经验估计法

对于采用新工艺、新技术、新结构、新材料等无定额可循的工程,可采用这种方法。为了提高其准确程度,可采用"三时估计法",即先估计出完成该施工项目最乐观时间(A)、最悲观时间(B)和最可能时间(C)三种施工时间,然后按加权平均的方法确定该施工项目的工作持续时间,其计算公式见式(6-9)

$$t = \frac{A + B + 4C}{6} \tag{6-9}$$

5. 编制施工进度计划的初始方案

编制施工进度计划时,应充分考虑各分部、分项工程的合理施工顺序,尽可能组织流水施工,力求主要工种的施工班组连续施工,其编制步骤为:

（1）组织主要分部工程的流水施工。首先安排主导施工过程的施工进度,使其尽可能连续施工,以缩短施工时间;然后安排其他施工过程,尽可能与主导施工过程配合、穿插、搭接。

（2）组织其他分部工程的施工进度,使其与主要分部工程穿插、搭接施工。

（3）按照工艺和组织的合理性,将各分部工程的流水作业图按照尽量配合、穿插、搭接的原则连接起来,便得到单位施工进度计划的初始方案。

6. 初始施工方案进度计划的检查与调整

检查与调整的目的在于使初始的进度计划满足规定的目标,并更加合理。

（1）初始进度计划的检查

一般从以下几方面进行检查:

①各施工过程的施工顺序是否正确,流水施工的组织方法是否正确,技术间歇是否合理。

②初始方案的总工期是否满足合同工期。

③主要施工过程是否连续施工,各施工过程之间的相互配合、搭接是否正确。

④劳动力消耗是否均衡,应力求每天出勤的工人人数不发生过大变动。劳动力消耗的均衡性可以用劳动力消耗动态图或劳动力不均衡系数(K)来评估,见式(6-10)

$$K = \frac{R_{max}}{R_m} \tag{6-10}$$

式中　K——劳动力不均衡系数;

　　　R_{max}——高峰人数;

R_m——平均人数,即施工总工日数除总工期所得人数。

劳动力不均衡系数一般应接近 1,在 2 以内为好,超过 2 则不正常。如果出现劳动力不均衡的情况,可通过调整次要施工过程的施工人数、施工持续时间和起止时间及重新安排搭接等方法来实现均衡。

⑤物资方面,应检查主要机械、设备、材料等的利用是否均衡,施工机械是否充分利用。

(2)初始进度计划的调整

初始方案经过检查,对不符合要求的部分应进行调整。调整方法一般有:增加或缩短某些施工过程的施工持续时间;在符合工艺关系的条件下,调整某些施工过程的起止时间;改变施工方法等。

建筑施工是一个复杂的生产过程,受到人、材料、机械、施工方法、周围环境的影响,使施工进度计划不能正常实施,也就是说计划是相对的,而变化是绝对的。因而在工程进展中应经常检查进度计划是否按要求执行,并在满足工期要求的情况下,不断调整、优化。

6.5 施工准备工作计划及施工资源需要量计划

施工准备工作计划及施工资源需要量计划是施工组织设计的组成部分,是施工单位安排施工准备工作及施工资源供应的主要依据。它应依据施工进度计划进行编制。

6.5.1 施工准备工作计划

施工准备工作计划主要是反映开工前、施工中必须做的有关准备工作,内容一般包括技术准备、现场准备、资源准备及其他准备,其计划表格见表 6-1。

表 6-1 施工准备工作计划表

序号	准备工作项目	简要内容	负责单位	负责人	起止日期		备注
					开始	结束	

6.5.2 施工资源需要量计划

1.劳动力需用量计划

其编制方法是将施工进度计划表上每天施工项目所需工人按工种分别统计,得出每天所需工种及人数,再按时间进度要求汇总。其计划表格见表 6-2。

表 6-2　　　　　　　　　　　　　劳动力需用量计划表

序号	工种名称	总需要量（工日）	需要工人人数及时间												
			×月			×月			×月			×月			……
			上旬	中旬	下旬	上旬	中旬	下旬	上旬	中旬	下旬	上旬	中旬	下旬	……

2. 施工机具需用量计划

其编制方法与劳动力需用量计划类似。其计划表格见表 6-3。

表 6-3　　　　　　　　　　　　施工机具需用量计划表

序号	机具、设备名称	类型、型号	需要量		货源	进场日期	使用起止时间	备注
			单位	数量				

3. 预制构件需用量计划

一般按构件不同种类分别编制。列出构件名称、规格、数量等。其计划表格见表 6-4。

表 6-4　　　　　　　　　　　　预制构件需用量计划表

序号	名称	规格	图号、型号	需要量		使用部位	加工单位	供应日期	备注
				单位	数量				

4. 主要材料需用量计划

编制时列出主要材料的名称、规格、需要量、供应时间等。其计划表格见表 6-5。

表 6-5　　　　　　　　　　　　主要材料需用量计划表

序号	材料名称	规格	需要量		供应时间	备注
			单位	数量		

6.6　单位工程施工现场平面布置

微视频

施工平面怎么布置

单位工程施工现场平面布置是对拟建工程施工现场所做的平面规划和布置，是施工组织计划必不可少的内容，是现场文明施工的基本保证。

6.6.1　单位工程施工现场平面布置概述

1.单位工程施工现场平面布置设计内容

(1)已建和拟建的地上和地下的一切建筑及其他设施(道路和管线)的位置和尺寸。

(2)生产临时设施。主要包括垂直运输机械的位置,搅拌站、加工棚、仓库、材料构件堆场,运输道路,水电线路,安全防火设施的位置和尺寸。

(3)生活临时设施。主要包括行政管理、文化、生活、福利用房的位置和尺寸。

2.单位工程施工现场平面布置设计依据

单位工程施工现场平面布置设计依据有建筑总平面图、施工图纸、现场地形图,水源和电源情况,施工场地情况,可利用的房屋及设施情况,自然条件和技术经济条件的调查资料,施工组织总设计,本工程的施工方案和施工进度计划、各种资源需要量计划等。

3.单位工程施工现场平面布置设计原则

(1)平面布置科学合理,在保证顺利施工前提下,现场要布置紧凑、占地省,不占或少占公用场地。

(2)合理布置现场的运输道路及加工厂、搅拌站、材料堆场或仓库位置,尽量做到短运距、少搬运,尽量避免二次搬运。

(3)充分利用既有建(构)筑物和既有设施为项目施工服务,降低临时设施的建造费用。

(4)临时设施应方便生产和生活,办公区、生活区和生产区宜分离设置。

(5)应符合节能、安全、消防、环保、市容、劳动保护等要求。

(6)施工区域的划分和场地的临时占用应符合总体施工部署和施工流程的要求,减少相互干扰。

(7)遵守当地主管部门和建设单位关于施工现场安全文明施工的相关规定。

4.单位工程施工现场平面布置的设计步骤

单位工程施工现场平面布置设计步骤一般是:确定垂直运输机械位置→确定搅拌站、加工棚、仓库、材料及构件堆场尺寸和位置→布置运输道路→布置生活用房→布置临时水电管线→布置安全消防设施。

6.6.2　单位工程施工现场平面布置设计

1.布置垂直运输机械位置

垂直运输机械位置是施工现场平面布置的中心环节,直接影响到其他生产设施布置。不同起重机械位置布置方法如下:

(1)固定式垂直运输机械的位置

井架、龙门架等机械位置固定,主要解决垂直运输问题,应使地面水平运输和楼面水平运输的运距最小。布置时应考虑以下几个方面:

①应布置在施工现场较宽阔的一侧。以便有较大的场地布置各类生产设施。

②当建筑各部位高度相同,且只设一台垂直运输机械时,应布置在施工段分界线处,以保证材料运至各施工段;当建筑高度不同,且只设一台垂直运输机械时,应布置在高低分界线较高一侧,以保证高低两处均能顺利运输。

③井架、龙门架应布置在建筑的窗口处,减少对墙体的留槎和修补工作。

④井架、龙门架服务范围一般为 50～60 m。当运距较长或施工进度较快时,为保证运输能力,可增设井架或龙门架。

⑤卷扬机不应距起重机械过近,以便司机视线能看到整个升降过程,一般要求距离大于建筑高度。为便于脚手架搭设,卷扬机应距离外脚手架 3 m 以上。

(2)塔式起重机的位置

塔式起重机按使用方法不同,可分为固定附着式、轨道行走式和内爬式等几种类型。不同类型,布置方式有所不同。

①固定附着式塔式起重机 主要用于占地面积较小的点式高层建筑。宜设置在建筑靠近生产设施的一侧,并应满足式(6-11)

$$R \geqslant B + D \tag{6-11}$$

式中 R——塔吊最大回转半径(m);

B——建筑平面最远点上距塔吊中心线最大距离(m);

D——塔吊中心线与建筑外墙边缘距离(m)。

②轨道式塔式起重机 主要用于占地面积较大的多层建筑。一般沿建筑长向布置,在施工场地较宽阔的一侧。根据建筑平面形状和尺寸、构件重量、起重机性能及四周施工场地的条件,通常轨道有单侧布置、双侧布置和环形布置。当建筑宽度较小,构件自重不大时,可采用单侧布置;当建筑宽度较大、构件重量较大,应采用双侧或环形布置。

轨道布置应绘制塔式起重机服务范围。服务范围是以轨道两端的轨道中点为圆心,以最大回转半径为半径划出两个半圆,连接两个半圆,即塔式起重机的服务范围。

塔式起重机服务范围应符合两个要求:一是应将建筑平面包括在起重机服务范围内,尽可能避免死角。二是材料及构件堆放场地、搅拌站和钢筋加工棚应在服务范围之内。这样起重机就能直接把材料运输到建筑所有位置上。

③内爬式塔式起重机 根据这种起重机的爬升特点,应将其设在点式高层建筑的电梯井或竖向通道内。要求其服务范围应覆盖建筑平面和材料、构件堆放场地。

2. 搅拌站、加工棚、仓库及材料堆场的布置

布置总体要求是:既要尽量靠近垂直运输机械或布置在起重机服务范围内,又要便于运输、装卸。具体要求如下:

(1)搅拌站的布置

①当采用固定式垂直运输机械时,搅拌站应尽可能布置在垂直运输机械附近,以减少混凝土或砂浆的水平运距。当采用塔式起重机时,搅拌站应设在其服务范围之内。

②搅拌站应有后台上料场地,与砂石堆场、水泥库、石灰池靠近,而且要便于材料的运输和装卸。

③搅拌站应设置在施工道路近旁,使小车、翻斗车地面水平运输方便。

④混凝土搅拌站占地面积约 25 m²,砂浆搅拌站占地面积约 15 m²,冬期施工还需考虑混凝土、砂浆保温与供热设施所占面积。

⑤如采用混凝土泵输送,混凝土泵应靠近混凝土搅拌站,或使混凝土搅拌运输车便于接近的位置。

(2)加工棚的布置

木材、钢筋、水电等加工棚宜放置在建筑四周稍远处,应便于原材料及成品的运输,并有相应的材料及成品堆场。

(3)仓库及堆场的布置

①仓库的布置　水泥库应靠近搅拌机械。各种易燃、易爆品仓库布置应符合防火、防爆安全距离要求。木材、钢筋及水电器材等仓库,应与加工棚结合布置,以便就近取材加工。

②构件配件及材料堆场的布置　构件配件及材料堆场应靠近固定式垂直运输机械或置于塔式起重机的服务范围内。各种钢、木门窗及钢、木构件,不宜露天堆放,可放在已建成的主体结构底层室内或另外搭棚存放。模板、脚手架等周转材料,应存放于便于装卸及垂直运输的地点。砂石应尽可能布置在搅拌机械附近,便于装卸。

3. 运输道路的布置

施工运输道路应按材料和构件运输要求,沿仓库、堆场和垂直运输机械布置,使运输畅通。汽车道路宽度,单、双行道分别不小于 3 m 和 6 m;平板拖车单、双行道分别不小于 4 m 和 8 m。

运输道路布置应满足材料、构件等运输要求,通到各仓库、堆场及垂直运输机械附近;应满足消防要求,靠近建筑、材料堆场等易于发生火灾的地方,以便消防车能直接开到消防栓处,消防车道宽度不小于 3.5 m;为提高车辆通行速度和能力,应尽量将通道布置成环路;应尽量利用已有道路或永久性道路。对于永久性道路可先修筑路基,将其作为临时道路,工程结束后再修筑路面;施工道路应避开拟建工程和拟建地下管道等部位。

4. 生活用临时设施的布置

生活用临时设施布置应考虑使用方便,不得妨碍施工,符合安全、防火要求,应尽量利用已有设施或已建工程。通常办公室布置应靠近施工现场,宜设在工地出入口处;工人休息室应设在工人作业区;宿舍应布置在安全的上风口;门卫室宜布置在工地入口;开水房、食堂与浴室、厕所应隔离设置。

5. 临时供水、供电设施的布置

(1)临时供水管网的布置

①单位工程临时供水管网,一般采用枝状布置方式,应将供水管分别接至各用水点附近。在保证供水前提下,应使管线越短越好,管线可明铺或暗铺。高层建筑施工用水应设置蓄水池和加压泵,以满足高层用水需要。

②为了排除地表水和地下水,应及时修通下水道。与城市永久性排水系统连接时,应重视沉淀和过滤,防止阻塞并符合环保要求。

(2)临时供电网的布置

单位工程的临时供电网一般也采用枝状布置。其要求如下:

①尽量利用原有高压电网及已有变压器。如自行设置应符合下列要求:变压器应布置在现场边缘高压线接入处离地面距离应大于 3 m,四周设高度大于 1.7 m 的铁网防护栏,并设有明显标志。变压器不可布置在交通路口。

②线路应架设在道路一侧,距建筑水平距离应大于 1.5 m,垂直距离应在 2 m 以上,电线杆间距一般为 25~40 m,分支线及引入线均应由杆上横担处连接。线路应布置在起重机械工作范围以外或采用埋地电缆代替架空线,以减少相互干扰。供电线路跨过材料、构件堆场时,

应有足够的安全架空距离。

③各种用电设备控制应做到"一机、一闸、一保护"。室外配电箱等,应有防雨、防潮措施,严防漏电短路及触电事故。

6.消防设施的布置

消防用水一般利用城市或建设单位的永久性消防设施。如自行设置应符合下列要求:消防水管直径不小于100 mm,消防栓间距不大于120 m;消火栓布置应靠近十字路口、路边或工地出入口附近,距路边不大于2 m,距拟建建筑外墙不应小于5 m也不应大于25 m且应设有明显的标志,周围3 m以内不准堆放建筑材料。

单位工程施工平面图所包含的内容很多,为了具体指导现场管理,绘制时应有足够的深度,绘制时应把拟建单位工程放在图的中心位置。图幅一般采用2~3号图纸,比例为1:200~1:500,常采用的是1:200。

6.7 安全文明施工技术组织措施

安全文明施工技术组织措施主要指根据《建筑施工安全技术统一规范》(GB 50870—2013)、《建筑工程绿色施工规范》(GB/T 50905—2014)、《建设工程施工现场环境与卫生标准》(JGJ 146—2013)、《建筑深基坑工程施工安全技术规范》(JGJ 311—2013)和《工程施工废弃物再生利用技术规范》(GB/T 50743—2012)等规范和地区要求,采取的相关措施。

1.安全管理组织

建立以项目负责人为首,由各职能部门负责人组成的安全领导机构,协调和监督安全防范措施的实施。按照安全施工保证体系建立安全责任制。设置专职安全员,负责日常安全检查、安全巡视和安全教育。严格执行各分项工程的安全技术交底和建立进场工人安全教育制度。

2.专职安全管理人员

配备足够数量的专职安全管理员,履行安全管理职责。安全职责应明确职责和管理方法。

3.特殊作业人员

电工、电焊工、机械工、架子工等所有特殊作业人员必须持证上岗。

4.安全设施或需配置的安全设施

根据工程需要采取安全帽、安全网、安全带、安全警示牌及安全设施等管理措施。

5.安全防护措施

对易发生安全事故(如土方工程、桩基工程、施工用电、外脚手架、动火作业和"四口"防护等)的施工过程和施工部位采取安全保护措施。

6.大、中型施工机械管理

对主要施工机械管理、操作、维修和用电保护等方面采取措施。

7.文明施工技术组织措施

根据相应规范和要求,对文明施工技术组织原则、组织架构和工作流程、场容场貌管理、临时道路管理、施工人员管理、治安管理、材料管理、节能施工和人员生活管理等方面采取措施。

8.安全文明施工责任奖惩办法

对违反安全文明施工要求的行为制订切实可行的具体处理方案,根据情节轻重可采取批评教育、罚款和停岗学习等处罚措施。

9. 危险源因素识别、评价及控制措施

主要包括危险因素识别、风险因素的评价和风险因素的控制措施。特别应根据重大风险因素及控制计划清单,并采取相应的、具体的控制措施。

10. 影响环境重大因素的确定与控制措施

影响环境重大因素主要包括:扬尘、二次污染、水污染、噪声污染、固体废弃物污染。根据以上影响因素和根据相应规范及要求,采取相应的控制措施。

6.8 保证工程质量技术组织措施

首先根据合同要求或制定的目标,明确具体的工程质量目标,再从以下几个方面采取保证工程质量技术组织措施。对于大型复杂的、质量要求较高的工程,则需要详细编制。对较为简单的工程,则可适当简化。

6.8.1 质量管理体系、制度及质量保证体系

1. 质量管理机构

坚决贯彻"百年大计、质量第一"的方针,牢固树立"预防为主"的思想。在施工过程中,通过各种形式加强对参建人员的教育,不断提高工作责任心和质量意识,对质量问题坚决执行"三不放过"和"一票否决制"。精心组织、精心施工,建立明确、具体的质量管理机构,确保工程质量达到目标要求。

2. 工程质量管理体系和质量检验系统

在全面熟悉施工图,领会设计意图前提下,建立以公司总工程师为首的质量保证体系,全面控制施工项目的工程质量。工程质量管理体系和质量检验系统可用流程图表示。

3. 技术保证制度

制定施工过程的事前、事中、事后管理制度。施工难点、技术变更和技术问题的处理方法等。

4. 原材料质量保证制度

制定对各种原材料质量把关以及检验和储存等相关的制度。

5. 计量保证制度

主要包括对施工中各种主要计量过程采取具体的管理措施。

6. 施工保证制度

主要包括施工质量管理制度,主要施工过程间的工序管理,具体的管理方式和要求。

7. 质量回访维修制度

自工程竣工验收交付使用开始,严格执行建筑工程的质量回访和保修、维修制度,树立"用户第一"的思想。

6.8.2 关键部位质量控制措施

根据工程特点和现场具体条件采取关键部位质量控制措施,控制措施应包括工期、施工顺序和施工方法。主要涉及主体和装饰质量控制措施两大方面。具体内容有基础工程、模板工程、钢筋工程、混凝土工程、砌体工程、屋面工程、防水工程、外墙保温工程和装饰工程等。

6.8.3 工种岗位技术培训

制定对项目主要管理人员和现场操作人员进行技术培训的相关制度。

6.8.4 先进施工工艺

对新材料、新技术和新工艺施工应采取具体的管理措施,明确方法和要求。

6.8.5 送样检测,见证取样保证措施

制定送样员、见证员等人员的资格要求以及具体的工作流程。如必须持证上岗,必须现场取样,现场制作,送样单必须经送样员、见证员签字盖章后送检测站检测等。

6.8.6 分部、分项分阶段验收步骤及方法

分项工程质量应在班组自检的基础上,由单位工程负责人组织有关人员进行评定,专职质量检查员核定。从保证项目、检验项目、实测项目进行验收评定。分项隐蔽工程,在班组自检基础上经甲方、监理单位验收合格后,再进行下道工序施工。

地基验槽、结构验收由建设单位、设计单位、监理单位、施工单位共同组织验收。分部、分项分阶段验收方法必须以图纸为准,以施工规范验评标准和强制性标准的规定,以验评标准的操作方法、检查方法进行验收。

6.8.7 完成质量目标奖惩办法

确定各班组质量施工目标,及各分部工程的质量施工目标,本着谁施工谁负责的原则,对于不按要求施工的班组及个人,除按要求进行返工外,还要视情节轻重采取处罚措施。

6.9 进度计划管理和保障措施

为了保证工程建设顺利进行,应在人力、物力、资金以及其他方面采取完善的施工进度管理和保证措施,一般包括以下几方面。

6.9.1　进度管理组织机构和职责

主要包括进度管理人员和机构组成,以及各自的职责。

6.9.2　施工进度管理方法

主要包括施工进度信息的获取方法、影响施工进度因素的分析方法和相应的管理制度。

6.9.3　施工人员保障措施

保障各工种施工人员满足施工进度要求的组织措施、合同措施和经济措施等。

6.9.4　材料和周转材料保障措施

保障各类材料和周转材料满足施工进度要求的具体措施等。

6.9.5　机械设备保障措施

保障各类机械设备满足施工进度要求的具体措施等。

6.10　绿色施工技术组织措施

随着国家对环境保护的重视,对施工现场环境与卫生要求不断提高,并提出了绿色施工的要求。因此,过去在安全文明施工中,所包含的环境保护和绿色施工技术组织措施,如今要求单独编制,并加以细化。编制时主要参照《建筑工程绿色施工规范》(GB/T 50905—2014)、《建筑工程绿色施工评价标准》(GB/T 50640—2010)、《建设工程施工现场环境与卫生标准》(JGJ 146—2013)和《工程施工废弃物再生利用技术规范》(GB/T 50743—2012)等相关规范和当地的具体要求。

6.10.1　施工现场环境与卫生技术组织措施

施工现场环境与卫生技术组织措施包括保护环境、创建整洁文明的施工现场、保障施工人员的身体健康和生命安全、改善建设工程施工现场的工作环境与生活条件等具体措施。

环境保护措施主要解决现实的或潜在的环境问题,协调施工活动与环境的关系,保障经济社会的健康持续发展。环境卫生包括施工现场生产和生活环境的卫生。生活环境卫生又包括食品卫生、饮水卫生、废污处理、卫生防疫等。根据规范和实际情况要求制定具体、可行、满足现场环境和卫生要求的制度。

6.10.2 绿色施工技术组织措施

在保证质量、安全等基本要求的前提下,通过科学管理和技术进步,最大限度地节约资源,减少对环境负面影响,实现节能、节材、节水、节地和环境保护("四节一环保")的建筑施工目标。针对工程实际情况,依据《建筑工程绿色施工评价标准》(GB/T 50640—2010),按照各分部、分项工程特点采取绿色施工技术组织措施。

复习思考题

6-1 简述单位工程施工组织设计的内容。

6-2 什么叫单位工程施工程序?确定施工程序应遵守哪些原则?土建与设备安装施工程序有哪几种?

6-3 什么叫单位工程的施工起点和流向?室内外装饰各有哪些施工流向?

6-4 确定施工顺序应遵守哪些基本原则?试分别叙述砖混结构和现浇钢筋混凝土框架结构的施工顺序。

6-5 各种技术组织措施的主要内容是什么?

6-6 单位工程施工进度计划的作用和编制依据是什么?

6-7 施工项目的划分有哪些要求?

6-8 怎样确定某个施工项目的劳动量和机械台班量?

6-9 怎样确定某一个施工项目的工作延续时间?确定班组人数时,要考虑哪些因素?

6-10 怎样检查和调整施工进度计划?

6-11 单位工程施工现场平面布置设计内容、依据和原则是什么?

6-12 简述单位工程施工平面图的一般设计步骤。

6-13 简述起重机的布置要求。

6-14 搅拌站、加工棚、仓库及材料堆场的布置要求是什么?

6-15 简述施工道路的布置要求。

6-16 现场临时设施有哪些内容?临时供水、供电有哪些要求?

模块 7   施工组织总设计

7.1   施工组织总设计的概念

7.1.1   施工组织总设计的作用

施工组织总设计(也称施工总体规划)是以一个建设项目或建筑群为编制对象,用以指导施工全过程各项活动的全局性、控制性的技术经济文件。一般由建设总承包单位负责编制。

施工组织总设计的基本作用是指导全工地施工准备、施工及竣工验收全过程的各项活动,是编制单位工程施工组织设计的依据。

7.1.2   施工组织总设计的原则

编制施工组织总设计应遵循以下基本原则:

(1)遵守工期定额和合同规定的工程开竣工期限。总工期较长的大型建设项目可分期分批建设,配套投产或交付使用,尽早地发挥建设投资的经济效益。在确定分期分批施工的项目时,必须使每期交工的项目独立地发挥效用,与项目有关的附属辅助项目同时完工。

(2)合理安排施工程序与顺序。按照建筑施工的程序组织施工,能够保证各项施工活动相互促进、紧密衔接,加快施工速度,缩短工期。

(3)应用科学和先进方法进行编制。因地制宜地促进技术进步和建筑工业化的发展。

(4)从实际出发,做好人力、物力的综合平衡,组织均衡施工。

(5)尽量利用正式工程、原有或就近的已有设施,以减少各种暂设工程;尽量利用当地资源,合理安排运输、装卸与储存作业,减少物资运输量,避免二次搬运;精心进行场地规划布置,节约施工用地,不占或少占农田,防止施工事故,做到文明施工。

(6)实施目标管理。编制施工组织总设计的过程,也就是提出施工项目目标,实现目标的规划过程。因此,必须遵循目标管理原则,使目标分解得当,决策科学,实施有法。

(7)与施工项目管理相结合。施工项目管理必须事先进行规划,使管理工作有序地进行。施工项目管理规划内容应在施工组织总设计的基础上进行扩展,使施工组织总设计不仅服务于施工和施工准备,而且服务于经营管理和施工管理。

7.1.3 施工组织总设计的编制依据

为了保证施工组织总设计编制水平和质量,使其更能结合实际、切实可行,并发挥其指导施工、控制进度的作用,应以如下资料作为编制依据:

(1)计划批准文件及有关合同的规定。建设地点所在地区主管部门有关批件;施工单位上级主管部门下达的施工任务计划;招投标文件及签订的工程承包合同中的有关施工要求的规定等。

(2)设计文件及有关规定。如批准的设计和计划任务书,以及有关建设文件等。

(3)建设地区的工程勘察资料和调查资料。勘察资料主要有地形、地貌、水文、地质、气象等自然条件;调查资料主要有建筑安装企业、预制加工、设备、技术与管理水平等情况,工程材料的来源与供应情况、交通运输情况,以及水电供应情况等建设地区的技术经济条件和当地政治、经济、文化、科技、宗教等社会调查资料。

(4)现行的规范、规程、定额和有关技术标准。主要有施工及验收规范、质量标准、工艺操作规程、概算指标、概预算定额、技术规定和技术经济指标等。

(5)其他参考资料。如类似或近似建设项目的施工组织总设计实例、施工经验的总结资料及有关的参考数据等。

7.1.4 施工组织总设计的编制程序

施工组织总设计是整个工程项目或群体建筑全面性和全局性的指导施工准备的技术文件,通常应该遵循如图 7-1 所示的编制程序。

7.1.5 施工组织总设计的内容

施工组织总设计的主要内容一般包括:工程概况、施工部署和主要工程项目施工方案、施工总进度计划、施工准备工作计划、施工资源需要量计划、施工总平面图、主要技术组织措施、主要技术经济指标。

工程概况和特点分析是对整个建设项目的工程结构特征、施工难易程度、工期、质量以及各单位工程之间的内在联系所做的简要分析,从而采取一些相应的、对全局有影响的施工部署或措施,使工程施工进度快、质量好、成本低,一般包括以下内容:

1.工程概况

建设项目概况主要包括项目构成状况(项目名称、性质、地理位置和建设规模);建设项目的建设、设计、施工和监理单位;建设地区自然条件状况;建设地区技术经济状况;施工项目施工条件等内容。

2.施工部署和主要工程项目施工方案

施工部署主要包括施工总目标、施工管理组织、施工总体安排等内容。其中,施工管理组织又包括确定施工管理目标,管理工作内容,管理组织机构,制定管理程序、制度和考核标准。施工总体安排又包括调集施工力量、安排为全场性服务的施工设施、划分独立交工系统、确定单项工程开竣工时间和主要项目施工方案。因此,施工部署和主要工程项目施工方案是施工

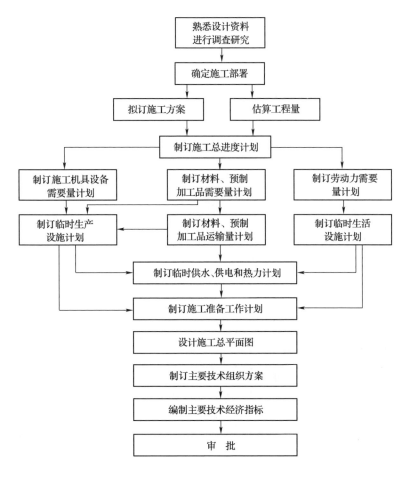

图 7-1　施工组织总设计编制程序

组织总设计的核心。

3.施工总进度计划

施工总进度计划属于控制性计划,要根据施工部署要求,合理确定每个独立交工系统,以及单项工程控制工期,并使它们最大限度搭接起来。

4.施工准备工作计划

根据施工项目的施工部署、施工总进度计划、施工资源计划和施工总平面布置要求编制施工准备工作计划。具体内容包括:

(1)按照建筑总平面图要求,做好现场控制网测量。

(2)认真做好土地征用、居民迁移和现场障碍物的拆除工作。

(3)组织对项目所采用的新结构、新材料、新技术试制和试验。

(4)优先落实大型施工设施工程,同时做好现场"三通一平"工作。

(5)落实建筑材料、构配件、加工品、施工机具和工艺设备加工或订货工作。

(6)认真做好人员岗前技术培训和组织工作。

5.施工资源需要量计划

施工资源需要量计划又称施工总资源计划,包括劳动力需要量计划、材料和预制加工品需要量计划和施工机具设备需要量计划。

6. 施工总平面图

施工总平面图是反映整个施工现场的布置情况,具体布置方法见本章相关内容。

7. 主要技术组织方案

主要技术组织方案包括施工总质量计划、施工总成本计划、施工总安全计划、施工总环保计划、施工风险总防范等项内容。

8. 主要技术经济指标

主要技术经济指标包括项目施工工期、质量、成本、消耗、安全和环保等其他施工指标。

7.2 施工部署和主要项目施工方案

施工部署是对建设工程的统筹规划,是编制施工总进度计划的前提,主要解决施工重大战略问题。施工部署的内容和侧重点根据建设项目的性质、规模和客观条件不同而有所不同。一般包括以下内容:

7.2.1 明确项目管理机构和任务分工

明确项目管理机构、体制,划分各施工单位的任务,明确各承包单位之间的关系,建立施工现场统一的组织领导机构及其职能部门,确定综合和专业的施工队伍,划分施工阶段,确定各单位分期分批的主攻项目和穿插项目。应绘制项目经理部组织结构图,表明相互之间信息传递和沟通方法,人员的配备数量和岗位职责要求。项目经理部各组成人员的资质要求应符合国家有关规定。

7.2.2 确定工程开展程序

根据合同总工期要求合理安排工程开展的程序,即单位工程或分部工程之间的先后开工、平行或搭接关系,确定工程开展程序的原则是:

(1)在满足合同工期要求的前提下,分期分批施工。

(2)统筹安排,保证重点,兼顾其他,确保工程项目按期投产。

(3)所有工程项目均应按照先地下、后地上;先深后浅;先干线、后支线的原则进行安排。如地下管线和修筑道路的程序,应先铺设管线,后在管线上修筑道路。

(4)要考虑季节对施工的影响,把不利于某季节施工的工程,提前到该季节来临之前或推迟到该季节终了之后施工,并应保证工程进度和质量。

7.2.3 拟订主要项目施工方案

拟订主要项目施工方案时,应注意以下方面:

(1)施工方法要求兼顾技术的先进性和经济的合理性。

(2)根据工程量对资源合理安排。

(3)施工工艺流程要求兼顾各工种、各施工段的合理搭接。

（4）选用施工机械设备，要使主导机械既满足工程需要，又能发挥其效能。各大型机械在各工程上应进行综合流水作业，减少装、拆、运的次数。辅助配套机械的性能应与主导机械相适应。其中，施工方法和施工机械设备应重点组织安排。

7.2.4　编制施工准备工作计划

施工准备工作是顺利完成建设任务的重要阶段，必须从思想、组织、技术和物资供应等方面做好充分准备，所以应做好施工准备工作计划。

（1）安排好场内外运输，施工用主干道，水、电来源及其引入方案。

（2）做好场地平整方案和全场性的排水、防洪方案。

（3）安排好生产、生活基地。在充分掌握该地区情况和施工单位情况的基础上，规划混凝土构件预制，钢、木结构制品及其他构件的加工等。

（4）安排好各种材料的库房、堆场用地和材料货源供应及运输。

（5）安排好冬、雨季施工的准备。

（6）安排好场区内的宣传标志，为测量放线做准备。

7.3　施工总进度计划

7.3.1　计算工程项目及全场性工程的工程量

施工总进度计划主要起控制总工期的作用，所以在项目划分时不宜过细。通常按分期分批投产顺序和工程开展顺序列出工程项目，并突出主要工程项目。一些附属项目及一些临时设施可以合并列出。

按工程开展顺序和单位工程计算主要实物工程量。此时计算的目的是选择施工方案和主要的施工、运输机械；初步规划主要施工过程和流水施工；估算各项目完成时间；计算劳动力和物资的需要量。因此，工程量只需粗略计算即可。

计算工程量，可按初步设计图纸并根据各种定额手册进行计算。常用的定额资料有：

（1）一万元、十万元投资工程量、劳动力及材料消耗扩大指标。

（2）概算指标和概算定额。

（3）已建建筑的资料。

除建设项目本身外，还必须计算主要的全工地性工程的工程量，例如铁路及道路长度、地下管线长度、场地平整面积。这些数据可以从建筑总平面图上求得。

按上述方法计算出的工程量填入统一的工程量汇总表。

7.3.2　确定各单位工程的工期

应根据具体条件和影响因素综合考虑，确定各单位工程的工期，也可参考有关工期定额来确定各单位工程的工期。

7.3.3 确定各单位工程的竣工时间和相互搭接关系

在确定工期、施工程序和各工程的控制期限后,应对每一个单位工程的开工、竣工时间做具体确定。各单位工程工期确定应考虑下列因素:

(1)保证重点,兼顾一般。在同一时期进行的项目不宜过多,以避免人力、物力分散。

(2)满足连续性、均衡性施工的要求。尽量使劳动力和物资消耗在施工全程上均衡,以避免出现高峰或低谷;组织大流水作业,尽量保证各施工段能同时进行作业,达到施工的连续性,以避免施工段的闲置。为实现施工的连续性和均衡性,需留出一些后备项目,作为调节项目,穿插在主要项目的流水中。

(3)综合安排。土建施工、设备安装、试生产三者在时间上综合合理安排,缩短建设周期,尽快发挥投资效益。

(4)分期分批建设,发挥最大效益。在第一期工程完成同时,安排好第二期以及后期工程施工,在有限条件下,保证第一期工程,促进后期工程的施工进度。

(5)认真考虑施工总平面图的空间关系。在满足规范的要求下,充分考虑施工总平面的空间关系,对相邻工程的开工时间和施工顺序进行调整,以免互相干扰,并做到节省用地,布置紧凑。

(6)认真考虑各种条件限制。在考虑各单位工程开工、竣工时间和相互搭接关系时,还应考虑现场条件、施工力量、物资供应、机械化程度,以及设计单位提供图纸等资料的时间、投资等情况,同时还应考虑季节、环境的影响。总之,全面考虑各种因素,对各单位工程的开工时间和施工顺序进行合理调整。

7.3.4 施工总进度计划的安排

施工总进度计划只起控制作用,所以不必过细,过细不利于计划调整。施工总进度计划可以用横道图表达,也可以用网络图表达。

施工总进度计划完成后,把各项工程的工作量加在一起,即可确定某时间建设项目总工作量的大小。根据情况调整某些单位工程的施工速度或开工、竣工时间,以避免高峰时的资源紧张,也保证整个工程建设时期工作量达到均衡。

7.4 资源需要量计划

施工总进度计划编制后可根据施工进度,按日期分类编制各种资源需要量计划。

7.4.1 劳动力需要量计划

劳动力需要量计划是规划临时建筑和组织劳动力进场的依据。编制时根据工程量和预算定额或有关资料即可求出各单位工程重要工种的劳动力需要量。将各主要工种劳动力需要量按日期汇总,即可得出整个建筑工程项目劳动力需要量计划。

7.4.2 物资需要量计划

根据工种工程量汇总表和总进度计划的要求以及概算指标,即可得出各单位工程各阶段所需的物资需要量,从而编制出物资需要量计划。

7.4.3 施工机具需要量计划

根据施工进度计划、施工方案和工程量,套用机械产量定额,即可得到施工机具需要量计划,辅助机械可根据安装工程概算指标求得,从而编制施工机具需要量计划。

7.4.4 暂设工程

1.工地加工厂组织

对于工地加工厂组织,主要是确定其建筑面积和结构,根据建设项目对某种产品的加工量来确定工地加工厂的类型和规模。

(1)工地加工厂的类型和结构

工地加工厂的类型主要有混凝土构件预制厂、木材车间、模板加工车间、钢筋加工厂、金属构件加工厂和机械修理厂等。对于公路、桥梁路面工程还需有沥青混凝土加工厂。

工地加工厂的结构应根据使用情况和当地条件而定,一般使用期限较短的,可采用简易结构,使用期限长的,宜采用坚固耐久的结构形式或采用拆装式活动房屋。

(2)工地加工厂面积确定

工地加工厂面积可用下式确定

$$F = \frac{KQ}{TS\alpha}$$

式中 F——所需建筑面积(m²);

Q——加工总量(m³ 或 kg);

K——不均衡系数,取 1.3~1.5;

T——加工总时间(月);

S——每平方米场地月平均产量(m³/m² 或 kg/m²);

α——场地或建筑面积利用系数,取 0.6~0.7。

对于混凝土搅拌站其面积公式为

$$F = NA$$

式中 F——所需建筑面积(m²);

N——搅拌机台数(台);

A——每台搅拌机所需面积(m²),并由工艺确定。

搅拌机台数确定公式为

$$N = \frac{QK}{TR}$$

式中 Q——混凝土需要总量(m³);

K——不均衡系数,取 1.5;

T——混凝土工程施工总工期(工日);

R——混凝土搅拌机台班产量。

2. 工地仓库组织

(1)仓库的类型和结构

①工地仓库按其用途分

Ⅰ.转运仓库:设在火车站、码头附近用来转运货物。

Ⅱ.中心仓库:用以储存整个工程项目工地、地域性施工企业所需的材料。

Ⅲ.现场仓库(包括堆场):专为某项工程服务的仓库,一般建在现场。

Ⅳ.加工厂仓库:用以某加工厂储存原材料、已加工的半成品、构件等。

②工地仓库的结构形式

Ⅰ.露天仓库:用于堆放不因自然条件而受影响的材料,如砂、石、混凝土构件等。

Ⅱ.库房:用于堆放易受自然条件影响而发生性能、质量变化的物品,如金属材料、水泥、贵重建筑材料、五金材料、易燃、易碎品等。

(2)工地物资储备量的确定

工地物资储备一方面要保证施工的连续性,另一方面要避免材料的大量积压,从而造成仓库面积过大,增加投资。储备量根据工程具体情况而定,对于场地小,运输方便的可少储备,对于运输不便,受季节影响的材料可多储备。

对经常或连续使用的材料,如砖、瓦、砂、石、水泥、钢材等可按储备期计算其储备量

$$P=T_c\frac{Q_iK_j}{T}$$

式中　P——材料的储备量(m^3 或 kg);

T_c——储备期定额(天);

Q_i——材料、半成品等总需要量;

T——有关项目施工总工作日;

K_j——材料使用不均衡系数。

(3)确定仓库面积

$$F=\frac{P}{qK}$$

式中　F——仓库面积(m^2);

P——仓库材料储备量;

q——每平方米仓库面积能存放材料、半成品和成品的数量;

K——仓库面积利用系数(应考虑人行道和车道所占面积)。

在设计仓库时,除确定仓库面积外,还要确定仓库的平面尺寸(长和宽)。仓库长度应满足装卸货物的需要,即必须保证一定长度的装卸前线。一般装卸前线长度可按下式计算

$$L=nl+a(n+1)$$

式中　L——装卸前线长度(m);

l——运输工具长度(m);

n——同时卸货的运输工具数;

a——相邻两个运输工具的间距,火车运输时 $a=1.0\ m$;汽车运输时,端卸 $a=2.5\ m$,侧卸 $a=1.5\ m$。

3.工地运输组织

(1)工地运输组织方式及特点

①运输方式一般有铁路运输、公路运输、水路运输、特种运输等。根据运输量大小、运货距离、货物性质、现有运输条件、装卸费用等各方的因素选择运输方式。

②运输特点

Ⅰ.铁路运输具有运量大、运距长、不受自然条件限制的优点,但投资大、筑路难度大,因此,只有在建有永久性铁路的沿线才可考虑此种方式。

Ⅱ.汽车运输机动性大,操作灵活,行使速度快,适合各类道路和各种货物,可直接运到使用地点,但汽车运量小,一般对于运量不大,货物分散,无铁路和地形复杂的地区适于此种方式。

Ⅲ.水路运输比较经济,但需要在码头上有转运仓库,一般在可能的条件下,尽量采用水路运输,可节约运输成本。

(2)确定运输总量

工程项目所需材料、设备及其他物资均需要从工地以外运来,其运输总量应按工程实际需要量确定,同时还应考虑工程项目每日对物资的需求,确定日货运量。

日货运量按下式计算

$$q = \frac{\sum Q_i L_i}{T} K$$

式中　q——日货运量(t·km);

Q_i——各种货物的需要量;

L_i——各种货物从发货地到储存地的距离(km);

T——工程项目施工总工日;

K——运输工作不均衡系数,铁路运输取1.5,汽车运输取1.2。

(3)确定运输方式

在选择运输方式时,应考虑各种影响因素,如运量大小、运距长短、货物性质、路况及运输条件、自然条件等,另外还应考虑经济条件,如装卸、运输费用。

一般情况下,在选择运输方式时,应尽量利用已有的永久性道路(水路、铁路、公路),通过经济分析,确定一种或几种联合的运输方式。

(4)确定运输工具数量

运输方式确定后,就可以计算运输工具数量。每一工作班次所需运输工具数量为

$$n = \frac{q}{cb} K_1$$

式中　n——每一工作班次所需运输工具数量;

c——运输台班的生产率;

b——每日的工作班次;

K_1——运输工具使用不均衡系数,火车可取1.00,汽车取1.20~1.60,马车取2.00,拖拉机取1.55。

4.办公、生活福利设施组织

工程项目建设必须考虑施工人员的办公、生活福利用房及车库、仓库、加工、修理车间等设

施的建设。

(1)办公及福利设施的类型

①行政管理类。包括办公室、传达室、车库等。

②生活福利类。包括宿舍、医务室、浴室、招待所、图书室、娱乐室等。

(2)工地人员的分类

①直接参与施工生产的工人。包括建筑安装工人,装卸、运输工人等。

②辅助施工生产的工人。包括机修工人、仓管人员、加工厂工人、动力设施管理工人等。

③行政、技术管理人员。

④生活服务人员。包括食堂、图书馆、商店、医务等人员。

⑤家属。

(3)办公及福利设施的规划与实施

办公及福利设施应根据工程项目中的用人情况来确定。

①确定人员数量

Ⅰ.一般情况下,直接生产的工人(基本工人)数量用下式计算

$$n = \frac{T}{t} K_2$$

式中　n——直接生产的工人数量;

T——工程项目年(季)度所需总工作日;

t——年(季)度有效工作日;

K_2——年(季)度施工不均衡系数,取 $1.1 \sim 1.2$。

Ⅱ.非生产人员数量根据国家规定按比例计算,也可按各施工企业的情况确定。

Ⅲ.家属数量视工地情况而定。工期短、距离近的家属少安排些;工期长、距离远的家属多安排些。

②确定办公及福利设施的建筑面积

工地人员数量确定后,可按实际人数确定其建筑面积

$$S = NP$$

式中　S——建筑面积(m^2);

N——人数;

P——建筑面积指标。

5. 工地供水组织

工地供水主要有三种类型:生产用水、生活用水和消防用水。工地供水的主要内容有:确定用水量、选择水源、确定供水系统。

(1)确定用水量

①生产用水,包括工程施工用水、施工机械用水。

Ⅰ.工程施工用水量

$$q_1 = K_1 \frac{Q_1 N_1 K_2}{8 \times 3\,600 T_1 b}$$

式中　q_1——工程施工用水量(L/s);

K_1——未预见的施工用水系数,取 $1.05 \sim 1.15$;

Q_1——年(季)度工程量(以实物计量单位表示);

N_1——施工用水定额(查阅有关资料);

T_1——年(季)度有效工作日(天);

b——每天工作班数(次);

K_2——用水不均衡系数,工程施工用水取 1.5,生产企业用水取 1.25。

Ⅱ.施工机械用水量

$$q_2 = K_1 Q_2 N_2 \frac{K_3}{8 \times 3\,600}$$

式中　q_2——施工机械用水量(L/s);

K_1——未预见施工用水系数(1.05~1.15);

Q_2——同种机械台数(台);

N_2——该种机械台班用水定额;

K_3——施工机械用水不均衡系数,一般施工机械、运输机械用水取 2.00;动力设备
用水取 1.05~1.10。

②生活用水,包括现场生活用水和生活区生活用水。

Ⅰ.现场生活用水量

$$q_3 = \frac{P_1 N_3 K_4}{3 \times 3\,600 b}$$

式中　q_3——现场生活用水量(L/s);

P_1——施工现场高峰人数;

N_3——施工现场生活用水定额,视当地气候、工种而定,工地全部生活用水
取 100~120 L/(人·日);

K_4——施工现场生活用水不均衡系数,取 1.30~1.50;

b——每天工作班数(次)。

Ⅱ.生活区生活用水量

$$q_4 = \frac{P_2 N_4 K_5}{24 \times 3\,600}$$

式中　q_4——生活区生活用水量(L/s);

P_2——生活区人数;

N_4——生活区每人每天生活用水定额(查阅有关资料);

K_5——生活区每日用水不均衡系数,取 2.00~2.50。

③消防用水

消防用水包括生活区消防用水和施工现场消防用水,应根据工程项目大小及居住人数确
定(查阅有关资料)。

④总用水量

生产用水、生活用水和消防用水不同时使用,日常中只使用生产用水和生活用水,消防用
水是在特殊情况下使用的,故总用水量不能简单地几项相加,而应考虑三者有效组合,既满足
生产用水和生活用水,又有消防储备。一般可分为以下三种组合。

Ⅰ.当 $q_1 + q_2 + q_3 + q_4 < q_5$ 时,取 $Q = \frac{1}{2}(q_1 + q_2 + q_3 + q_4) + q_5$

Ⅱ. 当 $q_1+q_2+q_3+q_4 \geqslant q_5$ 时,取 $Q=q_1+q_2+q_3+q_4$。

Ⅲ. 当工地面积小于 5 公顷,并且 $q_1+q_2+q_3+q_4 < q_5$ 时,取 $Q=q_5$。

Q——总用水量(L/s);

q_5——消防水用量(L/s)。

(2)水源选择和确定供水系统

①水源选择

工程项目临时供水水源有供水管道供水和天然水源供水两种方式。最好采用附近居民区现有的供水管道供水,只有当工地附近没有供水管道或供水管道无法使用,以及供水量难以满足施工要求时,才使用天然水源供水(如江、河、湖、井等)。

选择水源应考虑的因素:

Ⅰ. 水量充足、可靠,能满足最大需求量要求。

Ⅱ. 能满足生活饮用水、生产用水的水质要求。

Ⅲ. 取水、输水、净水设施安全、可靠。

Ⅳ. 施工、运转、管理和维护方便。

②确定供水系统

供水系统由取水设施、净水设施、储水构筑物、输水管道、配水管道等组成。通常情况下,综合工程项目首建工程应是永久性供水系统,只有在工期紧迫时才修建临时供水系统,如果已有供水系统,可以直接从供水源接输水管道。

Ⅰ. 确定取水设施。取水设施一般由取水口、进水管和水泵组成。取水口距河底(或井底)一般不小于 $0.25 \sim 0.9$ m,在冰层下部边缘的距离不小于 0.25 m。所用水泵应具有足够的抽水能力和扬程。

Ⅱ. 确定贮水构筑物。贮水构筑物一般有水池、水塔和水箱。临时供水不能连续供水,需设置贮水构筑物,其容量由每小时消防用水量决定,但不得少于 $10 \sim 20$ m³。

贮水构筑物高度应根据供水范围、供水对象位置及水塔本身位置来确定。

Ⅲ. 确定供水管内径

$$D=\sqrt{\frac{4 \times 1\,000 Q}{\pi V}}$$

式中　D——供水管内径(mm);

　　　Q——用水量(L/s);

　　　V——管网中水流速度(m/s),一般取 $1.5 \sim 2.0$。

根据已确定的管径和水压的大小来选择供水管,一般宜采用钢管。

6. 工地临时供电组织

工地临时供电组织包括计算总用电量、选择电源、确定变压器、布置配电线路和确定导线截面面积。

(1)计算总用电量

施工现场用电一般可分为动力用电和照明用电两类。在计算总用电量时,应考虑全工地动力用电功率、全工地照明用电功率、施工高峰用电量三种因素。

总用电量按下式计算

$$P=(1.05 \sim 1.10)\left(K_1 \frac{P_1}{\cos \varphi}+K_2 P_2+K_3 P_3+K_4 P_4\right)$$

式中　P——供电设备总需要容量($k \cdot VA$)；

　　　P_1——电动机额定功率(kW)；

　　　P_2——电焊机额定功率($k \cdot VA$)；

　　　P_3——室内照明容量(kW)；

　　　P_4——室外照明容量(kW)；

　　　$\cos \varphi$——电动机的平均功率因数(在施工现场最高为$0.75 \sim 0.78$，一般为$0.65 \sim 0.75$)；

　　　K_1——设备同时使用系数，当用电设备(电动机)在10台以下时，取0.75；$10 \sim 30$台时，取0.70；30台以上时，取0.60；

　　　K_2——电焊机同时使用系数，当电焊机在10台以下时，取0.6；10台以上时，取0.5；

　　　K_3——室内照明设备同时使用系数，一般取0.8；

　　　K_4——室外照明设备同时使用系数，一般取1.0。

其他机械动力设备以及工具用电可参考有关定额。

由于照明用电量远小于动力用电量，故当单班施工时，其用电总量可以不考虑照明用电量。

(2)选择电源

选择电源应考虑的几种方案：

①完全由工地附近的电力系统供电。

②工地附近的电力系统能供给一部分电，工地需增设临时电站补充不足部分。

③工地属于新开发地区，附近没有供电系统，电力则应由工地自备临时供电。

根据实际情况确定供电方案。一般情况下是将工地附近的高压电网引入工地的变压器进行调配。其变压器功率可由计算所得

$$P = \frac{K \sum P_{max}}{\cos \varphi}$$

式中　P——变压器的功率($k \cdot VA$)；

　　　K——功率损失系数，取1.05；

　　　$\sum P_{max}$——各施工区的最大计算功率(kW)；

　　　$\cos \varphi$——功率因数，一般取0.75。

根据计算结果，从产品目录中选取略大于该计算结果的变压器。

(3)确定导线截面面积

导线的自身强度必须能承受拉力和机械性损伤，耐受因电流而产生的温升，并且其电压损失在允许范围之内。只有这样导线才能正常传输电流，保证用电需要。

选择导线截面时，应先根据电流强度选择，保证导线通过最大负荷电流而其温度不超过规定值；再根据允许电压降选择；最后根据导线的机械强度进行校核。

①按电流强度选择

Ⅰ.三相四线制线路上的电流可按下式计算

$$I = \frac{P}{\sqrt{3} V \cos \varphi}$$

Ⅱ.二相三线制线路上的电流可按下式计算

$$I = \frac{P}{V\cos\varphi}$$

式中　I——电流值（A）；

　　　P——功率（W）；

　　　V——电压（V）；

　　　$\cos\varphi$——功率因素，临时网络可取 0.70～0.75。

导线厂家根据导线的容许温升，列出了各类导线在不同条件下的持续容许电流值，在选择导线时，导线中的电流不得超过此值。

②按允许电压降选择

导线应满足所需的允许电压，其本身引起的电压降必须限制在一定范围内。导线需承受负荷电流长时间通过所引起的温升，故其自身电阻越小越好。因此，导线的截面是关键因素，可由下式计算

$$S = \frac{PL}{c\varepsilon}$$

式中　S——导线截面面积（mm^2）；

　　　P——负荷电功率或线路输送的电功率（kW）；

　　　L——输电线路的距离（m）；

　　　c——系数，视导线材料、输电电压及配电方式而定。在三相四线制配电时，铜线为
　　　　　77，铝线为 46.3；在二相三线制配电时，铜线为 34，铝线为 20.5；

　　　ε——容许的相对电压降（即线路的电压损失），其中照明电路中容许电压降不应超
　　　　　过 2.5%～5%；电动机电压降不应超过±5%，临时供电不超过±8%。

③按机械强度校核

导线在各种敷设方式下，应按其强度需要，保证必需的最小截面，以防断裂。

通过以上三个条件选择的导线，取截面面积最大值作为现场使用的导线。

7.5　施工总平面图

7.5.1　施工总平面图设计的内容

（1）一切地上、地下的已有和拟建建筑及其他设施的位置和尺寸。

（2）一切为全工地施工服务的临时设施布置位置，包括：①施工用地范围、施工用道路；②加工厂及有关施工机械的位置；③各种材料仓库、堆场及取土弃土位置；④办公、宿舍、福利设施等建筑的位置；⑤水源、电源、变压器、临时给水排水管线、通信设施、供电线路及动力设施位置；⑥机械站、车库位置；⑦一切安全、消防设施位置。

（3）永久性测量放线标桩位置。

7.5.2　施工总平面图设计的原则

施工总平面图设计原则是平面紧凑合理,方便施工流程,运输方便通畅,降低临建费用,便于生产生活,保护生态环境,保证安全可靠。

(1)平面紧凑合理是指少占农田、减少施工用地,充分调配各方面的布置位置,使其合理有序。

(2)方便施工流程是指施工区域的划分应尽量减少各工种之间的相互干扰,充分调配人力、物力和场地,保持施工均衡、连续、有序。

(3)运输方便通畅是指合理组织运输,减少运输费用,保证水平运输、垂直运输畅通无阻,保证不间断施工。

(4)降低临建费用是指充分利用现有建筑作为办公、生活福利等用房,尽量少建临时性设施。

(5)便于生产生活是尽量为生产工人提供方便的生产生活条件。

(6)保护生态环境是指需要注意保护施工现场及周围环境,如能保留的树木应尽量保留,对文物及有价值的物品应采取保护措施,对周围的水源不应造成污染,垃圾、废土、废料不随便乱堆乱放等,做到文明施工。

(7)保证安全可靠是指应安全防火、安全施工。

7.5.3　施工总平面图设计的依据

(1)设计资料包括建筑总平面图、地形地貌图、区域规划图、建设项目范围内有关的一切已有的和拟建的各种地上、地下设施及位置图。

(2)建设地区资料包括当地自然条件和经济技术条件、当地资源供应状况和运输条件等。

(3)建设概况包括施工方案、施工进度计划,以便了解各施工阶段情况,合理规划施工现场。

(4)物资需求资料包括建筑材料、构件、加工品、施工机械、运输工具等物资的需要量,以规划现场运输线路和材料堆场等位置。

(5)各构件加工厂、仓库、临时性建筑的位置和尺寸。

7.5.4　施工总平面图设计的步骤

1.场外交通的引入

(1)铁路运输

一般将铁路先引入到工地两侧,当整个工程进展到一定程度,才可以把铁路引到工地中心区。此时铁路对每个独立的施工区都不应有干扰。

(2)水路运输

大量物资由水路运输时,应充分利用原有码头的吞吐能力。当原有码头能力不足时,应考虑增设码头,其码头数量不应少于两个,且宽度应大于 2.5 m。一般码头距施工现场有一定距离,故应考虑在码头建仓储库房,以解决码头至工地的运输问题。

（3）公路运输

由于公路布置较灵活，一般将仓库、加工厂等生产性临时设施布置在最方便、最经济合理的地方，而后再布置通向场外的公路线。

2. 仓库与材料堆场的布置

仓库和材料堆场布置应考虑下列因素。

（1）尽量利用永久性仓库，节约成本。

（2）仓库和材料堆场位置距使用地尽量接近，减少二次搬运。

（3）当有铁路时，尽量将其布置在铁路线旁边，而且应设在靠工地一侧，避免内部运输跨越铁路。

（4）根据材料用途设置仓库和材料堆场。砂、石、水泥等布置在搅拌站附近；钢筋、木材、金属结构等布置在加工厂附近；油库、氧气库等布置在僻静、安全处；砖和预制件等直接使用材料应布置在施工现场，并在起重设备吊装半径内。

3. 加工厂布置

加工厂一般包括搅拌站、构件预制厂、钢筋加工厂、木材加工厂、金属结构加工厂等。布置这些加工厂时主要考虑来料加工和成品、半成品的总运输费用最小，且加工厂的生产与施工互不干扰。

（1）搅拌站布置：根据工程情况可采用集中、分散或集中与分散相结合三种方式布置。现浇混凝土量大、运输条件好时，宜在工地设混凝土搅拌站；运输条件较差时，则宜采用分散搅拌。

（2）构件预制厂布置：一般建在空闲地带，既能安全生产，又不影响现场施工。

（3）钢筋加工厂布置：根据不同情况，采用集中或分散布置。对于冷加工、对焊、点焊的钢筋网等宜集中布置，设置中心加工厂，其位置应靠近构件预制厂；对于小型加工件，利用简单机具即可加工的钢筋，可在靠近使用地分散设置加工棚。

（4）木材加工厂布置：根据木材加工的性质、数量，采用集中或分散布置。一般加工量大的应集中布置；小型加工件可分散布置现场设临时加工棚。

（5）金属结构加工厂布置：应尽量集中布置，使相互间生产联系紧密。

4. 内部运输道路布置

根据各加工厂、仓库及各施工对象的相对位置，对货物周转运行图反复研究，区分主要道路和次要道路，进行道路整体规划，以保证运输畅通，车辆行驶安全，造价低。在内部运输道路布置时应考虑：

（1）尽量利用拟建的永久性道路。应提前修建，或先修路基，铺设简易路面，项目完成后再铺路面。

（2）保证运输畅通。避免与铁路交叉，道路应有足够的宽度和转弯半径，同时应设两个以上的进出口，一般厂内主干道应设成环形，其主干道应为双车道，宽度不小于 6 m，次要道路为单车道，宽度不小于 3.5 m，路端部设回车场地。

（3）合理规划拟建道路与地下管网的施工顺序。对拟建道路应考虑路下的地下管网，避免将来重复开挖，尽量做到一次性到位，节约投资。

5. 临时性房屋布置

临时性房屋一般有办公室、汽车库、职工休息室、开水房、浴室、食堂、商店、俱乐部等。布置临时性房屋时应考虑：

（1）全工地性管理用房（办公室、门卫等）应设在工地入口处。

（2）工人生活福利设施（商店、俱乐部、浴室等）应设在工人较集中的地方。

（3）食堂可布置在工地内部或工地与生活区之间。

（4）职工住房应布置在工地以外的生活区，一般距工地 500～1 000 m 为宜。

6.临时水电管网的布置

临时水电管网布置时，尽量利用可用的水源、电源。一般排水干管和输电线沿主干道布置；水池、水塔等储水设施应设在地势较高处；消防站应布置在工地出入口附近，消火栓沿道路布置；过冬管网要采取保温措施。

临时总变电站应设在高压线进入工地处；自备发电设备设置在现场中心或靠近主要用电区域。临时输电干线沿主干道路布置成环形线路，供电线路避免与其他管道布置在路同侧。

综上所述，外部交通、仓库、加工厂、内部道路、临时房屋、水电管网等布置应系统考虑，多种方案进行比较，确定后绘制在总平面图上。

7.5.5　施工总平面图的绘制

施工总平面图的绘制步骤、要求和方法与单位工程施工总平面图基本相同。图幅大小和绘制比例应根据场地大小及布置内容确定。比例一般采用 1∶1 000 或 1∶2 000。

7.5.6　施工总平面图的科学管理

施工总平面图设计完成后，应认真贯彻其设计意图，发挥其应有的作用，所以对总平面图的科学管理是非常重要的，否则难以保证施工顺利进行。

（1）建立统一的施工总平面图管理制度。划分总平面图的使用管理范围，做到责任到人，严格控制材料、构件、机具等物资占用的位置、时间和面积，不准乱堆乱放。

（2）对水源、电源、交通等公共项目实行统一管理。不得随意挖路断道，不得擅自拆迁建筑和水电线路，当工程需要断水、断电、断路时要申请，经批准后方可着手进行。

（3）对施工总平面布置实行动态管理。特殊情况或需要变更原方案时，应根据现场实际情况统一协调，修正其不合理的地方。

（4）做好现场清理和维护工作，经常检修各种临时性设施，明确负责部门和人员。

复习思考题

7-1　试述施工组织总设计编制的程序及依据。

7-2　施工部署包括哪些内容？

7-3　试述施工的作用、编制的原则和方法。

7-4　试分析施工总进度计划与基本建设投资经济效益的关系。

7-5　如何根据施工总进度计划编制各种资源供应计划？

7-6　暂设工程包括哪些内容？如何进行组织？

7-7　设计施工总平面图时依据哪些资料？考虑哪些因素？

7-8　试述施工总平面图设计的步骤和方法。

模块 8　建筑工程施工进度控制

在施工进度控制中,需要采用科学的方法找出制约工程进度的分部分项工程作为关键工作和相关关键线路,采取合理手段保证各关键工作顺利完成,也就能够实现施工进度目标。实际上,这一过程就是分析矛盾的存在,确定主次矛盾和解决矛盾的过程,也是矛盾论在施工进度控制的实践过程。

8.1　建筑工程施工进度控制概述

8.1.1　建筑工程施工进度控制的概念

1. 建筑工程施工进度控制的定义

建筑工程施工进度控制是指对建筑工程施工阶段的工作内容、工作程序、持续时间和衔接关系编制计划,将该计划付诸实施,在实施的过程中经常检查实际进度是否按计划要求进行,对出现的偏差分析原因,采取补救措施或调整、修改原计划,直至工程竣工交付使用,从而确保项目进度目标实现的过程。实际上,施工进度控制是一个动态管理过程。对施工进度控制计划而言,计划的不变是相对的,变化是绝对的。因为建筑施工中变化的因素多种多样,所以经常会引起计划的调整。因此,在施工过程中要不断地发现问题、调整计划,但不能够因为变化的绝对性,而不制订计划,或不重视计划。必须重视并制订详细的进度控制计划,在施工管理中做到有章可循,并不断总结经验,提高进度控制计划的可行性。

进度控制与质量控制、投资控制有着相互依赖和相互制约的关系:进度加快,需要增加投资,但工程提前使用就可以提高投资效益;进度加快,有可能影响工程质量,而质量控制严格,则有可能影响进度,但质量严格控制就不会出现返工又会加快进度。因此,进度控制不仅仅是单纯从进度考虑,而且应同时考虑质量和投资对进度控制的影响。

2. 影响建筑工程施工进度的因素

影响施工进度的因素可归纳为人(Man)的因素、机械设备(Machine)的因素、材料与构配件(Material)的因素、施工方法(Method)的因素,以及水文、地质与气象,社会和经济等的环境

(Environments)因素。以上可简称为"4M1E"五个因素。

3. 工程延误和工程延期

施工进度控制失控将导致工程延误和工程延期,它们都是工期延长,但产生的原因和承担的后果不同。

(1)工程延误

由于承包商自身的原因造成的工期延长,称为工程延误。其一切损失由承包商自己承担,包括承包商在监理工程师的同意下所采取加快工程进度的任何措施所增加的各种费用。同时,由于工程延误所造成的工期延长,承包商还要向业主支付误期损失赔偿费。

(2)工程延期

由于承包商以外的原因造成的工期延长,称为工程延期。经过监理工程师批准的工程延期,所延长的时间属于合同工期的一部分,即工程竣工的时间等于标书中规定的时间加上监理工程师批准的工程延期时间。可能导致工程延期的原因主要有:工程量增加、未按时向承包商提供设计图纸、恶劣的气候条件、业主的干扰和阻碍等。因此,工程延期所造成的费用不应由承包商承担。

8.1.2　施工进度控制的措施

施工进度控制的措施包括组织措施、技术措施、合同措施、经济措施和信息管理措施等。

(1)组织措施主要有:落实项目经理部中进度控制部门的人员,具体控制任务和管理职责分工;进行项目分解,可按项目结构分、按项目进展阶段分、按合同结构分,并建立编码体系;确定进度协调工作制度,如协调会议举行的时间和参加人员;对影响进度目标实现的干扰和风险因素进行分析。

(2)技术措施是指采用先进的施工方法和施工机械以加快施工进度。

(3)合同措施主要有分段发包、提前施工以及合同的施工期与进度计划的协调等。

(4)经济措施是指各项保证资金供应的措施。

(5)信息管理措施是指通过计划进度与实际进度的动态比较,定期地向建设单位和监理单位提供比较报告等。

对于施工进度控制工作应明确一个基本思想:要针对变化采取对策,定期地、经常地调整计划。

8.2　建筑工程施工进度计划的控制目标、监测与调整

8.2.1　施工阶段进度控制目标的确定

1. 施工进度控制目标体系

保证工程项目按期建成交付使用,是工程建设施工阶段进度控制的最终目的。为了有效地控制施工进度,首先要对施工进度总目标进行层层分解,形成施工进度控制目标体系,作为实施进度控制的依据。工程建设施工进度目标体系如图 8-1 所示。

从图 8-1 中可以看出,工程建设不但要有项目建成交付使用的总目标,还要有各个单项工程对应的分目标以及按承包单位、施工阶段和不同计划期划分的分目标。其中,下级目标受上级目标的制约,下级目标保证上级目标的实现,最终保证施工进度总目标的实现。例如,工期

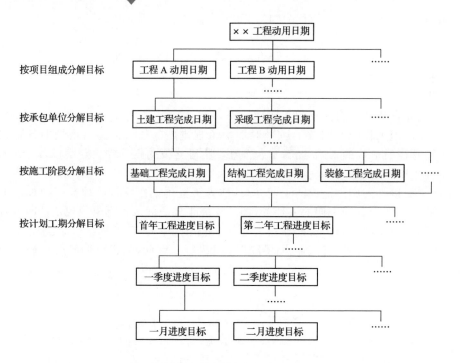

图 8-1　工程建设施工进度目标体系

下一级目标应小于等于上一级目标,或者说下一级目标进度应快于或等于上一级目标。

2. 施工进度控制目标的确定

确定施工进度控制目标的主要依据有:工程建设总进度目标对施工工期的要求;工期定额;类似工程项目的实际进度;工程难易程度和工程条件的落实情况等。

在确定施工进度分解目标时,还要考虑以下几个方面:

(1)对大型工程建设项目,应根据尽早提供可使用单元的原则,集中力量分期分批建设,以便尽早投入使用,尽快发挥投资效益。

(2)合理安排土建施工与设备安装的先后顺序及搭接、交叉或平行作业,这也是缩短工期的主要手段。

(3)结合本工程特点,参考同类工程建设的经验来确定施工进度目标。避免只按主观愿望盲目确定进度目标,而在实施过程中造成进度失控。

(4)做好资金供应、施工力量配备、物资供应与施工进度需要的平衡工作,确保工程进度目标不落空。

(5)考虑外部协作条件的配合情况,包括施工过程中及项目竣工使用所需的水、电、通信、道路及其他社会服务项目的满足程度和满足时间。

(6)考虑工程项目所在地区的地形、地质、水文、气象等方面的限制条件。

8.2.2　实际进度监测与调整的系统过程

制订科学、合理的工程建设进度计划是实现进度控制的首要前提。但在项目实施过程中,由于某些因素的干扰,往往会造成实际进度与计划进度产生偏差。为此,在项目进度计划的执行过程中,必须采取系统的进度控制措施,即采用准确的监测手段不断发现问题,并用行之有效的进度调整方法及时解决问题。

1.进度监测的系统过程

进度监测的系统过程主要包括以下工作：

(1)进度计划执行中的跟踪检查

跟踪检查的主要工作是定期收集反映实际工程进度的有关数据。为了全面准确地了解进度计划的执行情况,必须认真做好以下三方面的工作:定期地收集进度报表资料;派人员常驻现场,检查进度计划的实际执行情况;定期召开现场会议,了解实际进度情况,并进一步核实原因。

(2)整理、统计和分析收集的数据

对收集的数据进行整理、统计和分析,形成与计划具有可比性的数据。例如,根据本期检查实际完成量和累计完成量、本期完成的百分比和累计完成的百分比等数据。

(3)实际进度与计划进度对比

将实际进度的数据与计划进度的数据进行比较,从而得出实际进度比计划进度是拖后、超前还是一致。

建设工程的项目进度监测系统如图 8-2 所示。

2.进度调整的系统过程

在项目进度监测过程中,一旦发现实际进度与计划进度不符,即出现进度偏差时,进度控制人员必须认真分析产生的原因及对后续工作或总工期的影响,并采取合理的调整措施,确保进度总目标的实现。具体过程如下:

(1)分析产生偏差的原因。

(2)分析偏差对后续工作和总工期的影响。

(3)确定影响后续工作和总工期的限制条件。即确定进度可调整的范围,主要指后续工作的限制条件以及总工期允许变化的范围。

(4)采取进度调整措施。即以后续工作和总工期的限制条件为依据,对原进度计划进行调整,以保证要求的进度目标实现。

(5)实施调整后的进度计划。

建设工程的项目进度调整系统过程如图 8-3 所示。

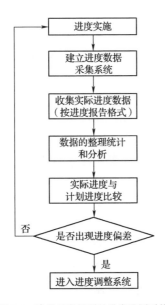

图 8-2　建设工程的项目进度监测系统

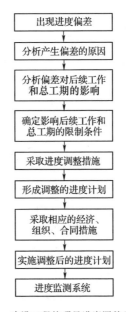

图 8-3　建设工程的项目进度调整系统过程

8.3 建筑工程施工实际进度与计划进度的比较与调整

8.3.1 实际进度与计划进度的比较

实际进度与计划进度的比较是建筑工程施工进度检查的重要环节。常用的进度比较方法有横道图比较法、S形曲线比较法和前锋线比较法等。

1. 横道图比较法

横道图比较法是将在项目实施中检查实际进度收集的信息,经调整后直接用横道线并列标于原计划的横道线处,进行直观比较的方法。例如,某基础工程的施工实际进度与计划进度比较图如图 8-4 所示。其中粗实线表示计划进度,涂黑部分则表示工程施工的实际进度。从比较中可以看出,在第七周末进行施工进度检查时,第 1、3 项工作已完成,第 2 项工作按计划进度应当完成 83%,而实际施工进度只完成了 67%,已经拖后了 16%。

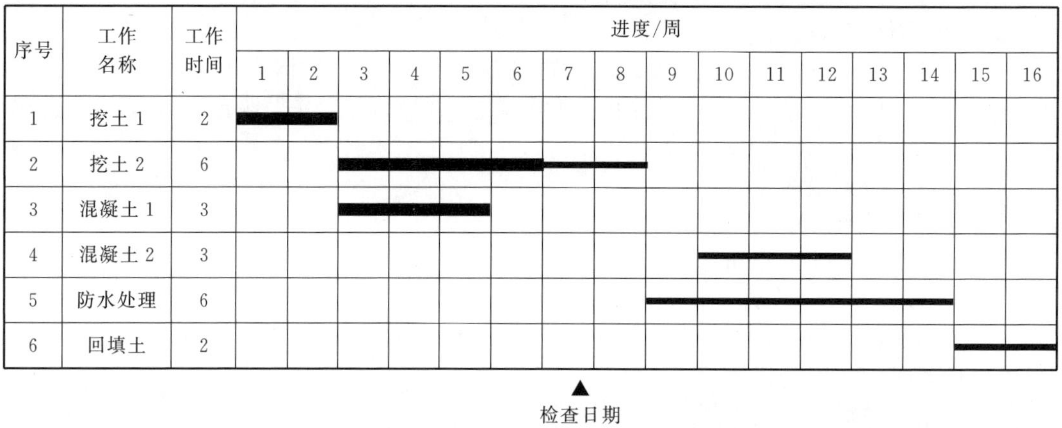

序号	工作名称	工作时间	进度/周															
			1	2	3	4	5	6	7	8	9	10	11	12	13	14	15	16
1	挖土 1	2																
2	挖土 2	6																
3	混凝土 1	3																
4	混凝土 2	3																
5	防水处理	6																
6	回填土	2																

检查日期

图 8-4 某基础工程的施工实际进度与计划进度比较图

通过上述记录与比较,找出了实际进度与计划进度之间的偏差,便于采取有效措施调整进度计划。但这种方法仅适用于施工中的各项工作都是按均匀的速度进行,即每项工作在单位时间内完成的任务量都是相同的。根据工程项目实施中各项工作的速度的不同,以及进度控制要求和提供的进度信息不同,横道图比较法又可分为以下几种:

(1)匀速进展横道图比较法

匀速进展是指工程项目中,各项工作的进展速度都是均匀的,在单位时间内完成的任务量都是相等的,累计完成的任务量与时间的关系为线性关系,如图 8-5 所示。为了便于比较,通常用实际完成任务量的累计百分比与计划应完成任务量的累计百分比进行比较。

这种比较方法的步骤为:

①编制横道图进度计划。

②在进度计划上标出检查日期。

③将检查收集的实际进度数据,按比例用涂黑的粗线标于进度线的下方。如图 8-6 所示。

④比较分析实际进度与计划进度:涂黑的粗线右端与检查日期相重合,表明实际进度与计划进度相一致;涂黑的粗线右端在检查日期左端,表明实际进度拖后;涂黑的粗线右端在检查日期右侧,表明实际进度超前。

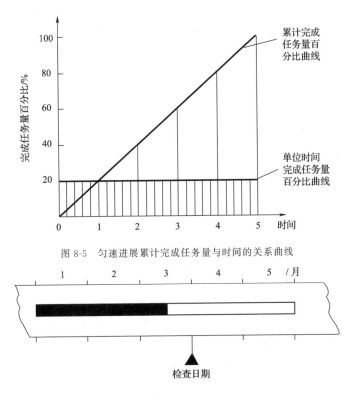

图 8-5　匀速进展累计完成任务量与时间的关系曲线

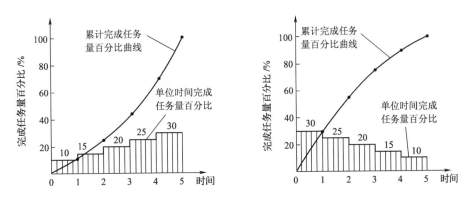

图 8-6　匀速进展横道图比较图

应当注意的是:该方法只适用于从开始到完成的整个过程中,其进展速度是不变的,累计完成的任务量与时间成正比。若工作的进展速度是变化的,用这种方法就不能进行实际进度与计划进度之间的比较。

(2)非匀速进展横道图比较法(双比例单侧横道图比较法)

当工作在不同单位时间的进展速度不同时,累计完成的任务量与时间的关系就不是线性关系,可以采取双比例单侧横道图比较法,如图 8-7 所示。

图 8-7　非匀速进展累计完成任务量与时间的关系曲线

双比例单侧横道图比较法在表示工作实际消耗时间的涂黑粗线的同时,标出其对应时刻实际完成任务量的累计百分比,将该百分比与其同时刻计划完成任务量的累计百分比相比较,判断工作的实际进度与计划进度之间的关系。

这种比较方法的步骤为：

①编制横道图进度计划。

②在横道线上方标出各主要时间工作的计划完成任务量累计百分比。

③在横道线下方标出相应日期工作的实际完成任务量累计百分比。

④用涂黑粗线标出实际进度线，由开工日标起，同时反映出实施过程中的连续与间断情况。

⑤对照横道线上方计划完成任务累计量与同时刻的下方实际完成任务累计量，比较出实际进度与计划进度的偏差。可能有三种情况：

Ⅰ.同一时刻上下两个累计百分比相等，表明实际进度与计划进度一致；

Ⅱ.同一时刻上面的累计百分比大于下面的累计百分比，表明该时刻实际进度拖后，拖后的量为二者之差；

Ⅲ.同一时刻上面的累计百分比小于下面的累计百分比，表明该时刻实际进度超前，超前的量为二者之差。

应当注意的是：由于工作进展速度是变化的，因此横道图中的进度横线，不管是计划的还是实际的，都只表示工作的开始时间、持续天数和完成的时间，并不表示计划完成量和实际完成量。这两个量分别通过标注在横道线上方及下方的累计百分比来表示。实际进度的涂黑粗线按实际工作的开始日期画起，若工程实际进度间断，亦可在图中将涂黑粗线留相应空白。

【例 8-1】 某工程的绑扎钢筋工程按施工计划安排需要 9 天完成，每天统计累计完成任务量的百分比，工作的每天实际进度和检查日累计完成任务量的百分比如图 8-8 所示。

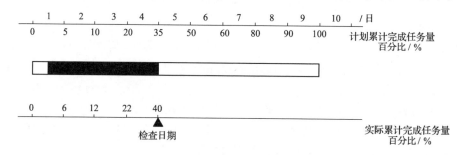

图 8-8 双比例单侧横道图比较图

解：(1)编制横道图进度计划。

(2)在横道线上方标出绑扎钢筋工程每天计划累计完成任务量百分比，分别为：5%、10%、20%、35%、50%、60%、80%、90%、100%。

(3)在横道线下方标出工作 1 天、2 天、3 天以及至检查日期的实际累计完成任务量百分比，分别为：6%、12%、22%、40%。

(4)用涂黑粗线标出实际进度线。从图 8-8 可以看出，实际开始工作时间比计划开始工作时间晚一段时间，进程中连续工作。

(5)比较实际进度与计划进度的偏差。从图 8-8 可以看出，第一天末实际进度比计划进度超前 1%，以后各天实际进度超前计划进度分别为 2%、2%、5%。

2.S 形曲线比较法

从整个工程项目的进展全过程看，一般是开始和结尾阶段单位时间投入的资源量较小，中间阶段单位时间投入的资源量较多，与其相关单位时间完成的任务量也是呈同样变化的，如图 8-9(a)所示；而随时间进展累计完成的任务量，则应该呈 S 形变化，如图 8-9(b)所示。

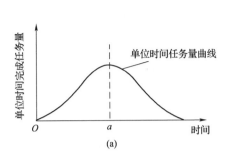 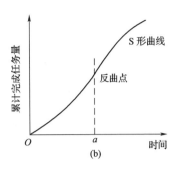

图 8-9　时间与完成任务量关系

（1）S 形曲线绘制方法

下面以一简单实例来说明 S 形曲线的具体绘制方法。

【例 8-2】　某土方工程的总开挖量为 10 000 m³，要求在 10 天完成，每日完成工程量如图 8-10 所示，试绘制该土方工程的 S 形曲线。

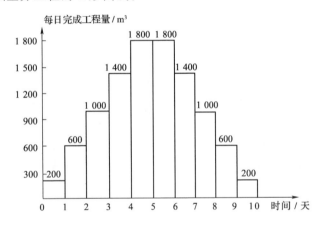

图 8-10　每日完成工程量

解：根据已知条件：

①确定各单位时间计划完成工程量 q_j 值，$j=1,2,\cdots,10$，结果列于表 8-1 中。

②计算不同时间累计应完成的工程量，例如，到第四天末，累计应完成的工程量为

$$Q_4=\sum_{j=1}^{4}q_j=q_1+q_2+q_3+q_4=200+600+1\ 000+1\ 400=3\ 200\ \text{m}^3$$

其计算结果见表 8-1 中 Q_j 值。

③根据 Q_j 值，$j=1,2,\cdots,10$，绘制该土方工程的 S 形曲线，如图 8-11 所示。

表 8-1　　　　　　　　　　　　　　完成工程量汇总表

时间/天	j	1	2	3	4	5	6	7	8	9	10
每日完成工程量/m³	q_j	200	600	1 000	1 400	1 800	1 800	1 400	1 000	600	200
累计完成工程量/m³	Q_j	200	800	1 800	3 200	5 000	6 800	8 200	9 200	9 800	10 000

（2）S 形曲线比较方法

利用 S 形曲线在图上直观地进行工程项目实际进度与计划进度比较。在一般情况下，进度控制人员在计划实施前绘制出计划 S 形曲线，在项目实施过程中，按规定时间将检查的实际

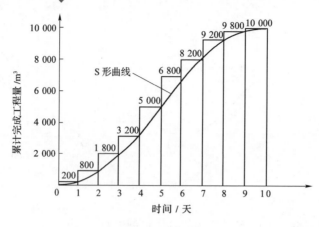

图 8-11　S 形曲线

完成任务情况绘制在同一张图上,可得出实际进度 S 形曲线如图 8-12 所示。比较两条 S 形曲线可以得到如下信息:

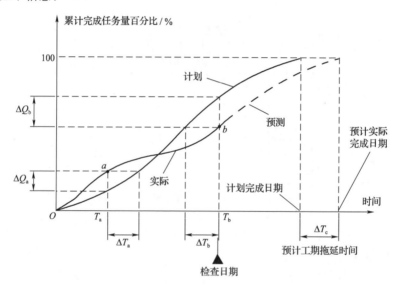

图 8-12　S 形曲线比较图

①工程项目实际进度与计划进度比较情况。

当实际进展点落在计划 S 形曲线左侧,则表示此时实际进度比计划进度超前;若落在其右侧,则表示实际进度比计划进度拖后;若刚好落在其上,则表示两者一致。

②工程项目实际进度比计划进度超前或拖后的时间。

如图 8-12 所示,ΔT_a 表示 T_a 时刻实际进度超前的时间,ΔT_b 表示 T_b 时刻实际进度拖后的时间。

③工程项目实际进度比计划进度超额或拖欠的任务量。

如图 8-12 所示,ΔQ_a 表示 T_a 时刻超额完成的任务量,ΔQ_b 表示 T_b 时刻拖欠的任务量。

④预测工程进度。

如图 8-12 所示,后期工程按原计划速度进行,则预计工期拖延时间为 ΔT_c。

3.前锋线比较法

前锋线比较法主要适用于时标网络计划。该方法是从检查时刻的时标点出发,首先连接与其相邻的工作箭线的实际进度点,由此再去连接该箭线相邻工作箭线的实际进度点,以此类推,将检查时刻正在进行的工作实际进度点都依次连接起来,组成一条一般为折线的前锋线。根据前锋线与箭线交点的位置判断工作实际进度与计划进度的偏差。

前锋线比较法的步骤如下:

(1)绘制早时标网络计划图。工程实际进度的前锋线在早时标网络计划上标志。为了反映清楚,需要在图面上方和下方各设一时间坐标。

(2)绘制前锋线。一般从上方时间坐标的检查日画起,依次连接相邻工作箭线的实际进度,最后与下方坐标的检查日连接。

(3)比较实际进度与计划进度。

前锋线明显地反映出检查日有关工作实际进度与计划进度的关系,有以下三种情况:

①工作实际进度点位置与检查日时间坐标相同,则该工作实际进度与计划进度一致;

②工作实际进度点位置在检查日时间坐标右侧,则该工作实际进度超前,超前天数为二者之差;

③工作实际进度点位置在检查日时间坐标左侧,则该工作实际进度拖后,拖后天数为二者之差。

应当注意的是,以上比较是指匀速进展的工作。对于非匀速进展的工作,其比较方法较为复杂。

【例 8-3】 已知某网络计划图如图 8-13 所示,在第五天检查时,发现工作 A 已完成,工作 B 已进行 1 天,工作 C 已进行 2 天,工作 D 尚未开始。试用前锋线比较法进行实际进度与计划进度比较。

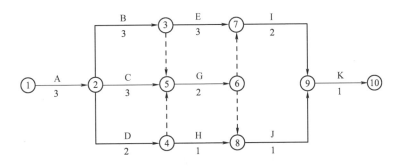

图 8-13 某网络计划图

解:(1)按已知网络计划绘制早时标网络计划如图 8-14 所示。

(2)按第五天检查实际进度情况绘制前锋线,如图 8-14 点画线所示(也可用其他线型);

(3)实际进度与计划进度比较。从图 8-14 前锋线可以看出:工作 B 拖延 1 天;工作 C 与计划一致;工作 D 拖延 2 天。

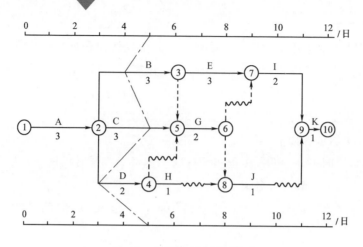

图 8-14　某网络计划前锋线比较

8.3.2　进度计划实施中的调整

1.分析偏差对后续工作及总工期的影响

当出现进度偏差时,需要分析该偏差对后续工作及总工期产生的影响。偏差的大小及其所处的位置不同,对后续工作和总工期的影响程度是不同的。分析的方法主要是利用网络计划中工作的总时差和自由时差进行判断。由时差概念可知:

(1)当偏差小于该工作的自由时差时,对进度计划无影响;

(2)当偏差大于自由时差,而未超过总时差时,对后续工作的最早开始时间有影响,对总工期无影响;

(3)当偏差大于总时差时,对后续工作和总工期都有影响。

2.进度计划的调整方法

在对实施的进度计划分析的基础上,调整原计划的方法,一般有以下两种:

(1)改变某些工作间的逻辑关系

若实施中的进度产生的偏差影响了总工期,并且有关工作之间的逻辑关系允许改变,可以改变关键线路和超过计划工期的非关键线路上的有关工作之间的逻辑关系,达到缩短工期的目的。例如,可以把依次进行的有关工作改变为平行的或互相搭接的以及分成几个施工段进行流水施工,都可以达到缩短工期的目的。

(2)缩短某些工作的持续时间

这种方法不改变工作之间的逻辑关系,只是压缩某些工作的持续时间,而使施工进度加快,以保证实现计划工期。这些被压缩持续时间的工作是位于因实际施工进度的拖延而引起总工期增长的关键线路和某些非关键线路上的工作,同时,这些工作又是可压缩持续时间的工作。这种方法通常可在网络计划图上直接进行,其调整方法一般可分为以下两种情况:

①网络计划中某项工作进度拖延的时间在该项工作的总时差范围内和自由时差以外

若用 Δ 表示此项工作拖延的时间,FF 表示该工作的自由时差,TF 表示该工作的总时差,则有 $FF<\Delta<TF$。此时并不会对总工期产生影响,而只对后续工作产生影响。因此,在进行调整前,需确定后续工作允许拖延的时间限制,并以此作为进度调整的限制条件。当后续工作由多个平行的分包单位负责实施时,后续工作在时间上的拖延可能使合同不能正常履行,而使

受损的一方提出索赔。因此,应注意寻找合理的调整方案,把对后续工作的影响减小到最低程度。

②网络计划中某项工作进度拖延的时间在该项工作的总时差以外

即 $\Delta > TF$。此时,不管该工作是否为关键工作,这种拖延都对后续工作和总工期产生影响,其进度计划的调整方法又可分为以下三种情况:

Ⅰ.项目总工期不允许拖延。这时只能通过缩短关键线路上后续工作的持续时间来保证总工期目标的实现。

Ⅱ.项目总工期允许拖延。此时可用实际数据代替原始数据,并重新计算网络计划有关参数即可。

Ⅲ.项目总工期允许拖延的时间有限。此时可以总工期的限制时间作为规定工期,并对还未实施的网络计划进行工期优化,通过压缩网络计划中某些工作的持续时间来使总工期满足规定工期的要求。

③网络计划中某项工作进度超前

在一个项目施工总进度计划中,由于某些工作的超前,致使资源的使用发生变化,打乱了原计划对资源的合理安排,特别是当采用多个平行分包单位进行施工时。因此,实际中若出现进度超前的情况,进度控制人员必须综合分析其对后续工作产生的影响,并提出合理的进度调整方案。

复习思考题

8-1　什么是工程建设进度控制? 影响工程项目进度控制的因素有哪些?

8-2　工程延误和工程延期有何区别?

8-3　进度控制的措施有哪些?

8-4　如何确定施工进度控制目标?

8-5　施工进度监测与调整的系统过程是什么?

8-6　简述进度比较的横道图比较法。

8-7　简述进度比较的S形曲线比较法。

8-8　简述进度比较的前锋线比较法。

8-9　简述进度计划的调整方法。

参 考 文 献

[1]建筑施工手册编写组.建筑施工手册[M].5版.北京:中国建筑工业出版社,2013.

[2]危道军.建筑施工组织[M].4版.北京:中国建筑工业出版社,2017.

[3]中国建设监理协会.建设工程进度控制[M].北京:中国建筑工业出版社,2017.

[4]曹吉鸣.工程施工组织与管理[M].2版.上海:同济大学出版社,2016.

[5]建筑工程冬期施工规程(JGJ/T 104—2011)[S].北京:中国建筑工业出版社,2011.

[6]砌体结构工程施工质量验收规范(GB 50203—2011)[S].北京:中国建筑工业出版社,2011.

[7]混凝土结构工程施工质量验收规范(GB 50204—2015)[S].北京:中国建筑工业出版社,2014.

[8]建筑施工扣件式钢管脚手架安全技术规范(JGJ 130—2011)[S].北京:中国建筑工业出版社,2011.

[9]地下防水工程质量验收规范(GB 50208—2011)[S].北京:中国建筑工业出版社,2011.

[10]施工企业安全生产管理规范(GB 50656—2011)[S].北京:中国建筑工业出版社,2011.

[11]建筑施工组织设计规范(GB/T 50502—2009)[S].北京:中国建筑工业出版社,2009.

附　录

单位工程施工组织设计编制内容

单位工程施工组织设计应根据《建筑施工组织设计规范》(GB/T 50502－2009)编制。需根据工程实际情况和要求,在内容和顺序上做相应调整,体现重点突出、详略得当、表述全面。以下为一般民用建筑工程单位工程施工组织设计的主要内容。

一、编制依据

(1)与工程建设有关的法律、法规和文件;

(2)国家现行有关规范、规程和标准;

(3)建设工程施工合同;

(4)工程设计图纸;

(5)工程施工范围内的现场条件、地勘报告、气象等自然条件。

二、工程概况

1.工程主要情况

(1)工程名称

(2)建设地点

(3)建设规模和结构形式,以及建筑设计特点、节能设计特点、结构设计特点、市政工程特点和工程特点等。

2.项目参建单位情况

主要介绍建设项目的建设、勘察、设计、监理和施工单位,以及其他分包或协作单位的情况等。

3.承包范围及重点要求

承包范围包括建筑工程、安装工程和配套工程等的施工范围。重点要求包括对工程整体质量和特殊部位的要求。

4.施工现场条件

(1)地形、地貌

(2)地层结构

(3)地下水条件

5.建设单位工期要求

主要介绍建设项目具体施工天数,起止时间,主要分部、分项工程的时间安排等情况。

6.工程难点及施工关键点

主要包括施工技术难点、管理难点和施工关键点。

三、施工部署

1.组织机构

(1)项目组织机构

(2)管理人员和职责

2.项目管理目标

(1)质量目标

(2)工期目标

(3)工程合同履约目标

(4)安全文明施工目标

(5)环境保护目标

3.施工过程与施工部署

(1)总体施工部署

(2)工程施工顺序

(3)分包管理

分包管理包括管理制度和方法,组织机构和管理职责。

四、施工进度计划

1.计划开竣工时间

包括建设项目开工时间和竣工时间,以及主要分部、分项工程施工安排的具体时间。

2.关键节点

包括主要施工节点的完成时间,必要时应有进度计划表。

五、施工准备及施工资源配置计划

1. 技术准备

（1）图纸会审

（2）测量控制点的引进及控制网建立

（3）施工方案的编制

施工方案由项目技术管理科负责编制，经项目技术负责人审核后，报项目经理审批，危险性较大施工方案报公司安全部、技术部和公司总工审批。应列出主要施工方案编制计划。

（4）测量仪器与设备准备

应列出所需测量仪器和设备的名称、型号、规格、数量等要求。

（5）实验室建立

（6）检验、试验计划（详见《检验、实验计划》专项施工方案）

（7）施工样板计划

当工程目标要求高时，项目部应推行样板先行计划，所有样板必须经技术负责人和质量负责人验收合格，并报监理或甲方现场代表验收合格，以确保样板的质量标准，施工样板计划可列出样板内容、部位、位置和开始时间。

（8）阶段性验收

阶段性验收主要包括：地基验槽、基础验收、主体结构验收和各分部工程验收。其内容包括验收名称、验收时间、参与单位和验收方法。

2. 生产准备

（1）临时设施

根据工程需要列出现场需要临时搭设的设施（如办公室、加工厂、仓库、实验室、卫生间、警卫室和宿舍等）及其结构形式。

（2）现场布置

按公司 CI 标识要求和现场平面布置、文明施工、环境保护要求进行布置。具体位置等另见施工现场平面布置图。

（3）临时用水和用电设置

临时用水和用电设置包括布设方法、材料及型号，有时可采用附图，或由《临时用水和用电专项施工组织设计》详细说明。

（4）现场准备

现场准备包括进行场地平整、清除现场障碍物、建立平面控制网、季节性施工准备、现场安全保卫和其他准备工作。

3. 劳动力资源配置

通过劳动力安排计划表，按不同工程施工阶段和不同工种列出劳动力需要量。

4. 主要施工机械

通过主要施工机械计划表，列出所需机械名称、型号和数量，以及进场时间等。

5. 周转材料

通过周转材料计划表，列出材料名称、规格和数量以及进场时间等。

六、主要施工方案

1. 测量定位施工

测量定位施工应结合工程实际和所用测量设备保证不同部位的测量精度,做到科学合理。主要包括以下方面:

(1)轴线网和绝对标高的引测

(2)基础测量方案

(3)楼层的竖向传递控制和测量精度控制措施

2. 土方开挖施工

(1)基坑支护

(2)基坑降水(此内容根据实际情况确定是否编写)

(3)土方开挖、运输

3. 钢筋工程施工

(1)模板工程施工

主要包括:垫层模板、筏板模板、地下室墙模板、剪力墙模板、板和梁模板、后浇带模板等的支设方法和拆除等要求。

(2)钢筋工程施工

主要包括钢筋进场检查,钢筋制作方法,不同型号钢筋的连接方法,不同构件钢筋绑扎、固定和保护层厚度控制措施,隐蔽工程质量检查方法等。

(3)主体混凝土工程施工

主要包括:浇筑前准备工作(又包括混凝土泵管布设、混凝土泵准备、混凝土质量控制、振捣设备和人员等)、混凝土浇筑(又包括浇筑分层厚度、振捣、不同构件浇筑方法等)、混凝土的养护、不同质量缺陷的处理措施。

4. 砌体工程施工

(1)墙体材料技术指标

(2)砌筑要求

(3)工艺流程

(4)质量目标

5. 脚手架工程施工

(1)技术要求

(2)构造要求

(3)脚手架搭设施工方案。

以上内容应根据脚手架不同种类和用途分别编写。有时为节省施工组织设计的篇幅,可单独编制《脚手架搭设专项施工方案》。施工时,必须严格按照专项施工方案的要求进行施工,搭设过程中如有修改和变动,应进行补充或修改。

6. 抹灰及装饰工程

抹灰及装饰工程按照部位不同,可划分为内墙抹灰、水泥砂浆楼地面、楼地面工程地砖施工、粉刷、涂料等。每种抹灰及装饰工程应分别编制：

(1)操作工艺流程

(2)操作方法

(3)质量控制

7.外墙外保温施工

有时可单独编制《外墙保温专项施工方案》，这时施工组织设计中可以简单介绍。主要内容有：

(1)施工条件

(2)施工方法

(3)质量控制

8.防水工程

有时可单独编制《防水专项施工方案》，这时施工组织设计中可以简单介绍。主要内容有：

(1)防水材料种类

(2)防水构造要求

(3)施工方法

(4)质量控制

9.给排水工程

(1)排水管道、雨水管道安装施工方案

(2)给水管道安装施工方案

(3)采暖钢管安装施工方案

以上施工方案应包括：施工程序、安装准备、预留预埋、管道支架安装、预制加工、干管安装、立管安装、支管安装、管道试压、管道冲洗、管道防腐和保温、套管安装等内容。

10.电气工程施工

(1)防雷接地施工

(2)预留预埋

(3)管内穿线

(4)桥架及线槽安装

(5)电缆敷设

(6)配电箱安装

(7)照明器具安装

(8)送电调试

(9)设备送电及运行

11.室外工程施工

室外工程施工包括雨、污水管网和道路。有时可单独编制室外工程专项施工方案。

12.特殊工序施工措施

(1)电梯井、集水坑施工措施

(2)土方回填施工措施

七、施工现场平面布置图

1. 布置原则

可参见照《建筑施工组织设计规范》(GB/T 50502—2009)关于施工现场布置原则,或第6章单位工程施工现场平面布置的相关内容编写。

2. 施工现场平面布置图

可通过附图表述拟建工程、临时设施、材料加工场或堆场、起重设备、场区道路、临时用水用电和水准网点等的布置情况。

八、安全文明施工技术和组织措施

1. 项目安全、环境、职业健康管理目标

主要包括对重大伤亡事故控制指标,施工现场安全合格率和优良率的具体要求,对施工噪声、扬尘、固体废弃物、有毒有害废物、人员劳动保护等的控制和管理目标。

2. 安全、环境管理组织机构及职责

(1)组织机构

(2)安全管理职责

3. 安全管理计划

(1)针对性安全技术措施

主要包括:临边防护措施、洞口防护、工作面安全防护、交叉作业防护、施工临时用电安全防护、高空作业安全防护、安全防火、防雷击等技术措施、防有毒有害气体的安全保护措施、防尘污染的措施、防高空坠落和物体打击安全措施、施工机具防护、易燃易爆物品管理及安全使用的技术措施、安全作业纪律、塔吊防碰撞措施等方面。

(2)季节性安全施工措施

①雨季施工措施

②炎热、雷电天气施工措施

③冬季安全措施

(3)现场安全检查制度

4. 环境管理计划

(1)项目主要环境因素

(2)现场环境保护的控制措施

①对烟尘污染的控制措施

②对噪声污染的控制措施

③施工现场周边环境卫生保证措施

④固体废物控制

(3)现场环境检查制度

九、施工质量计划和保证措施

1.工程质量目标及目标分解

主要包括总体质量目标(如合格、优秀等)。另外,根据工程质量、施工进度、管理人员业务水平、安全文明施工、现场管理、服务态度等方面进一步做目标分解。

2.建立和健全质量保证体系

可通过质量保证体系示意图来表述质量保证体系的构成。

3.项目质量管理职责分配

可通过质量管理职责分配表说明每个施工环节(或分部、分项工程)的主要负责部门和人员,相关部门和人员等的情况。

4.工程质量管理体系

(1)质量管理组织体系

(2)工程质量控制点设立

5.检验试验

按照各分部工程的分项工程逐条列出需要检验的试验项目。

6.质量控制过程和控制工作

(1)质量控制原则

(2)质量控制过程

(3)质量控制工作

① 施工准备阶段的质量控制。主要内容包括:技术资料和文件准备的质量控制、设计交底和图纸审核的质量控制、采购质量控制、质量教育与培训等方面。

② 施工阶段的质量控制。主要内容包括:技术交底和测量控制、材料控制、机械设备控制、环境控制、计量控制、特殊过程控制、工程变更控制、成品保护等方面。

③ 竣工验收阶段的质量控制。主要内容包括:最终质量检验和试验、技术资料的整理、施工质量缺陷的处理、工程竣工文件的编制和移交准备、产品防护、撤场计划等方面。

④ 质量持续改进与检查、验证。主要内容包括:持续改进、"不合格"控制、纠正措施、预防措施、检查和验证等方面。

7.不合格产品控制

主要控制内容:构件的实体质量、商品混凝土质量、防水原材、施工质量。

(1)不合格品鉴定原则和处置途径

(2)不合格品控制流程

(3)不合格品控制相关法律、法规和合同协商解决

(4)不合格品的处理

8.质量通病防治措施与施工控制要点

(1)地面下沉开裂

(2)楼面混凝土结构工程

(3)砌体及砌体构造工程

(4)抹灰工程

(5)屋面工程

9. 成品保护

(1)成品保护的职责

(2)成品保护的分工

(3)成品保护措施

十、进度计划管理和保障措施

根据项目具体情况可从以下几方面编写：

(1)建立完善的项目施工管理体系。

(2)建立管理高效有力的施工协调方法。

(3)采用施工总进度计划与月、周计划相结合的三级网络计划,进行施工进度计划控制与管理。

(4)根据业主要求及各工序施工周期,合理地组织施工,形成各分部、分项工程在时间、空间上充分利用与紧凑搭接,从而缩短工程的施工工期。

(5)精心筹划施工平面布置图。

(6)根据施工进度和方案要求,做好各种资源的需求计划和准备,以保证时间进度计划顺利实施。加强人员、设备和材料的管理工作,人员及时到位,材料、设备及时供应。

(7)认真编制科学合理的施工进度计划,实施节点控制,目标管理,编制严罚重奖的方案,确保工期目标实现。

(8)建立生产例会制度,对于拖延进度计划要求的工作内容找出原因,并及时采取有效措施保证计划完成。

(9)本着"抢主体、保装饰"的原则,在主体施工阶段合理安排施工,以确保主体工程按计划进度顺利结顶,在装饰阶段主要采取合理安排工作面增加施工力量等措施。

(10)在施工中,要牢固树立以"质量求进度"的信念,避免返工、返修现象。

十一、绿色施工措施

1. 绿色施工组织措施

主要包括绿色施工管理人员和机构组成,以及各自的职责。

2. 绿色施工技术措施

(1)绿色施工节能措施

(2)绿色施工节材措施

(3)绿色施工节地措施

(4)绿色施工环境保护措施